本书出版得到湖北省公共资源交易监督管理局资助

工程招标量化评审理论与实践

隆　刚　甘　逊　刘和平　周小琳　陈　鹤　著

科 学 出 版 社

北　京

内 容 简 介

随着城镇化建设的快速推进，工程招标已经成为政府公共资源管理的重要任务。如何采取科学有效的评审方法，做到公平公正、优胜劣汰，引导投标企业开展正当的市场竞争，是招标工作的一道难题。本书全面分析了工程招标的现状，剖析了招标投标中存在的问题，总结了国内外工程招标的做法和经验，以湖北省公安县为例分析了有效最低价评审办法的特点、运作方法和应用效果。同时，选择工程招标评审的典型案例进行了剖析。作者诚恳地希望本书能为各级政府工程招标提供参考和借鉴，能为项目业主单位提供指导，能有效地指导建设工程企业以提升核心竞争力为着力点，开展正当的市场竞争。

本书适合于政府公共资源交易监督管理人员、工程评标专家、工程项目业主单位相关人员、建设工程企业相关人员和高校城市建设学院师生学习使用。

图书在版编目（CIP）数据

工程招标量化评审理论与实践/隆刚等著. —北京：科学出版社，2016.11
ISBN 978-7-03-050832-4

Ⅰ.①工… Ⅱ.①隆… Ⅲ.①建筑工程-招标-量化-评定-研究 Ⅳ.①TU723

中国版本图书馆 CIP 数据核字（2016）第289184号

责任编辑：刘 畅 / 责任校对：彭 涛
责任印制：徐晓晨 / 封面设计：铭轩堂

科 学 出 版 社出版
北京东黄城根北街 16 号
邮政编码：100717
http://www.sciencep.com

北京厚诚则铭印刷科技有限公司 印刷
科学出版社发行 各地新华书店经销

*

2016年11月第 一 版 开本：787×1092 1/16
2018年 5 月第三次印刷 印张：14
字数：287 000

定价：59.00元

（如有印装质量问题，我社负责调换）

作 者 简 介

隆　刚：男，1981年10月生，湖北省天门市人，武汉大学经济学博士，曾任武汉大学经济与管理学院副研究员、武汉市城建档案馆副馆长，湖北省公安县副县长。先后主持及参与多个国家社科基金重大招标项目和省部级重大课题，在《统计研究》、《商业时代》、《建筑技术》、《工业建设》等国内核心期刊和EI国际会议期刊上发表学术论文多篇，其中权威和核心期刊论文10余篇，获得董辅礽经济科学奖、中国博士后科学基金、武汉市优秀博士资助等多项荣誉。主要从事公共经济管理研究。

甘　逊：男，1964年2月生，湖北省公安县人。1982年毕业于原湖北农学院（现长江大学农学院）。多年来从事招标管理工作，先后担任湖北省公安县招标投标管理办公室主任、湖北省公安县公共资源交易监督管理局局长等职，长期致力于工程建设招标研究。

刘和平：男，1964年9月生，湖北省荆州人，工程师。1987年毕业于武汉科技大学。2006年至今从事招标投标管理工作，先后担任湖北省公安县招标投标管理办公室副主任、湖北省公安县公共资源交易监督管理局副局长等职，长期致力于工程建设招标研究。

周小琳：女，1978年10月生，湖北省公安县人，高级工程师。现任职于湖北省公安县政务服务办公室（公安县公共资源交易监督管理局）督查科，长期致力于工程招标的理论探讨和实践应用。

陈　鹤：男，1985年6月生，湖北省公安县人。现任职于湖北省公安县政务服务办公室（公安县公共资源交易监督管理局）交易管理科，长期致力于工程招标的理论探讨和实践应用。

序

改革开放以来，我国经历了世界历史上规模最大、速度最快的城镇化进程，城市发展波澜壮阔，取得了举世瞩目的成就。城市发展带动了整个经济社会发展，城市建设成为现代化建设的重要引擎。工程建设是城镇化建设的核心元素，在工程建设中，如何采取科学、先进的招标评标办法，鼓励建设企业公平竞争，降低工程建设成本，减少权力腐败，是国家公共资源交易监督管理工作的难题。2016年中央城市工作会议指出，要推进城市管理机构改革，创新城市工作体制机制。落实中央城市工作会议的精神，必须从城市规划、城市建设、城市管理等环节抓起。而城市建设的核心是做好建设工程招标管理工作，不断提升城市建设的质量，降低城市建设成本。

因此，如何做好工程建设招标评标工作，是一项非常困难的事情。分析工程建设招标的实际，串通投标、借用工程资质围标的现象非常严重，不仅导致建设价格增高，工期滞后，工程质量难以保证等问题，而且中标后以停工等理由要求调价的现象也时有发生。这些问题不仅增大了政府财政不应有的负担，而且严重破坏了公平公正的市场竞争秩序。如何克服招标评标中的现实问题，在工程招标评审中杜绝和减少主观因素，对标书进行客观评审，既做到有效地辨别出串通投标和围标的标书，又以科学的方法评审出企业优秀、价格合理的标书，从而通过科学的机制引导投标企业开展正常的市场竞争，实现真正的公平公正、优胜劣汰。对此，湖北省公安县公共资源交易监督管理局在湖北省公共资源交易监督管理局的大力支持和协助下，在湖北省公安县政府的领导和支持下，吸收国内外工程招标评审的先进经验和做法，探索出了以量化评审为特征的有效最低价评审办法。该办法立足于既打破串标和围标的违法行为，又公平公正地评标定标；既杜绝和减少人为因素的影响，又提供科学的方法评标定标；既鼓励降低建设成本，又防止低于成本价中标的恶性竞争。

有效最低价评审办法经过湖北省公安县近5年的实践，以及荆州市近3年的推广，取得了显著成效。为了让这一方法能够在更大的范围内发挥作用，供政府工程招标管理参考，作者理论联系实际，撰写出了本书。该专著对湖北省公安县有效最低价评审办法进行了理论研究和实践剖析，全面分析和总结了工程招标量化评审的机理。该书凝聚了作者多年理论研究和实践探索的心血，表现出了作者高度的政治使命感和强烈的事业心，充分展示了作者对工程招标评审奥秘的深刻领悟和对其机理的把握。

该书作者大都来自于管理一线，有多年从事工程招标管理的工作经验，能够在工作中不断探索、不断完善，并认真进行理论分析、实践总结、机理剖析，体现出了踏实肯干、钻研务实的作风，是践行社会主义核心价值观的又一典范。这种精神对于净化市场环境，建立公平公正的竞争秩序，提升企业创新精神，必将起到巨大的作用。

丁崇楷

二〇一六年十一月

目 录

CONTENTS

第一章

绪　论

建设工程招标是维护建筑市场公平公正的竞争秩序，实行优胜劣汰的重要措施。党的十八大提出了“四化同步”发展的战略目标，即坚持走中国特色新型工业化、信息化、城镇化、农业现代化道路，推动信息化和工业化深度融合、工业化和城镇化良性互动、城镇化和农业现代化相互协调，促进工业化、信息化、城镇化、农业现代化同步发展。为此，推动城镇化健康发展必须做好建设工程招标管理工作。在招标管理工作中，如何依法公平公正地评审标书，是保证工程质量、降低工程成本的重要话题。

一、研究背景、目的和意义

（一）研究背景

1 招标投标已成为现代工程建设市场体系重要组成部分

所谓招标投标是在投标者自愿的前提下，坚持公开公平、等价有偿，讲求信用的原则，通过各投标人技术水平、管理水平、成本控制和企业信誉的比较竞争，确定工程的最终承包方的一种经济行为[①]。招标工作的产生和发展是为了使工程建设市场能够适应市场经济的发展，并且能够与国际市场发展的轨道相衔接，其具有“公开、公平、公正”的特点，以及“竞争、合理、优化”的功能。《中华人民共和国招标投标法》（以下简称《招标投标法》）自2000年1月1日正式实施，根据该法律规定，基础设施、公用事业、使用国有资金投资和国家融资的项目以及与之有关的重要设备、材料等采购，达到一定的规模标准，必须强制实行招标。这既是国家法律的强制性要求，又是市场经济发展的内在需求。招标投标工作已经成为现代工程建设市场体系重要的组成部分，是提高政府采购质量和效益的重要手段，是创造公平竞争市场环境的重要前提。

2 工程建设招标投标市场不规范行为不断出现

随着我国城镇化建设的快速推进，建设工程市场不断扩大，招标投标工作在实践中得以广泛开展，招标投标理论与实务的研究工作也更加深入。虽然国家相关管理部门不断采取有力措施规范招标工作，不同行业也根据国家招标投标法的规定，结合自身的特点，制定了相应的招标投标管理办法。这些制度在一定程度上保证了招标投标的公正性。但是由于投标企业之间的竞争越发激烈，部分投标人利用法律法规和制度的漏洞，致使招标工作仍然存在一些突出的问题。比如：招标投标市场运行不规范，招标人虚假招标、规避招标，投标人串通投标、弄虚作假等不良现象；政府职能转变不到位，人为干预和直接介入招标投标工作等。这些问题的存在，不仅扰乱了正常的市场竞争秩序，而且严重影响了工程的质量和效率。既破坏了法律、法规的严肃性，而且影响招标工作的公正性。

3 已有评标方法存在弊端

现阶段采用较多的评标方法主要有最低价评标法和综合评标法。但是仅仅采用最低价评标法，容易使一些企业在编制投标文件时，着眼点仅仅放在投标价格上，而不肯花大气力认真

① 胡伏元，韩永军. 工程招投标中的经济学博弈分析［J］. 人民长江，2009（4）：144–147

研究施工方案，也无合理措施组织项目实施，从而导致无序的低价竞争。甚至采取低于成本价格中标，中标后工程粗制滥造，从而降低工程质量留下安全隐患；而采用综合评标法由于主观估计的因素很重，缺乏客观公正的评审依据，因而难以对投标人进行精确的测量比较。同时，当控制价或标底价控制不当时，容易导致中标价超出正常范围，从而加大招标人的投资成本。

为了避免或者减少招标投标过程中人为因素的干扰，从众多投标人中找出各方面与社会平均成本最为接近的投标方案，在建设工程招标中，迫切需要一种评审办法，既能够把最能反映项目要求，成本最接近社会平均成本，管理水平相对较高的投标人选择出来，又可以减少评标过程中的技术失误、人为操作的客观评标方法。

（二）研究目的和意义

本研究正是基于以上背景，在学习国内外关于招标投标管理办法的基础上，通过剖析已有研究成果，梳理现有文献资料，提出有效最低价评审办法。该方法能较好地克服现行招标管理办法存在的围标、串标等问题，既能够保证评审工作的公平公正性，又能防止工程造价的不必要提高，对于维持招标投标市场的正常竞争秩序具有重要的现实意义。

评标是建设工程招标过程中一项非常关键而又细微的综合工作。评标的目的是通过对符合要求的投标进行有意义的比较后，对各投标企业进行排序，从而选定中标企业。因而研究科学的评标方法，对保证公正合理的选定中标企业，保护招标和投标双方利益，以及防止招标中的不当问题有着十分重要的意义。有效最低价评审办法所体现的正是一种科学的评标方法，研究有效最低价评审办法的操作方法，剖析有效最低价评审办法的特点，具有重要的理论和实践意义。

首先，有效最低价评审办法可以实现公正合理地选择中标单位。按照平等竞争、公正合理原则，一般应对投标单位的报价、工期、主要材料用量、施工方案、企业信誉等进行综合评价，择优确定中标单位。所谓公正合理的原则，就是在评标过程中，对所有合格的参加投标企业要一视同仁、不偏不倚；对各个投标企业所报合格标书，包括报价、工期、各项施工措施、质量保证、主要材料消耗等，都要以评标原则等为依据进行公正的评审，结合具体工程项目的不同情况及各投标单位所报各种条件进行全面衡量和考虑，采用有效最低价评标方法进行评标，就可达到公正合理地选择最佳投标单位为中标者的目的。

其次，有效最低价评审办法可以保护招标投标双方的利益。有效最低价评审办法，就是要使建设工程通过招标投标这一市场形式，把资源配置到效益好的环节中去，使建设项目投资者、建设者可以各取所需，相互配合，使资源的利用效益最大化。同时，可以通过竞争，使工程承包企业提高经营管理水平，并获得应有的经济效益，从而使招标投标双方的利益依法得到保护。

最后，有效最低价评审办法可以有效遏制招标过程中的腐败问题。在工程招标过程中，仍然不同程度地存在着招标人和投标人相互串通，投标人和评标人相互勾结，甚至在评标时不论资质、不问信誉、不考虑工期和报价，公开违反评标原则、有意授标等问题。采取有效最低价评审办法，可以在很大程度上杜绝或减少招标中的不正之风，有效遏制招标过程中的腐败问题，使招标工作真正做到平等竞争、公正合理。

二、研究内容的逻辑构成

本研究用10章的篇幅阐述工程招标现状、理论依据，分析国内外工程招标办法，解剖有效最低价评审办法的原理及具体操作办法。用4个招标案例，解释有效最低价评审办法的具体应用。具体内容介绍如下。

第一章　绪论。该章作为全文的导言部分，首先从工程招标投标重要性、现有工程招标投标不规范行为、已有招标评审办法弊端三个方面介绍本书的研究背景；其次从公正合理地选择中标单位、保护招标投标双方的利益、杜绝招标过程中的不正之风等方面阐述本研究的目的与意义；最后，提出本书的具体研究内容，并对研究过程中运用的研究方法和研究路径进行介绍。

第二章　工程招标相关概念和理论。该章主要分为三个部分，首先从工程招标投标的定义、原则、分类、方式和程序等方面，对工程招标所涉及的相关概念进行界定；其次阐述了工程招标的相关理论，包括博弈论、交易成本理论与委托代理理论；最后从模型假设条件建立、模型构建、模型最优解分析以及模型运用等方面对有效最低价评审理论模型进行推导。

第三章　我国工程招标发展沿革。该章分为三个部分：首先，工程招标发展的历程。简要介绍了工程招标产生的历史背景，在此基础上阐述了我国工程招标的发展历程。包括建设工程招标投标制度初立阶段、建设工程招标投标制度规范化发展阶段、建设工程招标投标制度完善阶段、建设工程招标投标制度深化改革阶段等四个阶段；其次，工程招标管理的发展阶段。本研究认为我国工程招标管理可以分为行政推动阶段、行政推动与宏观调控相结合阶段、政府宏观调控阶段。并分别介绍了三个阶段的历史背景和主要做法；最后，工程招标和监管的成效。概括性地总结了我国工程招标制度、程序以及监管等方面取得的成绩。

第四章　现行工程招标办法。该章也分为三部分。首先，以国家招标投标法规定的综合评标法、经评审最低投标法为重点，从评标方法的含义、要求、优缺点等方面进行了分析；其次，重点对湖北省现行的综合评分法和经评审的最低投标报价法进行了总结；最后，对北京、上海、安徽、湖南等地典型的招标评审办法进行了逐一分析。

第五章　现行工程招标存在的问题及原因。该章从三个方面分析了招标投标存在的问题。首先，从理性选择、最低竞争数、完全竞争等假设分析了工程招标投标市场存在的问题及原因；其次，从串通投标、借用资质等方面分析现阶段工程招标投标市场存在的问题；最后，从理论原因和现实原因两个方面分析了问题存在的深层次原因并进行了剖析。

第六章　国外工程招标经验与启示。该章首先分析了美国、欧盟、日本等发达国家进行工程招标的成功经验，其次在分析成功经验的基础上深度分析了国外工程招标成功的原因及其对我国工程招标发展的启示。

第七章　有效最低价评审办法。该章首先分析了有效最低价评审办法出台背景；其次提出了该方法评审的目标和应有的理念，并对评审实施的办法进行了解读；最后分析了该办法评审的关键措施。

第八章　有效最低价评审办法剖析。该章首先对有效最低价评审办法的特点进行了分析，接着从马克思交换价值理论、工程成本管理理论、马克思市场竞争理论三个方面分析了有效最低价评审办法的理论依据，最后从有效最低价评审办法具备的深刻科学性、广泛适应性、质量保障性三方面，分析了有效最低价评审办法优势。

第九章　有效最低价评审办法的实施成效。该章首先介绍了有效最低价评审办法的应用情况；接着从工程项目资金使用状况、工程项目资金开支情况、工程项目质量验收情况三个方面分析了有效最低价评审办法应用的经济成效；最后从破除交易潜规则、促进廉洁好风气、增强核心竞争力三个方面分析了有效最低价评审办法实施的社会效益。

第十章　全书小结。本章在全书研究的基础上，从有效最低价评审法的地位、对投标企业的引导作用、对违法投标的限制作用、对提升施工企业核心竞争力的作用等四点做出了基本结论，并从如何打消业主顾虑、如何计算社会平均成本、如何提高评标专家的计算水平、如何彻底根治围标现象、如何提高法治化治理水平等方面提出了未来应当进一步研究的问题，最后从思想意识、市场治理、区域合作等多方面提出了进一步研究的建议。

本研究选取4个较为典型的案例进行分析。首先，进行工程概况介绍。介绍了工程的名称、建筑结构和面积、建设时间要求、招标要求，以及招标公告发布情况；其次，招标评审过程及计算方法。一是合格性评审，主要包括分析投标人的主体资格、资料提供是否符合规定等；二是清单报价评审，包括严重偏离阈值判定、子目报价低于成本金额计算、总价措施项目报价低于成本金额计算、工程总价盈亏比较判定等；三是总报价盈亏分析及中标人确定。主要是根据本书理论，对利润总额与计算出来的亏损总额进行比较，判断投标是亏损还是保本微利或盈利，并从保本微利或盈利人中确定价格最低的投标人为最终中标人。

三、研究思路和方法

（一）研究思路

1 提出研究问题

即现阶段我国工程招标市场的招标投标现状，当前工程招标市场已有评标方法，有效最低价评审办法的理论及操作。

2 收集各类资料

重点收集关于工程招标的界定，以及发展历程与管理情况；湖北省及全国关于工程建设招标评审的典型办法；有效最低价评审办法的内容和具体规定；国外工程招标的经验及发展现状。

3 研究分析

分析现行工程招标评审办法，剖析工程招标市场存在的问题及原因，总结分析国外工程招标的经验与启示，分析有效最低价评审办法的理论与实践。

4 结论与建议

通过全书的研究，得出关于有效最低价评审办法的基本结论，疏理出需要进一步研究的问题，并提出进一步研究的建议。本书研究逻辑思路如图1-1所示。

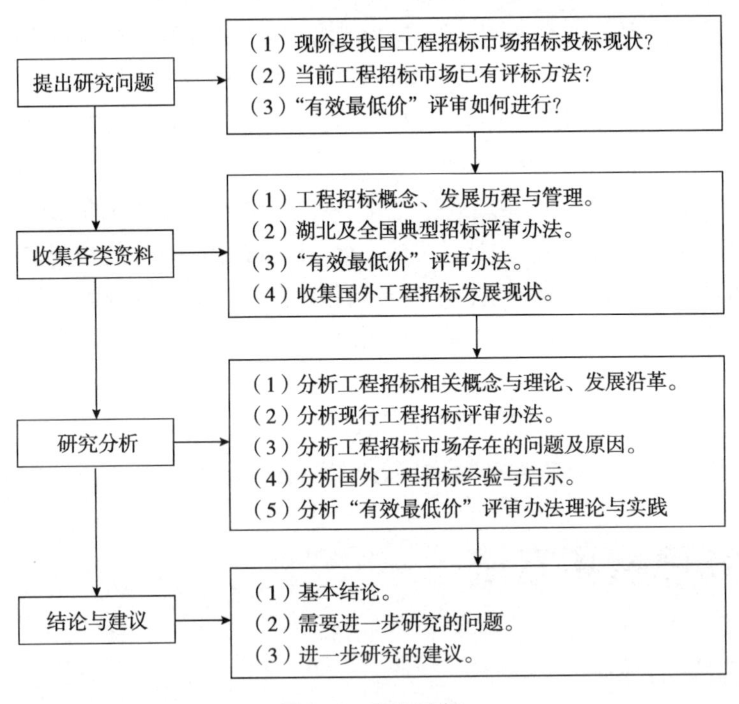

图1-1 研究路径

（二）研究方法

（1）文献分析法

本书在研究过程中参考了大量招标投标方面的书籍、期刊等相关文献，通过对已有文献的梳理、分析和总结，全面了解工程招标评审方法研究领域的现状、工程招标投标相关理论，为本研究的开展奠定坚实的理论和实践基础。

（2）数理模型法

根据量化评审方法的特点，本书在研究有效最低价评审理论模型时，建立了工程招标成本最小化的函数模型以及与之相对应的约束条件，并对模型进行了合理推导，通过模型从理论上证实了有效最低价评审方法的合理性和优越性。

（3）案例分析法

在理论研究的基础上，结合实践选取4个典型案例，采用案例剖析法对有效最低价评审办法的实践和成效进行深入分析，通过搜集大量的一手数据和翔实的案例，说明有效最低价评审办法的具体操作，以及在工程招标过程中的优势和取得的成效。

四、主要创新点

本书围绕工程招标量化评审而展开，其核心在于工程招标量化评审的具体评价指标、是否低于成本价的评价办法、子目清单的评价等，其主要创新点有三点：

（一）确立了社会平均成本的计算方法

工程量化评审的最大困难在于价格是否合理，是否低于成本价。而成本价又是模糊的无法确定的价格。那么，只能找到最接近成本价的价格。本书中分析的湖北省公安县有效最低价评审办法，利用全体投标人的报价和招标者提供的价格，进行加权平均加经验系数的方法，确定社会成本。有效克服了社会成本难以确定的难题，是一种以马克思主义政治经济学理论为指导的应用创新。

（二）确立了子目清单价格的测定方法

工程项目质量的保证受很多因素的影响，其中一个重要的因素就是工程子目造价构成是否合理。如果总造价合理，而子目价款不合理，可能出现价格上的失衡，影响工程质量。为此，本书专门论述了湖北省公安县有效最低价评审办法，通过细分方法立足子目量化评审。这种评审办法能有效克服工程总造价相近而价格构成失衡带来的弊端，又能甄辨出围标报价的行为。这种评审办法是工程成本理论在工程招标评审中的应用，也是本书的最大创新点之一。

（三）确立了工程整体价格的盈亏评审

我国《反不正当竞争法》早就确定了低于成本价销售是一种行政违法行为。但在工程招标中，为了排挤竞争对手，先以低于成本价格中标，再以各种理由相纠缠要求加价的事屡见不鲜。本书专门论述了湖北省公安县有效最低价评审办法，通过盈亏评审，可以排除低于成本价投标的行为，可以防范工程质量可能出现的隐患，减少纠纷的发生。这种评审办法是马克思交换价值理论的具体应用，也是本书的创新点之一。

第二章

工程招标相关概念和理论

工程招标工作是一项十分复杂的工作，不仅政策性强，涉及的理论多，而且是一项操作性复杂的工作。为此，先对相关概念进行界定，对相关理论进行阐释，为全书的研究奠定基础。

一、工程招标相关概念

（一）招标投标概念

招标指的是项目招标人依照一定的标准和程序，邀请有意向的投标人参照招标文件的有关实质性要求，参与招标竞争，招标人从其中选评出符合工程建设项目建设要求和条件的优质承包商，并和其签订合同的经济法律过程[①]。

投标是与招标相对应的概念，它是指投标人应招标人特定或不特定的邀请，按照招标文件规定的要求，在规定的时间和地点主动向招标人递交投标文件并以中标为目的的行为。

招标投标是在市场经济条件下进行大宗货物的买卖、工程建设项目有发包与承包，以及服务项目的采购与提供时，所采用的一种交易方式。在这种交易方式下，通常是由项目采购（包括货物的购买、工程的发包和服务的采购）的采购方作为招标方，通过发布招标公告或者向一定数量的特定供应商、承包商发出招标邀请等方式发出招标采购的信息，提出所需采购的项目的性质及其数量、质量、技术要求，交货期、竣工期或提供服务的时间，以及其他供应商、承包商的资格要求等招标采购条件，表明将选择最能够满足采购要求的供应商、承包商与之签订采购合同的意向，由各有意提供采购所需货物、工程或服务的报价及其他响应招标要求的条件，参加投标竞争。经招标方对各投标者的报价及其他的条件进行审查比较后，从中择优选定中标者，并与其签订采购合同。

（二）工程招标投标的原则

当前工程招标投标主要遵循以下几项基本原则[②]。

（1）合法原则。招标投标是经济合同的订立方式，招标投标行为是一种法律行为，它必然受到法律的规范和约束，必须服从法律、法规、规章和有关政策的规定。具体体现在：①当事人的主体资格要合法；②依据要合法；③程序要合法；④管理和监督也要合法。

（2）统一、开放原则。这一原则是市场经济本身内在规律对工程招标投标制度的客观要求，是建设工程招标投标制度存在和发展的最基础条件。其具体要求和标志主要有：①市场必须统一；②管理必须统一；③规范必须统一。

（3）公开、公正、平等竞争的原则。公开原则，要求建设工程招标投标活动要有较

① 国家计委政策法规司. 招标投标法释义［M］. 北京：中国计划出版社，1999.

② 《中华人民共和国招标投标法》起草小组，国家发展计划委员会政策法规司. 中华人民共和国招标投标法［M］. 北京：中国检察出版社，1999.

高的透明度。具体有：①信息公开；②条件公开；③程序公开；④结果公开。平等竞争原则，是指所有当事人和中介机构在建设工程招标投标活动中，机会均等、权利同等，义务需履行，不得歧视任何一方，是工程招标投标活动中的重要原则。主要体现在：①所有符合法定条件的市场主体都一样进入市场进行招标投标交易；②对投标人进入市场的条件和竞争机会一样；③各方主体都负有与共同享有的权利相适应的义务，因不可抗力等原因造成各方权利义务不均等，均应依法予以调整或解除；④当事人和中介机构在建设工程招标投标中自己有过错的损害根据过错大小承担责任，对各方均无过错的损害则根据实际情况分担责任。

（4）诚实信用原则。简称诚信原则，是指在招标投标活动中，当事人和中介机构应当以诚相待、讲求信义、实事求是，做到言行一致，遵守诺言，履行成约，不得见利忘义、投机取巧、弄虚作假、隐瞒欺诈、以次充好、掺杂使假、坑蒙拐骗，损害国家、集体和他人的合法权益。

（5）自愿、有偿原则。当事人和中介机构应当在建设工程招标投标活动中，享有独立、充分表达和自主决定行为的自由。

（6）求效、择优原则。建设工程招标投标的终极原则，讲求效益和择优定标是建设工程招标投标活动的主要目标，贯彻求效、择优原则，最重要的是要有一套科学合理的招标投标程序和评标定标办法。

（7）招标投标权益不受侵犯原则。招标投标权益是当事人和中介机构进行招标投标活动的前提和基础。任何单位和个人不得非法干预、限制和剥夺。招标投标类型包括货物采购、建筑工程、设备、材料、服务采购等。对建筑工程招标投标，按不同标准可进行不同分类。

（三）工程招标投标的分类

招标投标类型包括货物采购、建筑工程、设备、材料、服务采购等，按不同标准可进行不同分类。

（1）按照工程建设程序分，可分为建设项目可行性研究招标投标、工程勘察设计招标投标、工程施工招标投标、工程材料设备采购招标投标。

（2）按照行业分，可分为科研项目招标投标、建筑工程招标投标、勘察设计招标投标、货物设备采购招标投标、装修工程招标投标、生产工艺技术转让招标投标、咨询服务招标投标。

（3）按照工程建设项目的构成分，可分为全部工程招标投标、单项工程招标投标、单位工程招标投标、分部工程招标投标、分项工程招标投标。但是我国一般不允许分部工程招标投标、分项工程招标投标，但允许特殊专业工程招标投标。

（4）按照工程发包承包范围分，可分为工程总承包招标投标和专项工程承包招标投标。

（5）按照工程是否具有涉外因素分，可分为国内工程招标投标和国际工程招标投标。

（四）工程招标方式

当前我国工程招标的方式，主要有公开招标、邀请招标两种[①]。

（1）公开招标，也叫竞争性招标，是指由招标人在报刊、电子网络、广播、电视或其他媒体上刊登公告，吸引众多企业单位参加竞标，招标人从中优选中标单位的招标方式。公开招标可分为国际竞争性招标和国内竞争性招标。

① 国际竞争性招标，是指在世界范围内，国内外合格的投标商均可以投标，通过公开、公平、无限竞争，择优选定中标人。这种方式的特点是高效、经济、公平，优点是竞争激励可以对买主有利的价格采购到需要的设备和工程；可以引进先进的设备、技术和工程技术及管理经验；可以保证所有合格的投标人都有机会参加；保证采购根据预先指定并为大家所知道的程序和标准公开而客观进行，减少作弊。其缺陷主要是费时，所需准备文件多，发展中国家所占份额少。主要适用于国际性金融组织（如世界银行等）、地区性金融组织（如亚洲开发银行等）和联合国多边援助机构（如国际工业发展组织等）提供优惠或援助性贷款的工程项目：国家间合资或政府、国家性基金会提供资助的工程项目；国际财团或多家金融组织投资的工程项目：需承包商带资、垫资承包或业主需延期付款或以实物（如石油或其他矿产等）偿付的工程项目等。这些项目包括高速公路、电站、水坝等大型土木工程，海底隧道、工业综合设施等发包国在技术或人员方面无能力实施的工程以及跨越国境的工程等。

② 国内竞争性招标，在国内进行招标，可用本国语言编写标书，只在国内的媒体上登出广告，公开发售标书。通常用于合同金额较小（如世界银行规定50万美元以下的项目）、采购品种比较分散、分批交货时间较长、劳动密集型、商品成本较低而运费较高、当地价格明显低于国际市场等采购。

（2）邀请招标，也称有限竞争性招标或选择性招标，即由招标人选择一定数目的企业，向其发出邀请书，邀请他们参加招标竞争。邀请招标的特点是：不使用公开公告形式；接受邀请的单位才是合格投标人；投标人数量有限。优点是：对价格波动大的商品，可以大大缩短投标有效期，从而降低风险和价格；对只有少数企业能做的项目，可以提高招标的效率。适宜于金额不大、规模较小的项目，或是专业性较强、高保密性项目招标。

（五）工程招标的程序

工程招标一般要遵循必要的程序，《招标投标法》规定，我国招标投标制度主要包括招标、投标、开标、评标、中标5个基本程序（图2-1）。

---

① 《中华人民共和国招标投标法》起草小组，国家发展计划委员会政策法规司. 中华人民共和国招标投标法［M］. 北京：中国检察出版社，1999.

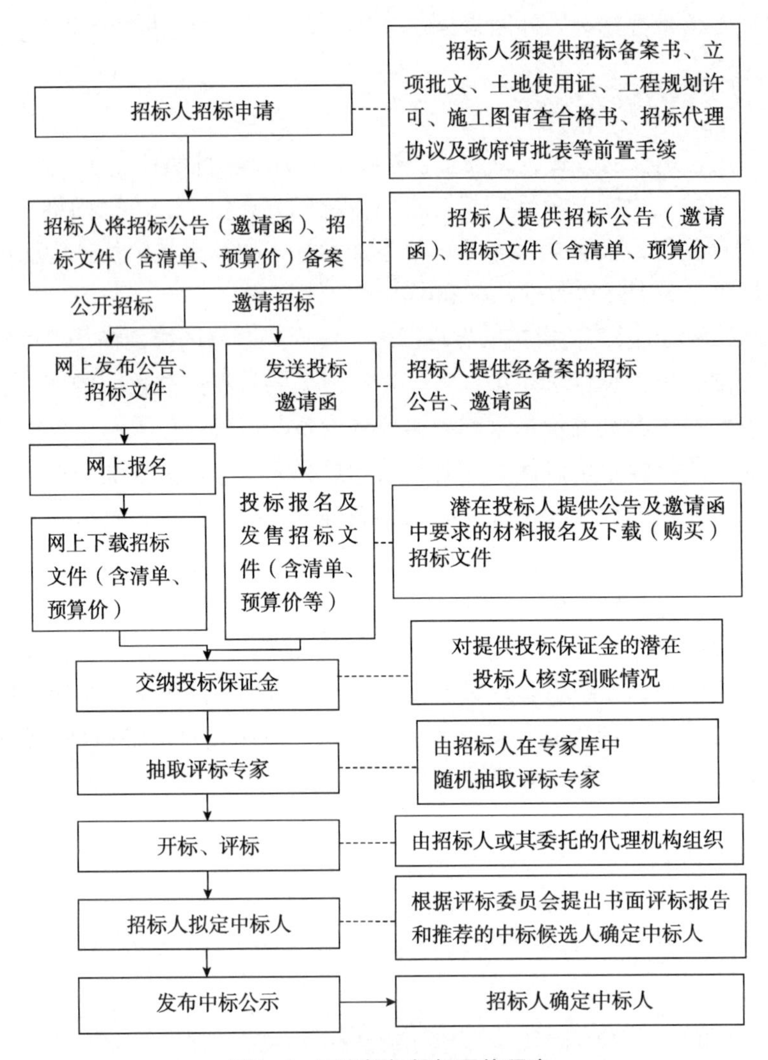

图2-1　工程招标投标具体程序

（1）招标

在招标方式上，《招标投标法》规定了公开招标和邀请招标两种方式。这两种方式在招标信息的发布方式、可供选择的投标人范围、投标人之间竞争的激烈程度、招标活动的公开程度、招标投标的实施时间和成本费用5个方面都有明显的不同。两种方式各有利弊，从不同的角度比较，可以得出不同的结论。

在我国招标投标实践中，更多倾向于公开招标，特别是政府投资工程建设项目，如大型基础设施、公用事业等关系社会公共利益、公众安全的项目；全部或者部分使用国有资金投资或者国家融资的项目；使用国际组织或者外国政府贷款、援助资金的项目等，其勘察、设计、施工、监理以及与工程建设有关的重要设备、材料等的采购，普遍要求实行强制招标、公开招标。对那些涉及国家安全和国安秘密，或因其他原因不宜公开招标的项目，须经国家发展与改革委员会或省级人民政府批准，才可以进行邀请招标。在反对地方保护和非法干涉方面，我国规定招标投标活动不受地区或者部门的限制，任何单位和个人不得以任何方式非法干涉招标投标活动[①]。

（2）投标

投标是指潜在投标人在获得招标信息或收到投标邀请书后，分析自身具备的条件和实力，当认为可以参与投标时，向招标人购买招标文件，接受资格审查，按招标公告或招标邀请书的要求，编制投标文件，按规定的时间和地点送达投标文件的活动。投标文件通常可分为商务标和技术标两个部分，投标文件应当对招标文件提出的要求和条件作出实质性响应。为了保护招标人的合法权益，《招标投标法》对投标人的资格条件也作出了相应限制，不是所有的法人或经济组织都可以参加投标，只有那些具备承担招标项目能力的投标人才能参与投标。就政府投资工程招标投标而言，投标人一般应该具备招标文件所要求的建筑业企业资质等级、所完成的类似项目业绩、一定数量的专业技术人员和管理人员、足够的资金和实施项目所需的各种机械设备、物资材料以及法律法规规定的其他条件。

投标与一般的买卖方式明显不同。由于招标人可以在规定的期限内接受不同投标人提出的各种报价，并进行比较，客观上迫使参与竞争的投标人必须接受比一般的买卖方式更加直接而激烈的市场竞争。同时，大多数评标办法并不仅仅以报价为唯一的决定性因素，还要对投标人的技术能力、市场信誉、售后服务等因素进行评审，综合考虑后才确定最适合的投标人为中标人，因此投标人之间处于完全竞争状态。

（3）开标、评标和中标

开标的基本程序是：①当众检查投标文件的密封情况。只有密封完好的投标文件，才会被认为是形式上合格的、有效的投标文件。如果检查发现有的投标文件没有密封、密封破损，或有曾被打开过的痕迹，将会被认定为无效投标而被招标人拒收。②唱标。开标主持人当众开启有效的投标文件，公开宣布各投标文件中投标人的名称、投标报价、工期等内容。③记录。指工作人员详细准确地记录开标过程的各种信息，如投标人名称、投标报价等，经开标主持人、现场监督人员和其他工作人员签字确认后存档备查。

评标是审查确定中标人的必经程序，是保证招标成功的重要环节。评标是指评标委员会审查和评价各投标人提交的投标文件，并在客观公正、科学合理、综合评价的基础上，向招标人推荐中标候选人或者直接确定中标人的过程。评标的程序主要包括形式评审、资格评审和响应性评审三个环节，评标委员会主要从投标人的资质等级、技术能力、组织管理能力、专业技术人员和机械设备配备、施工组织设计等方面，对各投标文件进

① 《中华人民共和国招标投标法》起草小组，国家发展计划委员会政策法规司. 中华人民共和国招标投标法［M］. 北京：中国检察出版社，1999.

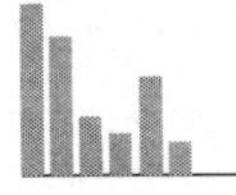

行全面分析和综合评价。

中标是指在评标结束，由招标人在规定的媒体上公示项目的第一、第二、第三中标候选人，经公示无异议后，招标人依法确定中标人并将中标结果通知中标人及所有未中标投标人的过程。中标人应当自中标通知书发出之日起至截止日内按照招标文件约定的金额向招标人缴纳履约保证金并签订正式合同。

二、工程招标相关理论

（一）博弈论

博弈论又称对策论，是研究决策主体在给定信息结构下如何决策以最大化自己的效用，以及不同决策主体之间决策的均衡。博弈论主要研究具有竞争或对抗性质的博弈行为，在这类行为中，竞争各方具有不同利益目标，为达到自身利益最大化，各方会充分考虑竞争对手的决策行为，并在此基础上选择最合理的或者对自己最有利的行动方案①。

根据不同的分类基准，博弈可以分为不同的类型。一般认为博弈分为合作博弈和非合作博弈。如果交易各方具备有约束力的合作协议，则为合作博弈，否则为非合作博弈。根据参与博弈的先后顺序，博弈可以分为静态博弈和动态博弈。静态博弈中两个参与人同时选择或先后选择，但后行动者并不知道先行动者的具体行为。在动态博弈中，参与人有先后行动顺序，且后行动人可以观察到先行动者的决策。根据博弈过程中拥有知识的丰富程度，可以分为完全信息博弈和不完全信息博弈。完全信息博弈指参与者完全了解所有参与者的策略组合，否则为不完全信息博弈，在该种博弈中，参与者所做的是努力达到期望效用最大化。将参与博弈顺序与掌握信息丰裕程度结合，可以将非合作博弈分为：完全信息动态、完全信息静态、不完全信息静态与不完全信息动态博弈。

具体到招标投标过程，招标人和投标人之间存在不完全信息动态博弈，招标人并不知道所有可能投标人的信息——投标人的出价，而只知道自己的信息——招标人可接受的价格范围，招标人根据自己的信息以及对可能投标人信息的预测设置标准，然后投标人根据各自的情况和判断出价。由于在投标人投标之前招标人不能观测到投标人的信息，所以二者之间信息是不完全的，投标人在观测到招标人的行动之后才行动，所以他们之间的博弈又是动态的。投标人之间存在不完全信息静态博弈，每个投标人只知道自己的信息但无法观测其他投标人的信息，在这种情况下，每个投标人根据自己的信息以及对其他投标人信息的预测进行投标，结果不仅取决于自己的行为还取决于其他参与人的行为。每个投标人都不知道其他人的信息，所以信息是不完全的，而所有投标人都是在不

① 谢识予. 经济博弈论［M］. 上海：复旦大学出版社，2002.

知道别人选择的情况下行动，所以这个过程是静态的，所有投标人可以看成是同时行动的。整个招标投标过程就是一个复杂的博弈过程，招标人的选择不仅取决于自己的信息还取决于对可能投标人信息的判断，而所有投标人的选择不仅取决于自己的信息和招标人已有行为，还取决于对其他投标人信息的判断。

（二）交易成本理论

交易成本理论最早是由英国经济学家罗纳德·哈里·科斯提出的。在其所著论文《论企业的性质》中，科斯提出了交易成本的概念。他认为交易成本不是购买物品的费用，而是围绕物品的权利转移所发生的费用，是为了获取准确的市场信息以及谈判和经常性契约的费用。具体来说，交易成本应该包括信息搜寻成本、谈判成本、缔约成本、履约监督成本以及可能发生的处理违约行为的成本[①]。1985年威廉姆森在科斯的研究基础上，对交易成本及其决定因素进行了更加深刻的阐述和归纳。他认为交易成本包括事前的交易成本和事后的交易成本。事前的交易成本指谈判、签约、保障契约等成本。事后的交易成本包含适应性成本，即契约双方对契约不适应所导致的成本，讨价还价的成本，建构及运营成本以及约束成本等。我国著名的经济学家张五常扩大了交易成本的内涵，认为其包括信息获得成本、谈判成本、制定和实施契约的成本、产权界定及控制成本、监督管理成本以及包括制度结构变化在内的一系列制度成本。交易成本对交易活动的影响体现在随着交易契约条款的达成与修改，交易预期实现程度和契约方式也会发生改变。在资产专用性程度较高的情况下，交易双方具有较强依赖性，一旦一方违约，将使另一方面临巨大风险[②]。为了减少这种情况，双方必须采取信任合作，从而节约交易成本。双方通过承诺或契约建立起来的信任关系，可以减少由于市场不稳定、消费者偏好改变、信息不对称等带来的风险。

产生交易成本的原因有人为因素和环境因素，威廉姆森总结出六项导致交易成本的因素：①有限理性。即交易参与人情绪、智力等因素所产生的限制约束。②投机主义。指参与交易各方采取欺诈手段，相互间缺乏信任，从而导致监督成本的增加，进而降低经济效益的现象。③复杂性与不确定性。交易双方会将环境中的不确定性因素纳入到契约中，增加了交易过程中的议价成本，并使交易困难度上升。④少数交易。由于交易过程的异质性和专属性，导致信息与资源无法流通，市场被少数人控制，市场运作失灵。⑤信息不对称。交易双方拥有信息丰裕程度不同，拥有较多信息者更容易获利，并导致少数交易。⑥气氛。交易双方处在不同立场，缺乏信任增加不必要的交易成本。科斯认为降低交易成本的有效方式是将资源进行整合形成像企业那样的组织，这样一些交易可

① Ronald H.Coase. The Problem of Social Cost. Journal of Law and Economics, 1960: 1–44.

② Williamson O. E. Transaction Cost Economics: The Governance of Contractual Relations. Journal of Law and Economics, 1979: 233–262.

以在企业内部进行处理，从而节省中间商费用，避免销售税费，并且使稀缺商品获得更高的安全保障。通过建立类似于企业的持久性组织关系，并依靠契约、政策制度等，可以有效降低交易成本。新制度经济学家认为较低交易成本的两种主要力量是技术和制度，技术进步可以产生新的有效的度量方法，从而降低交易费用。通过改善企业制度、市场制度以及在全社会范围内改善政治、法律制度，可以节约交易成本。在法治完善的市场经济国家，由于大制度环境的完善，交易成本得到降低。相反，在市场经济不健全、制度不完善的国家，无法保证公平、公正的竞争环境，经济参与者会将更多资源浪费在拓展人脉关系、贿赂等方面，从而增加畸形的交易成本。

对工程建设市场而言，如果没有合理有效的招标投标制度，企业就需要花费巨额的信息搜寻成本来寻找合适的承包方，寻找到承包方之后又需要与其谈判、缔约并监督，这都需要花费成本，任何一方违约又会发生处理违约行为的成本。但如果建立完善的招标投标制度，选择合适有效的评标方法，招标方事先按照自己对合适承包方的预期定出一套标准，满足这些标准的承包方进行投标，招标方从中择优选择，被选择的投标方按照招标方的标准行动，这个过程节省了大量的成本。也就是说从制度层面考虑，招标投标制度的完善与否会直接影响招标投标过程中的交易成本。

（三）委托代理理论

委托代理理论是在非对称信息博弈论的基础上建立起来的，它主要研究在信息不对称和利益不一致的环境下，委托代理关系中的委托人如何通过制定一种有效的刺激契约来激励代理人为自己的利益行动①。在建设工程招标投标中，招标人（业主）为提高工作效率，将工程招标事宜委托给具有相应资质的招标代理机构办理，于是招标人与招标代理机构之间就建立了委托代理关系。委托代理关系起源于“专业化”的存在，它是随着生产力的发展和规模化生产的出现而产生的。然而，在经济学上，由于委托人和代理人都是追求自身利益最大化的理性人，他们各自的利益目标又是不一致的，这就产生了相应的委托代理问题。委托代理问题主要表现在逆向选择和道德风险两个层面。前者指委托人因不了解潜在代理人的真实类型而未能选择合适的代理人所产生的不利交易结果；后者指委托代理关系形成以后，代理人为增加自身利益，利用信息优势做出不利于委托人的行为。在建设工程招标代理中，逆向选择问题主要表现为招标人因为信息的缺失而选择能力较差的招标代理机构；道德风险问题主要体现为招标代理机构马虎应对招标工作、勾结投标者合谋串标等。

图2-2概括了建设工程招标代理中委托人（业主）与代理人（招标代理机构）之间这种矛盾冲突产生的直接原因：

① M.C.詹森. 企业理论——治理、剩余索取权和组织形式［M］. 上海财经大学出版社有限公司，2008.

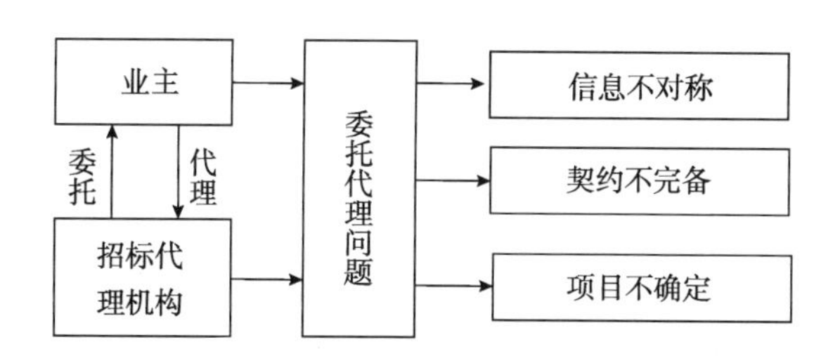

图2-2　工程招标过程中委托代理问题

1　信息不对称

在建设工程招标投标中，招标代理机构拥有业主无法完全掌握的私人信息，代理方对市场的了解程度也比招标人多得多。由于昂贵的信息成本和监督成本的存在，业主难以完全了解招标代理机构的私人信息，也无法观察招标代理机构所做的一切行动，这种信息的不对称使得在复杂的招标工作中招标人和招标代理人之间既会出现逆向选择问题，又可能产生道德风险问题。

2　契约不完备

一份契约，若它能对与契约行为相对应的所有将来可能出现的状态及各状态下契约各方的权利和责任进行准确的描述，则称为完备契约。然而，由于契约双方信息不对称、契约人的有限理性、合同言语的模糊性、招标投标工作的复杂性等原因的存在，建设工程招标代理中业主和招标代理机构之间的契约基本上都是不完备的，这为委托代理问题的出现提供了条件。

3　项目不确定

项目的不确定性是导致工程招标代理中招标人与招标代理机构之间委托代理问题的重要因素。影响招标代理机构的代理结果的因素繁多，除了努力程度以外，自然、社会、环境等因素的变化也不容忽略。而投标人数量、投标人能力、评标专家对自由裁量权的使用等都具有很大的不确定性，各方面的不确定性的存在使得招标代理机构的工作绩效不能完全反映他的努力程度，业主无法掌握代理机构的实际努力水平。

三、有效最低价评审理论模型

（一）有效最低价评审方法提出

根据《招标投标法》第四十一条和国家发展改革委《评标委员会和评标方法暂行规

定》第二十九条规定，评标方法包括经评审的最低投标价法、综合评分法或法律、法规允许的其他评标方法。2个条款定义了评标方法的名称，阐明了评标方法法定原则。

根据法定原则，无论是合肥市的“有效最低价评审方法”，还是上海市的“最低合理价评审方法”，以及《公路工程标准施工招标文件》中的“合理低价法”，应当概属于“经评审的最低投标价法”。经评审的最低投标价法与综合评分法之间没有明确的间断点。当经评审的最低投标价法折算因素较多、折算数额较大时，则趋近综合评分法（此时，综合评分法表现形式为计价评审，不是计分评审）。经评审的最低投标价法是国际上通行的招标评标方法，最大特点是投标报价竞争激烈。根据《评标委员会和评标方法暂行规定》，它一般适用于具有通用技术、性能标准或者招标人对其技术、性能没有特殊要求的招标项目。

但是经评审的最低投标价法在实际操作中存在着一些问题：

（1）招标人难以明确界定最低报价是否低于成本。准确估计投标人的企业个别成本是比较困难的，这是源于投标报价中建设成本的“测不准原理”，因为项目的成本只有在竣工结算后才能很清楚地计算，评标中的评估由于涉及投标人的施工技术、管理能力、材料采购渠道、财务状况等多方面因素，所以相对比较困难，而且在目前国家或各地区的相关法规中对于如何确定招标投标中“低于成本”的报价只是模糊的定义，并没有明确的评判标准，评标专家在实际操作中很难衡量和把握，许多地区在实际操作中也多是处于探索过程中，甚至有部分投标人就利用这一点，趁机浑水摸鱼，给评标工作带来了很多麻烦。

（2）投标人如何报出“合理的低价”。自立法明确最低价评标法以来，国内迅速推行，特别在沿海地区，建设项目不论大小，复杂简单，一律采用最低价评标法，由此造成招标人利用买方市场的优势恶意压价，施工单位为谋生存进行恶意竞争，屡屡报出“跳楼价”。根据业内人士估计其投标价格相对经评审标底平均下浮10%～15%左右是合理的，但是不少投标人为企业生存，降低幅度超过20%，甚至达30%，同时也招来众多业内人士的议论，以及提出疑问：是由于项目投资预算评估存在问题，还是中标存在虚假，而导致两者存在如此巨大差额？

（3）中标人如何确保工程的质量，保障业主切身利益。有不少业主担心“便宜无好货”，尤其是一些学校、医院等公益性企事业单位，由于工程管理人才缺乏造成施工管理力量薄弱，怕对施工单位以低价中标后偷工减料、粗制滥造等恶劣行为无法进行有力的监督与制约。低价中标的中标人还可能会采取低价中标后，通过调整价格获得高价等手段来追加投资。致使工程项目的实际建设成本大幅攀升。另外，由于目前国内的法律及相关规章制度不健全，国内建筑市场配套环境不规范，如果投标人实力较弱，一旦发生纠纷，业主的赔偿得不到落实，切身利益受损。

针对经评审的最低投标价法在实践中所存在的问题，本书提出了有效最低价评审方法，该评审方法是在公安县招标投标过程中依据湖北省建设厅《湖北省建设工程工程量清单招标评标办法（推荐）》（鄂建［2004］65号）和国家住建部《房屋建筑和市政工程标准施工招标文件》（2010年版）为母版，结合公安县招标投标市场的发展实践提出的一种新评标方法。

（二）有效最低价评审理论模型

1　模型假设条件

从招标人的视角出发，招标人招标的目标是最小化招标人或发包方的总成本。针对建设工程，提出基本假设：①招标人和所有投标人都是风险中性者；②各投标人根据自身生产力水平，独立提出投标报价；③招标人对投标人的支付仅是投标人报价的函数；④所有投标人的成本估价具有共同已知的概率分布，其密度函数为负[①]。

2　计量模型

在建设工程交易中，一个可行、完善的招标机制除应具有明确的工程造价或总成本目标建立外，还必须充分考虑工程质量、工期等非价格类目标。事实上，工程造价、质量和工期等目标密切相关，并不独立。本研究仅讨论在工程质量和工期确定的条件下，招标人总成本最小所对应的最优招标结果。

假设某建设工程招标，有n个参与竞争的投标人，每个投标人i（i=1，2，3⋯n）对完成规定范围内工程内容有一个自己的成本估价v_i（称为投标者的类型），v_i为私人信息且$v_i \in [a, b]$，其他人不知道其具体取值，只知道所有投标人的成本估价在［a，b］上具有共同已知的概率分布F（·），其密度函数F（·）≥0。设所有投标人成本估价支撑的乘积空间为v，则v可表达为n个［a，b］的乘积。

招标人采用招标方式选择承包人，其招标的目标是使自身总成本最小。而招标人的总成本，可分为两部分来考虑，一部分是招标人对投标人的支付额，另一部分则是双方交易过程中招标可能面临的交易费用。设所有投标人提出的报价向量，即所有投标人的类型向量为$v=(v_1, v_2, v_3 \cdots v_n)=(v_i, v_{-i})$，其中$v_{-i}=(v_1 \cdots v_{i-1}, v_{i+1}, v_n)$表示除投标人$i$外其他投标人所构成的类型向量，招标人据此设计一个直接招标机制（$p_i(v)$，$e_i(v)$），其代表一种分配规则，其中$p_i(v)$是配置规则，表示投标人i中标的概率，$e_i(v)$是支付规则，表示招标人对投标人i的规则支付额（此处并未假定不中标者不能获得收益）。假设招标人与投标人i交易过程中其可能面临的交易费用为$c(\theta, \eta_i)$，其中，θ表示与工程合同特点相关的参数，对同一合同为常量；η_i表示与投标人i的综合能力相关的参数，则招标人的（期望）总成本函数可表达为：

$$U_0(p,e)=\int_v \sum_{i=1}^{n}\left[e_i(v)+c(\theta,\eta_i)p_i(v)\right]f(v)\mathrm{d}v \tag{2-1}$$

于是可以得到建设工程成本最小化的联立函数表达为：

① 王卓甫，丁继勇，周继春．基于机制设计理论的建设工程招标最优机制设计［J］．重庆大学学报（社会科学版），2013（5）：73-78.

$$\underset{(p_i(v),e_i(v))}{\text{Min}}\ U_0(p,e)=\int_v\sum_{i=1}^{n}\left[e_i(v)+c(\theta,\eta_i)p_i(v)\right]f(v)\mathrm{d}v \quad (2\text{–}2)$$

$$s.t.\begin{cases}U_i(p,e,v_i)=\int_{v_{-i}}\left[e_i(v)-v_ip_i(v)\right]f_{-i}(v)\mathrm{d}v_{-i}\geqslant u_i,\forall i\in N,v_i\in[a,b] & (2-3)\\ U_i(p,e,v_i)\geqslant\overline{U}_i(p,e,\overline{v_i})=\int_{v_{-i}}\left[e_i(v_{-i},\overline{v_i})-v_ip_i(v_{-i},\overline{v_i})\right]f_{-i}(v)\mathrm{d}v_{-i}\geqslant u_i & (2-4)\\ \forall i\in N,v_i\in[a,b],\overline{v_i}\in[a,b] & \\ \sum_{i=1}^{n}p_i(v)=1,p_i(v)\geqslant 0,\forall i\in N & (2-5)\\ \eta_i\geqslant\eta_r,\forall i\in N & (2-6)\\ r_{1i}<r_i<r_h,\forall i\in N & (2-7)\end{cases}$$

在上述函数中，式（2–2）为招标方招标成本最小化的目标函数，表示招标方追求自身（期望）总成本最小。式（2–3）~式（2–7）为5个约束条件，其中：

式（2–3）表示投标人i在招标人设计的机制下参与投标得到的期望收益U_i（p，e，v_i），不低于其外部机会提供的最大期望收益，即保留收益u_i，式中N表示投标人的集合。

式（2–4）表示当其他投标人都真实报告自己的类型时，投标人i真实报告自己的类型比谎报其他的任何类型所获得的收益都要大，式中$\overline{v_i}$表示投标人i谎报的类型，$\overline{U}(p,e,\overline{v_i})$表示其谎报自己的类型而获得的收益。

式（2–5）表示所有投标人中标的概率之和不能超过1。

式（2–6）表示投标人的技术、支付能力以及信用等方面满足招标方的总体要求，将这些非价格方面的因素归结为一个变量η，称为能力参数，以反映投标人的综合能力。式中η_i表示投标人i的能力参数，η_r表示规定的投标人能力参数必须达到的最低标准。

式（2–7）表示投标人的报价必须在招标人设置的最低控制价和最高控制价的范围内，以控制因投标人非法串标等产生的哄抬价格行为，以及恶意低价等引起发包方面临过高交易费用的问题，式中r_i表示投标人i的报价，r_{1i}和r_h分别表示招标人设置的最低控制价（各投标人不同）和最高控制价。

为了使建设工程成本最小就是寻求上述模型的最优解，即在满足式（2–3）~式（2–7）等5个约束条件下，式（2–2）的目标函数达到最小值。

3 模型最优解分析

即 $Q_i(p,v_i)=\int_{v_{-i}}p_i(v)f_{-i}(v)\mathrm{d}v_{-i}$，则 $Q_i(p,v_i)$ 为给定v_i时，投标人i中标的条件概率。

由约束条件式（2–3）~（2–5），可以得到以下4个充分必要条件：

（a）$Q_i(p,v_i)$是非增函数，即：$v_i \geqslant \overline{v_i}$时，$Q_i(p,v_i) \leqslant Q_i(p,\overline{v_i})$，$\forall i \in N', v_i \in [a,b], \overline{v_i} \in [a,b]$

（b）$U_i(p,e,v_i) = U_i(p,e,b) + \int_{v_i}^{b} Q_i(p,t_i)\mathrm{d}t_i, \forall i \in N', v_i \in [a,b]$

（c）$U_i(p,e,b) \geqslant u_i, \forall i \in N'$

（d）$\sum_{i=1}^{n'} p_i(v) = 1, p_i(v) \geqslant 0, \forall i \in N'$

利用式（2–3），可将招标人的总成本式（2–2）转化为：

$$U_0(p,e) = \int_v \sum_{i=1}^{n'} [e_i(v) + c(\theta,q_i)p_i(v)] f(v)\mathrm{d}v = \sum_{i=1}^{n'} U_i(p,e,b) + \int_v \sum_{i=1}^{n'} [v_i + F_i(v_i)/f_i(v_i) + c(\theta,\eta_i)] (p_i(v)f(v))\mathrm{d}v \tag{2-8}$$

根据必要条件（b）有：

$$U_i(p,e,b_i) = U_i(p,e,v_i) - \int_{v_i}^{b_i} Q_i(p,t)\mathrm{d}t_i = \int_{v_{-i}} [e_i(v) - v_i p_i(v) - \int_{v_i}^{b_i} p_i(v_{-i},t_i)\mathrm{d}t_i] f_{-i}(v)\mathrm{d}v \geqslant u_i$$

令：$e_i(v) - v_i p_i(v) - \int_{v_i}^{b_i} p_i(v_{-i},t_i)\mathrm{d}_i = 0$，此时在满足投标人参与约束的前提条件下，$\sum_{i=1}^{n'} U_i(p,e,b_i)$取得最小值$\sum_{i=1}^{n'} u_i$。

进一步根据式（2–8），要使招标方的总成本式（2–1）最小化，需使：

$\int \sum_{i=1}^{n'} [v_i + F_i(v_i)/f_i(v_i) + c(\theta,\eta_i)](p_i(v)f(v))\mathrm{d}v$，即$[v_i + F_i(v_i)/f_i(v_i) + c(\theta,\eta_i)]$最小。但在上文模型假设中已约定所有投标人成本估价具有共同已知的概率分布，即对各投标人$i \in N'$有$F_i(\cdot) = F(\cdot)$，$f_i(\cdot) = f(\cdot)$，故$F_i(v_i)/f_i(v_i)$为常量，所以只要$v_i + c(\theta,\eta_i)$达到最小，招标方的总成本就能达到最小，即招标最优机制(p^*,e^*)满足下式：

$$C(p^*,e^*) = \underset{(p_i(v),e_i(v))}{\mathrm{Min}} [v_i + c(\theta,\eta_i)] \tag{2-9}$$

但是，在实际招标中，满足所有约束条件的投标人数是有限的，并不一定存在满足式（2–9）的潜在中标人，因此只需比较所有有效投标人各自对应的$C(p,e)$值，选择其中相对较优的投标人作为中标人。

4　模型具体运用

（1）用式（2–6）和式（2–7）对投标人进行筛选，即用技术及支付约束以及控制价约束对投标人进行筛选，不满足式（2–6）和式（2–7）者被淘汰，满足式（2–6）和式（2–7）者进入下一轮竞争。

（2）在经式（2–6）和式（2–7）筛选后的投标人中，用式（2–9）选择中标人，并将中标人的报价定为合同价。

第三章

我国工程招标发展沿革

有效最低价评审办法是在总结国内外已有评审办法的基础上，结合我国招标的实际，特别是针对我国工程招标存在的问题，根据经济学和市场博弈原理而研究出来的一种办法。因此，研究该办法必须对我国工程招标的发展沿革进行回顾和梳理，以便清晰地分析不同招标评审办法出台的背景。

一、工程招标的产生

在商品经济萌芽时期，个别买主为了获得更多的利润，在开展某项购买业务时，有时会有意识地邀请多个卖主与他接触，借以选出供货的价格、质量比较理想的交易对象，这可以说是招标活动的“前身”。比较规范的招标活动首次出现于较大规模的投资项目或大宗物品的购买活动中。一方面是由于只有较大规模的投资商或买主才愿意采用招标这种比普通交易更为规范而严密的方式；另一方面，是由于只有在那些较大规模的投资项目或大宗商品交易中，才会使招标方感到采用招标方式节省成本和建设费用。十九世纪上半叶，自由资本主义快速上升，机器大规模生产的应用从生产方式上为买方经济创造了供给条件。同时，社会专业化分工协作的发展也达到了前所未有的发达程度。这一时期成为现代成熟而独立的招标方式正式产生和发展的历史起点。

自第二次世界大战以来，招标影响力不断扩大。先是西方发达国家，接着世界银行在货物采购、工程承包中大量推行招标方式，近二、三十年来，发展中国家在设备采购、工程建设中也日益重视和采用招标方式。招标作为一种成熟而高级的交易方式，其重要性和优越性在国内、国际经济活动中日益成为各国和各种国际经济组织所广泛认可的选择方式，进而在相当多的一些国家和国际组织中得到立法推行。据有关史料记载，我国最早采用招商比价（招标投标）方式承包工程的是1902年张之洞创办的湖北制革厂，五家营造商参加开价比价，结果张同升以1270.1两白银的开价中标，并签订了以质量保证、施工工期、付款办法为主要内容的承包合同[①]。嗣后，1918年汉阳铁厂的两项扩建工程曾在汉口《新闻报》刊登广告，公开招标。到1929年，当时的武汉市采办委员会曾公布招标规则，规定公有建筑或一次采购物料大于3000元以上者，均须通过招标决定承办厂商[②]。

进入计划经济时期，即新中国成立至20世纪七十年代末，对于工程建设行业各类型单位的选择方式，我国一直采用的方法与其他行业一致，即通过行政手段层层分配任务，指定施工单位。在计划经济时期，这种行政指令性的方式曾经对我国经济发展也曾起到过重要作用，对社会主义建设和国家建设亦有重大的贡献。

党的十一届三中全会以来，我国经济建设步入新的历史时期，工程招标工作也揭开了新篇章。1979年我国土木建筑企业最先参与国际市场竞争，以投标方式在中东、亚洲、非洲和港澳地区开展国际工程承包业务，取得了国际工程投标的经验与信誉。1980年10月，国务院颁布了《关于开展和保护社会主义竞争的暂行规定》，指出“对一些适宜于承包的生产建设项目和经营项目，可以试行招标、投标的办法。”世界银行在1980年提供

① 袁淑芬. 当前建设工程招标投标存在的问题和对策研究［D］. 合肥工业大学，2008.
② 尹磊. 我国政府投资工程招标投标问题分析及对策研究［D］. 西南财经大学，2011.

给我国的第一笔贷款，即第一个大学发展项目时，便以国际竞争性招标方式在我国（委托）开展其项目采购与建设活动。自此之后，招标活动在我国境内得到了重视，并获得了广泛的应用与推广。国内建筑业招标于1981年首先在深圳试行，进而推广至全国各地。国内机电设备采购招标于1983年首先在武汉试行，继而在上海等地广泛推广。1985年，国务院决定成立中国机电设备招标中心，并在主要城市建立招标机构，招标投标工作正式纳入政府职能。从此，招标投标方式就迅速在各个行业发展起来。2000年1月1日，《中华人民共和国招标投标法》正式施行，招标投标进入了一个新的发展阶段。

二、工程招标的发展历程

自1984年国务院颁布《关于改革建筑业和基本建设管理体制若干问题的暂行规定》起，我国建设工程领域便正式开展招标投标工作。党的十八届三中全会以来，特别是2014年住建部颁布了《关于开展建筑业改革发展试点工作的通知》，我国工程招标工作基本走上了法治化的轨道。纵观这一时期我国建设工程领域招标投标工作，可以总结为四个阶段。

（一）萌芽阶段——工程招标投标制度初立阶段

1984年，国务院颁发了《关于改革建筑业和基本建设管理体制若干问题的暂行规定》，该规定正式提出了国家在建设工程领域要推行招标投标模式，改变在我国计划经济时代传统使用行政手段、计划指令式的方式来进行工程建设任务分配的方式。自此之后，各地行政部门相继制定本地区的招标投标相关管理办法。

改革开放以来，我国的建筑业开始走出国门参与国际竞争，并先后在亚洲、非洲、中东和港澳等地区承包了一些国际性工程，承包的主要手段就是招标投标。我国第一次在中央层面提出招标投标的概念，是1980年国务院印发的《关于开展和保护社会主义竞赛的暂行规定》，在这个文件里第一次提出对一些适合承包的生产建设项目和经营项目，可以试行招标投标的办法，这也是国务院对新中国探索实践招标投标制度最早的规定①。

在具体项目上，1981年深圳国际商业大厦项目通过招标投标方式选择施工单位取得了显著成效。具体体现在三个方面：一是节约投资，中标金额比标底减少964.4万元；二是工期缩短，中标承诺工期比预定工期提前半年；三是质量保证，项目实施质量达到优良。1982年7月，在鲁布革引水工程施工单位选择过程中，原水利电力部组织进行了我国第一次国际招标投标实践，结果日本大成公司以节约投资46%，缩短工期4个月的优势，在8家投标企业中脱颖而出。这些招标投标试点的成功，在中国政府投资工程建设领域引起了很大的反响。

1984年国务院提出要实行招标投标制度，推行工程招标承包，改变单纯用行政手段

① 郑新立. 中国投标法全书［M］. 中国检察出版社，1999.

分配建设任务的老办法[①]。同年11月,《建设工程招标投标暂行规定》由国家计委和城乡建设环境保护部联合颁发，我国招标投标活动的序幕全面拉开。此后，随着改革开放不断深入和社会主义市场经济体制逐步建立，招标投标制度在我国的政府投资工程建设项目中得到逐步推广。

（二）起步阶段——建设工程招标投标制度规范化发展阶段

1992年建设部颁布“23号令”、1998年国家颁布实施《中华人民共和国建筑法》，在20世纪90年代，我国各地政府部门相继陆续出台了众多与建设工程招标投标管理相关的行政法规、地方法规和地方规章等。这些法制化管理的制度，对于推动我国建设工程招标投标工作的发展进程，加强招标投标工作管理法制化、标准化、规范化等方面，起到了决定性的保障和推动作用。同时，全国各个省、直辖市、地级市、乃至县级市也相继成立了建设工程招标投标的行政监督管理机构。

自1995年开始，建设工程承发包交易中心在全国各地得到逐步设立。到20世纪九十年代末，我国的招标投标监督管理网络和交易中心网络初步形成。自此，中国的建设工程招标投标体系可以称为已基本建立。

20世纪九十年代是我国招标投标制度发展史上一个重要的阶段。在这一阶段，政府投资工程招标投标制度体系基本建立，运行规则趋于完善，监管机构基本成立，招标投标工作水平不断提高。中央各部委及地方各级人民政府相继出台了一系列法规，规章或规范性文件。如1992年建设部发布了第23号令，1998年《中华人民共和国建筑法》颁布实施，部分省份还制定了区域性的《建筑市场管理条例》或《工程建设招标投标管理条例》，招标投标法制化建设步入正轨。

1995年，全国各地陆续开始成立建设工程交易中心，营造了公开、公平、公正的交易环境，有力地推动了政府投资工程信息公开化和招标程序规范化，实现了政府投资工程交易从无形转为有形，从隐蔽转向公开，有效遏制了政府投资工程建设领域各种问题的发生，特别是钱权交易、贪污腐败问题的发生。这些法律、制度、机构和人员上的准备为我国进一步完善招标投标制度打下了坚实的基础。

（三）快速发展阶段——建设工程招标投标制度完善阶段

这一阶段是我国建设工程整个领域里招标投标体系发展最为迅速的一个时期。1999年，我国颁布《招标投标法》，对建设工程采购领域而言是一个非常重要的里程碑。自此，建设工程项目的招标投标活动开始进入有法可依的法制化轨道，更是迈出了与世界经济接轨的一大步。自此以后，建设工程领域使用招标投标采购方式的范围不断扩大，建设工程领域的企

① 国务院. 关于改革建筑业和基本建设管理体制若干问题的暂行规定［S］. 1984-9-18，http://www.110.com/fagui/law_3816.html.

业自律约束机制逐步建立，部门合作配合加强，行政监督力度加大，法律、法规体系架构成型，各地建设工程交易中心的运行管理开始逐步迈入轨道。建设工程项目的招标投标从常规的土建安装，逐步扩展到了道路、桥梁、装饰装修、材料设备、监理、咨询服务等领域。

2000年1月1日《招标投标法》正式颁布实施，随后国务院及有关部委、地方政府又相继制定出台了一系列配套的部门规章、地方性法规和规范性文件，如《关于健全和规范有形建筑市场的若干意见》、《国务院办公厅关于进一步规范招标投标活动的若干意见》、《工程建设项目招标投标活动投诉处理办法》等。2002年《中华人民共和国政府采购法》正式颁布实施。2002年《招标拍卖挂牌出让国有土地使用权规定》由国土资源部正式发布，并且明确要求：改革以往的土地使用权出让方式，旅游、商品住宅、娱乐和商业等各类经营性用地从2002年7月1日起，一律以招标、拍卖或者挂牌方式出让。国家投资的其他土地整理项目从2005年开始，全部采用招标、拍卖、挂牌方式转让，转让活动必须按照招标投标法律及相关法规的规定严格执行。招标投标制度在我国各个领域得到全面推广和应用，招标投标事业得到迅速发展，在我国揭开了历史的新篇章。

（四）深化改革阶段——建设工程招标投标制度深化改革阶段

2013年11月党的十八届三中全会召开，全会以“全面深化改革”为主题，进一步推动了建设工程领域的改革。随后，国家住建部于2014年5月4日颁布了《关于开展建筑业改革发展试点工作的通知》。通知积极贯彻落实党的十八届三中全会的主旨思想，突出中央政府关于“简政放权”的行政管理思路。该《通知》的主题思想，重在推动建设工程领域行政管理工作重心的改变，由原来“注重审批，忽视监管”的思路转变为对行政管理前置事务进行简化。例如：前置的行政审批备案程序进行简化管理，但加强了被监管事务的过程及最后的成果管理。对于建筑领域，即意味着：加强建设过程中施工质量监管以及工程完工后的建筑质量监管。该《通知》的主要要点是：要放开对非国有资金投资项目必须进行招标的限制，赋予非国有资金投资项目的自主招标决策权，允许这种类型的项目自由选择是否进行招标投标，是否进入建设工程交易中心，由业主对其选择的建设工程单位承担责任。同时，另一方面，要求进一步加强对使用国有资金建设的项目监管力度，加强对使用国有资金建设项目业主的发包行为的监管力度。

三、工程招标的管理

随着我国经济体制由计划经济向市场经济的转变，政府对招标工作的管理大致经历了三个阶段。

（一）行政推动阶段

这一阶段的特点是依靠政府各职能部门的行政力量推动招标投标的开展。它的管理目标是改变行政分配任务的做法，将企业引入招标投标的轨道。管理的核心任务是打破垄断，促进竞争，为招标投标创造良好的条件，推动其健康发展。各级政府的主要工作主要有以下几点。

一是制定招标条例，设立管理机构；二是广泛宣传发动，做好招标试点；三是制定招标办法，培训骨干人员。同时，加强了对招标工作的监督管理，诸如招标条件的落实，投标资格的审查，标底的审查，评标决标，质量监督，等等。而且国家采取了逐步推广的办法，当一个地区普遍推行招标投标的条件成熟时，就制定必要的规范性措施，将具备条件的项目纳入招标投标轨道。招标投标工作开展较早的城市，多数采用了这种管理形式。实践证明，在计划经济和行政分配任务的体制下，招标投标不会自发产生，只有在政府机构强制推动与要求下，才能冲破原有模式及习惯势力的束缚，建立起开展招标工作的外部环境和内部条件。这是招标初级阶段经常采用的管理形式。

在这种方式下，政府的直接控制几乎渗透到招标活动的各个重要环节，政府的各种管理机构，一般仍在原有体制下行使职能，这与理想目标管理模式相距甚远。尽管依靠政府的推动力和强制性，有利于克服企业靠行政分配任务的惯性和对上级行政部门的依赖性，并有利于开创招标投标的局面。但是，在这种条件下，业主仍然缺乏招标工作的内在动力，工程施工企业仍然习惯于找关系，靠送礼找工程。随着国家对招标投标工作的重视，招标投标的面不断扩大，政府部门的管理任务逐步加重，招标投标的管理体制不断改革和完善，并进入下一管理阶段。

（二）行政推动与宏观调控相结合阶段

这一阶段的特点是，政府依靠行政手段直接管理微观经济活动的做法逐渐由发展起来的间接调控手段所取代。其管理目标是：既要保证竞争的公平性、公正性，又要保证直接控制转向间接控制的平稳性，以保证招标投标市场活而不乱，使改革顺利进行。为此，管理的核心任务是制定招标政策和措施，协调企业间横向利益关系，建立并发展间接控制手段。为转向宏观调控，国家和地方政府做了大量的基础工作，诸如揭示并促进配套改革，补充有关的政策法规；完善市场机制；搞好大中型骨干企业，使其成为招标投标活动的主要力量，发展为招标投标各方服务的中介机构，发展官方和半官方的招标市场协调监督机构；适时进行政府机构改革，等等。在此基础上，政府对招标微观经济活动的管理逐步减少，转为依靠中介服务机构以及经济杠杆和法律手段来间接控制。

在这一阶段，政府为了稳步推进招标工作的进行，政府采取了部分项目实行市场化招标，部分项目由政府直接控制。政府的这种做法有深刻的历史背景。

① 建设单位与中介机构组织招标的能力尚不成熟，处在成长的过程中；

② 新的经济运行机制尚未完全成熟，非经济因素在招标投标中仍有很大的作用，政府部门放松监督，容易出现漏洞；

③ 政府的间接控制能力有限，尚需逐步提高；

④ 面对新旧体制和办法的矛盾，地方政府必须结合当地实际情况，做好招标投标工作的稳步推进。

在这一阶段，政府直接控制的项目逐步减少。这一时期的管理类似“半行政干预”管理，只不过政府的直接控制与间接控制的范围，一直处于此消彼长的过渡状态之中。它是招标面扩大后解决管理力量不足的必然途径，也是新旧管理模式之间的弹性衔接，有效地避免了市场混乱，保证了改革的平稳发展。

（三）政府宏观调控阶段

这一阶段的特点是政府摆脱对招标微观活动的直接参与转入宏观间接调控，加强对市场竞争的监督。政府对招标活动的干预，主要是运用各种经济杠杆和法律手段，搞好对招标的宏观总体控制，综合运用经济、法律和必要的行政手段管理招标市场。通过市场机制，引导企业行为合理化，使招标活动顺利进行。

实施这一管理模式，也有其特定的历史背景。因为这一时期市场机制已经足够成熟，企业已经有较充分的自主权和自我约束能力，并能对市场作出灵敏有效、及时合理的反应。在此情况下，已形成为招标投标各方服务的中介系统；招标投标法律法规已经健全并系列化，招标程序和方式已经较为规范；产品价格严重扭曲的状态基本解决，并基本上能够反映商品的价值规律；经济活动的社会监控网络已基本成型并正常运转。

这种管理方式是逐步发展形成的。当时，虽然管理科学化、现代化的任务仍在继续，但新的管理模式已经形成，管理体制的改革已处于相对平稳时期，企业活力已经可以充分发挥，生产力正处在一个高速增长的时期。这是招标投标真正体现出经济效益和社会效益的阶段。

为了推行招标投标制，国家和地方政府陆续出台了一系列的部门规章和地方法规。1992年12月30日，建设部发布了《工程建设施工招标投标管理办法》，规定“凡政府和公有制企、事业单位投资的新建、改建、扩建和技术改造工程项目的施工，除某些不适宜招标投标的特殊工程外，均应按照本办法，实行招标投标。”为进一步规范建设工程招标投标工作，提高招标投标的管理水平，1996年11月8日，建设部发布了《建设工程施工招标文件范本》，建议各地在建设工程招标中使用，并把施工合同管理与招标投标管理结合起来。1998年8月6日，建设部发布了《关于进一步加强工程招标投标管理的规定》，规定：凡政府投资（包括政府参股投资和政府提供担保的使用国外贷款进行转贷的投资），国有、集体所有制单位及其控股的投资项目，以及国有、集体所有制单位控股企业投资的工程，除涉及国家安全的保密工程、抢险救灾等特殊工程和省、自治区、直辖市人民政府规定的限额以下小型工程（其投资额和建筑面积的限额规定，须报建设部备案）外，都必须实行招标发包。这些政策和法规的出台，极大地推动了全国建设工程招标投标的开展。1999年8月30日，《中华人民共和国招标投标法》经九届全国人大常委会第十一次会议通过。该法是规范招标投标行为的基本法。它的颁布和实施，是我国经济生活中的一件大事，是我国公共建设领域交易方式的改革，是深化投融资体制改革的一项重大举措，也是我国工程招标和投标工作全面进入规范化法制轨道的重要里程碑。对于保护国家利益、社会公共利益和招标投标当事人的合法权益，提高经济效益，保证工程建设质量，具有重要意义。

四、工程招标的成绩

工程招标制度的规范化、法制化、标准化发展，将计划经济年代政府一把抓的状况，改变为市场化操作，使工程建设者的竞争意识明显增加，从而使工程质量明显提高。从工程招标制度的建立到现阶段全面深化改革，我国工程招标取得了显著成绩。

（一）工程招标投标基础设施逐渐完善，招标投标领域逐渐丰富

全国336个地级以上城市已有325个建立了有形建筑市场。有形建筑市场的建设，为建设工程活动的正常开展提供了相对集中固定的交易场所，为招标投标活动提供了广阔的基础平台，加快了建筑市场规范化建设的步伐。

全国各地的招标投标覆盖面已扩展到勘察、设计、监理、施工、材料设备采购和桩基础、装饰装修、玻璃幕墙、轻钢网架、消防报警、自动喷淋、暖通空调、电梯安装、园林绿化、管道管线、路灯安装等专业领域，总体呈现以房屋建筑工程为龙头，以市政基础设施工程为重点，向多层次、多领域延伸拓展的格局。

早在1984年，全国全年建筑施工面积28960万平方米，其中实行招标投标的面积为1382万平方米，招标投标面积仅占当年施工面积的4.8%；1985年招标投标的比例上升到13%；1986年继续上升到15%；1987年上升到18%；1988年上升到21.7%；1989年上升到24%；1990年上升到29.5%……1996年，全国国有建筑企业施工面积44507万平方米，其中实行招标投标的面积达到24261万平方米，招标面积占当年建筑面积的54%；1998年，除个别省份外，应招标工程招标率达到90%以上，北京、天津、上海、山西、重庆、青海、宁夏等10个省、自治区、直辖市的招标率均达到100%，可以看出，全国应招标工程的招标率呈上升的趋势，覆盖面逐年提升①。

（二）工程招标投标程序逐渐规范化、科学化

在《招标投标法》出台以前，我国工程建设招标投标的议标率和邀请招标率比例很高，公开招标率很低，到《招标投标法》出台实施后才正式从法律层面上废除了争议很大的议标方式。《招标投标法》的出台，极大地促进了招标投标工作的发展，建设市场的局面发生了根本性的变化，公开招标率直线上升，邀请招标率快速下降。

随着国家法律、法规、规章和文件政策的不断配套和完善，招标投标工作的专业化

① 苏普. 规范建设工程招标投标运行机制研究［D］. 中国海洋大学，2008.

趋势越来越明显，专业招标代理机构逐渐发展壮大起来。招标投标监管部门也逐渐将工作的重点放在对专业招标代理机构从业人员和资质的市场准入把关、招标投标法定程序以及关键环节的监管上。通过转变招标组织方式后，初步形成了业主招标、政府监管、社会中介专业代理的高效合理的社会化分工协作局面。

招标初期，大多采用设定标底的方式，由于标底的编审时间长、接触的人数多，保密工作始终是个难以解决的难题。为了将招标投标管理从繁杂的标底编审工作中解脱出来，各地开始尝试无标底招标。实行无标底招标后，因为已经无标底可泄，所以完全从源头上杜绝了泄露标底现象的发生。无标底招标模式从根本上淡化了标底的评标作用，让“泄露标底”的现象彻底从人们的视线中消失，从源头上堵住了招标单位与投标单位利用标底进行串标的渠道，投标单位完全可以自己掌握自己的投标命运，使招标投标活动更加符合市场化的经济运行规律，使招标投标结果更加客观、公平、合理。但随之而来的围标现象出现，往往出现中标价格过高的问题。

招标投标初期，不管工程规模大小、简单还是复杂，各地广泛采用的是综合评分法，评标办法单一，经常出现评标办法“不合脚”的现象。经过招标投标工作者多年的探索和总结，逐步实现了评标办法多样化。如某省规定利用世界银行贷款或其他国际组织资金进行招标的，可以采用国际通用的“最低投标价法”与国际接轨，考虑我国市场信用体系还不健全的实际，而采用的“经评审的最低投标价法”，针对具有通用技术的一般简单性工程，而采用的“合理定价评审抽取法”等。通过评标办法的多样化转变，使评标具有针对性，更加公正、科学、合理，既节省了招标投标成本，又提高了投资效益，特别是一些地方广泛采用“合理定价评审抽取法”以后，大幅度地降低了招标投标投诉率，取得了良好的社会效益。

招标投标初期，一般由业主自行组织评标，有关行政监督部门参与评标，评标的政府行政色彩浓厚。随着市场的逐步发育和成熟，有关行政监督部门开始退出评标委员会，而代之以全部专家评标，或者三分之二以上的专家和少数业主代表共同进行评标，有关行政监督部门舍弃了“运动员”的兼职，恢复了“裁判员”的本来面目，实现角色转换，找准了自己的职能定位。角色的转换过程，实际上是让权力退出的过程，这种让权力退出、靠制度运行的评标体系的建立，从根本上提升了招标投标的社会公信力。

（三）工程招标投标监管重点、监督模式日趋合理

随着建设工程投资多元化的发展，有关行政监督部门积极响应中央的号召，开始采取有所为、有所不为的工作方式，将该放的放开，该管的管好。如区别对待国有投资和非国有投资项目，放宽对非国有投资项目招标的限制，总体按照“程序到位、政策宽松”的原则快速办理，而把重点转向国有投资工程，集中有限的管理资源，重点加强对使用国有资金或集体资金项目的监管，在招标投标关键环节上严格把关，严管到位，管到具体，力保国有资金的使用效益，从源头上防止腐败现象的发生。这种监管思路、监管方式的调整和转变，体现了与时俱进的时代特点。

一些地方政府围绕打造阳光招标品牌，建立了纪检监察、检察、财政、招标办“四位一体”的联合监督机制。在监督工作中，做到了分工明确，权责分明。纪检监察部门侧重对招标投标过程中领导干部、业主单位和招标投标监管机构工作人员行为的再监督；检察机关着重于事前预防职务犯罪，事后查处利用职权在招标投标中的职务犯罪，并建立建设领域行贿犯罪档案；财政部门负责对国有资金投资项目的合理定价和预算封顶进行把关；招标办负责招标投标全过程的日常监管。“四位一体”的监督体制，相互补充，相互制约，实现了对招标投标各方主体的有力监管。工程建设领域在许多国家被认为是腐败行为的重灾区、多发区。我国对招标投标活动进行监督管理，采取从专家人才库中选取专家进行评标的方法，到纪检监察部门直接监督，保证了各个环节严格按照程序进行，使工程建设项目承发包活动变得公开、公平、公正，有力的遏制了行贿受贿等腐败现象的发生。据不完全统计，目前在工程建设方面，通过严格的招标达到的节资率为1%～3%，工期缩短了10%。而反面的事实也证明，不严格执行招标投标，不仅导致腐败行为的发生，而且往往也是导致工程质量事故的直接原因。只有在招标投标活动得以规范，经济效益才能得以提高，项目质量得以保证的条件下，才能保障国家利益、社会公共利益、企业合法权益。

由于从制度上保证了招标投标程序规范有序地运行，招标投标活动逐步变得公开、公正、客观和透明。招标单位和有关行政监督部门的自由裁量空间很小，无法左右招标局面。再想靠疏通人员关系，已经达不到中标的目的。因此，投标单位开始把精力从找领导、跑关系转移到抓信息、跑市场方面来，真正地把握到了市场的脉搏。

近年来各地建筑施工企业、建设单位和招标投标代理机构自觉发起，招标投标监管部门大力支持，纷纷成立招标投标协会，制定行业公约。招标投标各方主体不仅受到来自于有关行政监督部门的监督，还受到来自行业协会内部自律机制的约束。招标投标协会已经成为建设领域行业自律的坚强纽带。从法律意义上说，工程招标投标是招标、投标双方按照法定程序进行交易的法律行为。所以双方的行为都受法律的约束。这就意味着，在市场经济条件下，建筑市场上的各种经济活动，都正沿着有章可循，有法可依的方向发展。当然，我们也应当同时清醒地看到，我国工程招标投标管理工作中仍然存在国家法治不够完善，少数领导和人员法律意识淡薄，“暗箱操作”、串通招标、弄虚作假招标等问题还在不同的地方不同程度地存在。党的十八大以来，中央加大了巡视和反腐的力度，招标投标制度正不断完善，我国工程建设市场也更加趋于理性化、法治化和规范化。

（四）工程招标促进技术进步和管理水平提高日益明显

招标投标活动最明显的特点是促进了投标人之间的竞争，而其中最集中、最激烈的竞争则表现为价格和管理的竞争。而投标人要想在竞争中获胜，就要在报价、实力、管理、技术、业绩等方面表现出优势。这就迫使竞争者要采用新材料，采取新技术，吸收新工艺，加强对企业和项目的管理，因而有效地促进了全行业的技术进步和管理水平的提高，进而使我国工程建设项目质量普遍得到了提高。

第四章

现行工程招标办法

招标投标工作是随着经济体制从计划经济向市场经济转变，为了激发市场主体的活力，而逐步产生的工程项目建设方式。在20世纪80年代初，招标工作尚无统一的规范，基本上由各地自行摸索，形式多种多样。自从国家制定了《招标投标法》以后，全国招标工作的方式依法律的规定，基本上集中在综合评标法（也称综合评分法）、经评审的最低投标价法。比较典型的有北京市的综合评分法，安徽省合肥市的有效最低价评标法。本章将分别对不同的评标法进行分析介绍。

一、国家招标评审办法

《招标投标法》规定："中标人投标应当符合下列条件之一：（一）能够最大限度地满足招标文件中规定的各项综合评价标准；（二）能够满足招标文件的实质性要求，并且经评审的投标价格最低；但是投标价格低于成本的除外"。《招标投标法》实施以来，国务院有关部委根据上述规定及行业自身的特点，分别制定了相应的工程招标评标办法，如交通运输部的单（双）信封综合评分法、单（双）信封合理低价法、经评审的最低投标价法，住房和城乡建设部的综合评分法、经评审的最低投标价法，也原则规定了其适用范围。各种评标办法都有其各自的侧重点和适用性。纵观国内实行的招标投标评审办法，归纳起来也就两种，即综合评分法和经评审的最低投标价法。

（一）综合评分法

（1）含义。综合评分法是指能最大限度地满足招标文件中规定的各项综合评价标准的投标，应当推荐为中标候选人。衡量投标文件是否最大限度地满足招标文件中规定的各项评价标准，可以采取折算为货币的方法、打分的方法或者其他方法。需量化的因素及其权重应当在招标文件中明确规定。

在综合评分法中，最为常用的方法是百分法。这种方法是将评审各指标分别在百分之内所占比例和评标标准在招标文件内规定。开标后按评标程序，根据评分标准，由评委对各投标人的标书进行评分，最后以总得分最高的投标人为中标人。这种评标方法长期以来一直是建设工程领域采用的主流评标方法。在实践中，百分法有许多不同的操作方法，其主要区别在于：这种评标方法的价格因素的比较需要有一个基准（或者被称为参考），如报价以标底作为基准，为了保密，基准价的确定有时加入投标人的报价。

对于设计、监理等工程项目的招标，需要竞争的不是投标人的价格，不能以报价作为唯一或者主要的评标内容。但是，对于建设工程施工招标，以此种方法评标要合理量化各评分项目权重。

（2）评标要求。评标委员会对各个评审因素进行量化时，应当将量化指标建立在同一基础或标准上，使各投标文件具有可比性。对技术部分和商务部分进行量化后，评标委员会应当对这两部分的量化结果进行加权，计算出每一投标的综合评估价或者综合评估分。

（3）优点。弱化了标底作用，发挥了评标专家的作用。由于报价不是决定是否中标的绝对因素，投标人就不会盲目压价，也能有效地防止不正当的低价竞争，有利于实现合理低价中标，为工程量清单招标的最低投标报价中标铺平了道路。

（4）缺点。由于评标委员会临时组建，较短评标时间内评标专家无法充分熟悉工程资料，正确掌握评标因素及其权值。评标因素及权值的界定也带有很强的主观性，“人情分“、“随意分”很难约束。

（二）经评审的最低投标价法

（1）含义。这种评标方法是按照评审程序，经初审后，以合理低标价作为中标的主要条件。合理的低标价必须是经过终审，进行答辩，证明是实现低标价的措施有力可行的报价。但不保证是最低的投标价中标。这种方法在比较价格时必须考虑一些修正因素，因此也有一个评标的过程。世界银行、亚洲开发银行等都是以这种方法作为主要的评标方法。因为在市场经济条件下，投标人的竞争主要是价格的竞争，其他的一些条件如质量、工期等已经在招标文件中确定，投标人必须响应招标人的这些要求。投标人的信用、实力等因素则是资格预审中的因素，信用不好的企业应当在资格预审时淘汰。

（2）适用范围。按照《评标委员会和评标办法暂行规定》的规定，经评审的最低投标价法一般适用于具有通用技术、性能标准或者招标人对其技术、性能没有特殊要求的普通招标项目，如一般的住宅工程的施工项目。

（3）评标要求。采用经评审的最低投标价法的，评标委员会应当根据招标文件中规定的评标价格调整方法，对所有投标人的投标报价以及投标文件的商务部分作必要的价格调整。需要考虑的修正因素包括：一定条件下的优惠（如世界银行贷款项目对借款国国内投标人有7.5%的评标价优惠），工期提前的效益对报价的修正；同时投多个标段的评标修正等，这些修正因素都应当在招标文件中有明确的规定。中标人的投标应当符合招标文件规定的技术要求和标准，但评标委员会不得对投标文件的技术部分进行价格折算。

（4）优点。能最大限度地降低工程造价，节约建设投资，提高资金使用效率。如施工工艺先进、管理水平相对较高的施工企业，可压减施工企业管理费、预期利润等，能有效地降低施工成本。因此，有利于促使施工企业加强管理，提高人员素质，提高企业的经营能力和管理水平。采取这种方法评标，因为没有标底，可以使人为因素的干扰降至最低，能有效规范建筑市场行为，遏制腐败现象的发生。最低投标价法招标是国际工程项目招标投标中普遍的做法，有利于我国建筑企业走向国际市场。

（5）缺点。由于我国许多施工企业不同程度地存在诚信问题，可能导致低报价中标后，中途要求调价，或者相互之间串标、抬价，这些为工程质量埋下了隐患，给业主带来较大风险。再则，由于不设标底，工程成本价不易界定，尤其在不规范的市场条件下，对于“投标报价是否低于投标企业个别成本”很难把握。

二、湖北省招标评审办法[①]

（一）综合评分法

该方法是指评标委员会根据招标文件的要求，对投标人的商务标、技术标和综合标三部分进行综合评审后，向招标人推荐不超过三名有排序的合格的中标候选人的一种评标方法。

1 评审准备

招标人按照工程的实际情况设定商务标、技术标、综合标三部分的权重，经加权后，总分值为100分。商务标的权重不宜低于70%，技术标的权重不宜高于25%。综合标的权重不宜高于10%。对具有通用技术、性能标准或者招标人对其技术、性能没有特殊要求的招标项目，其商务标权重可设定为100%，但评标委员会对技术标、综合标应进行初步评审。

2 技术标评审程序（100分）

（1）施工组织设计。应包括以下几项基本内容：主要施工方法；拟投入的主要物资计划；拟投入的主要施工机械计划；劳动力安排计划；确保工程质量的技术组织措施；确保安全生产的技术组织措施；确保工期的技术组织措施；确保文明施工的技术组织措施；施工总进度表或施工网络图；施工总平面布置图。如施工组织设计基本内容缺项，该项可打零分。

（2）施工组织设计的针对性、完整性。

（3）评标委员会应先评审技术标，多数评委认为技术标“不合格”的，则该投标文件作废标处理。具体每项工程的合格分数线由招标人在招标文件中确定。合格分宜为70分，评委所给施工组织设计总分少于合格分的，应说明评分理由。

3 综合标评审程序（100分）

（1）项目班子配备，主要包括以下几点。

① 项目经理。项目经理资质等级满足招标文件要求，并按规定明确只承担一个工程或注明有特殊情况只同时（就近）承担两个工程；项目经理简历表。

② 项目经理类似工程经验。项目经理类似工程经历；项目经理类似工程履约情况（如工期、质量与造价）。

③ 项目工程师（现场项目技术负责人）资历。

④ 项目管理班子人员构成。人员齐备专业配套，具备相关岗位证书；主要技术、经济、管理人员素质高、业绩优。

---

① 湖北省建设厅. 湖北省建设工程工程量清单招标评标办法［z］. 2004-7-9，http://www.law110.com/law/32/hubei/213075.htm.

（2）投标工期。投标工期满足招标文件要求；不满足招标文件要求的，该投标文件作废标处理；对工期有承诺，有违约经济处罚措施，且合理可行。

（3）工程质量目标。工程质量目标满足招标文件要求；不满足招标文件要求的，该投标文件作废标处理；对工程质量目标有承诺，有违约经济处罚措施，且合理可行；对工程保修有承诺，有违约经济处罚措施，且合理可行。

4 商务标评审程序（100分）

（1）评标委员会评审商务标时，应对投标报价和工程量清单报价进行校核。

（2）商务标评审指标及所占分值。工程量清单总报价A（40分）；分部分项工程量清单报价B（15分）；措施项目清单报价C（15分）；主要材料价格D（15分）主要项目清单综合单价E（15分），商务标得分=$A+B+C+D+E$，对于各指标所占分值，招标人可根据工程特点作适当调整。但工程量清单总报价所占分值不宜低于30分，其他各项指标所占分值不宜高于20分。

（3）确定有效投标报价有效投标报价是指投标文件初步评审合格的投标人的报价。

（4）商务标各指标得分计算办法。

① 工程量清单总报价A

a．确定评标基数。评标基数（Pa）为各有效投标报价中去掉最高和最低报价后的算术平均值下降F%。若有效投标报价少于五家（不含五家）时，则以所有有效投标报价的算术平均值下降F%为评标基数（Pa）。其中F%为投标竞争下浮率，招标人必须在招标文件中确定竞争下浮率的值。一类工程F取值宜为0～10的整数；二类工程F取值宜为0～7的整数；三类及以下工程F取值宜为0～5的整数。

b．各投标人工程量清单总报价的得分计算办法：

以评标基数（Pa）为基准，总报价每高于或低于评标基数（Pa）1%扣Ka分（Ka取值宜为：$1 \leqslant Ka \leqslant 2$，且在招标文件中必须明确），扣完所占分值为止。

该项记分公式为：工程量清单总报价得分$A=40-[|Pa-q|/Pa]100 \times Ka$，其中：$Pa$为评标基数，$q$为工程量清单总报价。

② 分部分项工程量清单报价B

a．确定评标基数。评标基数（Pbi）为各有效投标报价中同一分部分项工程量清单项目去掉最高和最低报价后的算术平均值下降F%。若有效投标报价少于五家（不含五家）时，则以所有有效投标报价的算术平均值下降F%为评标基数（Pbi）。

b．各投标人分部分项工程量清单报价的得分计算办法：

各有效投标报价中的同一清单项目以评标基数（Pbi）为基准进行比较，高于或低于评标基数（Pbi）的部分按比例扣减分值，扣完所占分值为止。投标人各单项清单项目得分之和即为其分部分项工程量清单得分。计算公式如下：

分部分项工程量清单报价得分=∑单项分部分项工程量清单分值×（1−单项清单项目报价差率×Kb），其中：

Kb取值宜为1～3的整数，且在招标文件中必须明确；

单项分部分项工程量清单分值=15×单项分部分项工程量清单报价/分部分项工程量清单项目报价；

单项清单项目报价差率=|单项清单项目报价−Pbi|/Pbi|，Pbi为各相同单项清单项目的评标基数。

③ 措施项目清单报价C

a．措施项目清单报价分计算机评审和评委评审。计算机评审分值C_1占措施项目总分的60%，评委评审分值C_2占措施项目总分的40%。

b．计算机评审方法

对于一般工程的措施项目，评审时以措施项目总费用进行比较评审；对于特殊或大型技术措施项目，以同一措施项目费用进行综合比较评审。招标人依据工程情况在招标文件中必须明确其中一种评审方法。

A办法：以措施项目总费用进行比较评审。

确定评标基数：评标基数（Pc）为各有效投标报价中去掉最高和最低报价后的算术平均值下降F%。若有效投标报价少于五家（不含五家）时，则以所有有效投标报价的算术平均值下降F%为评标基数（Pc）。

计算各投标人措施项目清单报价得分：以评标基数（Pc）为基准，总报价每高于或低于评标基数（Pc）的部分按比例扣减分值，扣完所占分值为止。计算公式如下：

各投标人措施项目报价得分C_1=15×（1−措施项目清单报价差率）×60%

其中：措施项目清单报价差率=|投标人措施项目清单总报价−Pc|/Pc，Pc为评标基数。

B办法：以同一措施项目费用进行综合比较评审。

确定评标基数。评标基数（Pci）为各有效报价中同一措施项目去掉最高和最低报价后的平均值下降F%。若有效投标报价少于五家（不含五家）时，则以所有有效投标报价的平均值下降F%为评标基数（Pci）。

计算各投标人措施项目分数各报价中的同一措施项目：以评标基数为基准进行比较，高于或低于评标基数（Pci）的部分按比例扣减分值，扣完所占分值为止。投标人各单项措施项目得分之和的60%即为其措施项目计算机评审得分。计算公式如下：

措施项目计算机评审得分C_1=Σ单项措施项目分值×［1−单项措施费报价差率］×60%，其中：单项措施项目分值=15×单项措施项目费报价/措施项目费总报价；单项措施费报价差率=|单项措施费报价−Pci|/Pci，Pci为各相同单项措施项目的评标基数。

c．评委评审方法

评委参考Pci值并结合技术标书对投标人措施项目报价的合理性进行评审。评审时，通过计算机将措施项目分值按单项措施项目报价占全部措施项目费总价的比重进行分配，评委只对每一措施项目报价的合理性按“合理”、“基本合理”二个等次进行评定（其中，合理得分为该措施项目所占分值的满分，基本合理得分为该措施项目所占分值的70%），再将所有措施项目报价的得分之和按40%比例计入措施项目得分。

d. 各投标人措施项目总得分（C）=措施项目计算机评审得分（C_1）+评委评审得分（C_2）

④ 主要材料价格D

招标人在招标文件中必须明确需要评审的主要材料，且不少于15项主要材料。评标委员会只评审招标人明确需要评审的主要材料。在各有效报价中，招标人指定评审的每一项材料去掉一个最高和最低报价后的算术平均值下降F%作为该材料的评标基数（Pdi），若有效投标报价少于五家（不含五家）时，则以所有有效投标报价的算术平均值下降F%为评标基数（Pdi）。各有效报价中的同一材料以评标基数（Pdi）为基准进行比较，高于或低于评标基数（Pdi）的部分按比例扣减分值，扣完所占分值为止。投标人各项主要材料得分之和即为其主要材料价格评审得分。计算公式如下：

主要材料价格D得分=2单项主要材料分值×［1−单项主要材料报价差率×Kd］

其中：单项主要材料分值=15×抽取的单项材料报价/抽取的主要材料报价之和；单项主要材料报价差率=|单项主要材料报价−Pdi|/Pdi，Pdi为抽取的各种主要材料的评标基数，Kd取值宜为1～3的整数，且在招标文件中必须明确。

⑤ 主要项目清单综合单价E

主要项目清单综合单价按每个分部分项清单费用占全部清单项目费用的比重，从高到低抽取不少于20项清单项目，且抽取的分部分项清单费用的总和占全部分部分项清单费用的比重不低于70%（以平均报价为基准抽取）。抽取的相同项目清单综合单价去掉一个最高和最低报价后的算术平均值下降F%为该项目清单综合单价的评标基数（Pei），若有效投标报价少于五家（不含五家）时，则以所有有效投标报价的算术平均值下降F%为评标基数（Pei）。各有效报价中同一项目清单综合单价以此基数为基准进行比较，高于或低于评标基数（Pei）的部分按比例扣减分值，扣完所占分值为止。投标人各主要项目清单综合单价得分之和即为其主要项目清单综合单价评审得分。计算公式如下：

主要项目清单综合单价得分E=2单项主要项目清单综合单价分值×［1−单项清单综合单报价差率×Ke］

其中：单项主要项目清单综合单价分值=15×抽取的单项主要项目清单的报价/抽取的单项主要项目清单报价之和；单项清单综合单价报价差率=|单项清单综合单价报价−Pei|/Pei，Pei为抽取的各单项清单综合单价的评标基数，Ke取值宜为1～3的整数，且在招标文件中必须明确。

5 计分办法

（1）评标委员会成员按照招标文件的要求给投标人打分，并按下列公式确定各投标人的评定分数：评定分数=商务标得分×商务标权重+技术标得分×技术标权重+综合标得分×综合标权重。

（2）各投标人的最终得分为各评委所评定分数中，去掉一个最高分和一个最低分后的算术平均值。

（3）各项统计、评分结果均按四舍五入方法精确到小数点后二位。

（4）评标委员会根据投标人的最终得分，按高低次序确定投标人最终的排列名次，并按照招标文件中规定，推荐不超过三名有排序的合格的中标候选人。

（二）经评审的最低投标报价法

该方法主要指评标委员会对投标报价最低的前三名投标人的投标文件进行初步评审。经初步评审不足三名投标人的，评标委员会应当依序选取投标报价次低的投标人的投标文件进行初步评审，以此类推。

1　初步评审

评标委员会对投标报价最低的前三名投标人的投标文件进行初步评审。经初步评审不足三名投标人的，评标委员会应当依序选取投标报价次低的投标人的投标文件进行初步评审，以此类推。

2　详细分析论证评审

评标委员会对初步评审合格的投标人的商务标进行详细分析论证评审。

（1）评审的主要内容：对投标人分部分项工程量清单报价、措施项目费用、其他项目费用进行评审。

（2）评审的基本原则：在实质性响应招标文件要求的前提下，保证工程质量和施工安全，保证工程建设必需的费用和国家及省政府批准的规费、税金的足额计取，且不低于企业成本。

（3）评审参照的主要依据：标底价、有效投标人平均报价；湖北省各类工程消耗量定额；工程造价管理机构近期公布的主要材料市场价；已报建设工程造价管理机构备案的企业定额。

（4）判定评审结果的标准：评标委员会各评委通过分析、评审，计算投标人商务标报价中低于企业成本部分总和，与其所报利润总额进行比较，判定其商务标报价是否低于企业成本。

3　详细评审具体方法

（1）依据招标文件对投标报价和工程量清单报价进行校核。

（2）对分部分项工程报价进行评审

① 通过计算机筛选需详细评审的清单项目报价筛选的方法，建议按以下原则筛选：

a．按分部分项清单费用占全部分部分项清单费用的比重，从高到低抽取不少于20项分部分项清单的报价，且抽取的分部分项清单费用的总和占全部分部分项清单费用的比重不低于70%。

b．分部分项清单报价存在|投标人报价-同一清单标底价|≥同一清单标底价×30%情

况时，直接判定为不合理报价，且不进入清单项目报价平均值的计算。

c. 清单项目报价≥平均值的下浮值，则该清单项目报价视为合理报价；清单项目报价<平均值的下浮值，则该清单项目报价通过计算机筛选出来后，由评标委员会进行评审，并作出是否低于企业成本的判定。

其中：平均值的下浮值=清单项目报价平均值×（1–F%）；清单项目报价平均值=同一清单项目有效报价的算术平均值；当有效报价超出七家时，则选取投标总报价最低的七家进行计算；F%为投标竞争下浮率，该指标必须在招标文件中确定，一般应按10%计算。

② 评委评审筛选出的清单项目

a. 分析评审清单项目综合单价中人工、材料、机械消耗量（含管理费和利润）构成及报价的合理性。

b. 分析评审投标人材料价格的合理性，特别是招标人指定评审的主要材料价格的合理性。对于主要材料价格与市场价相差悬殊的，或涉及新材料、新工艺、品牌差异较大的主要工程材料，投标人应作出书面说明并提供相关证明材料。投标人不能合理说明或者不能提供相关证明材料的，评标委员会可做出对投标人不利的判断。

c. 根据以上原则评委最终确定不合理报价的清单项目，并计算低于企业成本的金额。计算方法如下：该清单项目低于成本金额=（同一清单平均值的下浮值–同一清单不合理报价）×该清单工程量

（3）措施项目报价评审

对于一般工程的措施项目，评审时应以措施项目总费用进行比较。对于特殊或大型技术措施项目，招标人在招标文件中具体规定评审方法。

① 一般工程的措施项目报价评审

若措施项目投标人总报价≥平均值的下浮值，则该投标人措施项目报价视为合理报价；

若措施项目投标人总报价<平均值的下浮值，则由评标委员会进行评审，并作出是否低于企业成本的判定。

其中：平均值的下浮值=措施项目有效报价的平均值×（1–F%）；当有效报价超出七家时，则选取投标总报价最低的七家进行计算；F%为投标竞争下浮率，该指标必须在招标文件中明确，宜按30%以内计算。

② 评委根据招标文件的规定，结合投标人的技术标书最终确定措施项目报价的合理性。并计算低于企业成本的金额。计算方法如下：该投标人低于企业成本金额=平均值的下浮值–措施项目投标人总报价。

（4）其他项目费用评审

① 其他项目清单中如预留金、材料购置费等均为估算预测数量，由招标人提供，投标人应按招标文件规定填写。未按规定填写的，可判定为废标。

② 由投标人自主编制清单和报价的其他项目清单，如总承包服务费、零星项目费

等，一般不作低于成本评审。

4 判定投标人商务标报价的合理性

（1）计算低于企业成本总金额。综上评审结果，累计得出分部分项工程、措施项目、其他项目三部分低于企业成本总金额：投标人低于企业成本总金额=（∑分部分项工程低于企业成本金额+措施项目低于企业成本金额+其他项目低于成本金额）

（2）计算投标人利润总额。根据投标人报价，通过电子标书，计算该工程投标人的利润总额。

（3）判定商务标报价是否合理。将投标人低于企业成本总金额与投标人利润总额进行比较。若：

① 投标人所报的利润总额≥投标人低于企业成本总金额。则该投标人商务标报价属合理报价；

② 投标人所报利润总额<投标人低于企业成本总金额。则该投标人商务标报价属低于企业成本报价。

5 确定中标候选人

评标委员会各评委独立评审，意见不一致时，根据少数服从多数的原则确定最终评审结果。若最低投标报价被否决，则以同样的方式和方法评审次低报价，以此类推，选出符合招标文件要求的中标候选人。

经过初步评审和对投标报价进行详细分析论证评审后，评标委员按照招标文件规定，依序向招标人推荐中标候选人。

三、全国典型招标评审办法

（一）北京市——综合评分法[①]

该方法适用范围为北京市本市依法必须招标的建设工程施工总承包项目，主要指房屋建筑和市政基础设施工程。

该方法评标程序主要包括：

1 招标准备

招标文件中载明的评标办法应当区分技术标、商务标和信用标，分别设立具体的评

① 北京市住房城乡建设委、市发展改革委. 北京市建设工程施工综合定量评标办法［Z］. 2016-2-26，http://gov.cbi360.net/a/20160226/367565.html.

标因素和评标标准，其中信用标的评审应当直接采用开标当日北京市住房和城乡建设委公布的企业市场行为信用评价分值，并将其纳入相应投标人的最终得分。

商务标、技术标、信用标评分权重合计为100%，信用标在总得分中所占权重一般为5%～20%。商务标和技术标在总得分中的权重合计为95%～80%，其中，技术标的相对权重一般不得高于40%，商务标的相对权重不得少于60%。

2 初步评审与资格审查

评标委员会评标时，先对投标文件进行初步评审，逐项列出投标文件的投标偏差；后对经初步评审合格后的投标文件的技术标和商务标作详细评审、比较，再纳入信用标。

资格审查因素仅限于投标人资质、财务状况、类似项目业绩、技术和管理人员能力、拟投入生产资源，以及其他工程技术管理要素等。

3 技术标评审程序

技术标评审的一般程序为：

（1）技术标的符合性评审。

（2）施工组织设计，包括施工方案、质量保证措施、安全和绿色施工保障措施等评审。

（3）按照评标标准和方法计算得分，并就每项评分写出评审意见。

4 商务标评审程序

商务标评审的一般程序为：

（1）对投标价格及其各组成要素的合理性和符合性进行逐项评审。

（2）汇总需要投标人澄清、说明或者补正的问题，以书面形式发放投标人；采用电子化招标投标的，应通过电子化平台发放。

（3）按照评标标准和方法计算得分，并加权折算商务标和技术标的合计得分。

5 信用标评审程序

信用标评审的一般程序为：

（1）采集市住房和城乡建设委员会公布的各投标人的企业信用评价分值。

（2）按照评标标准和方法，在商务标和技术标加权得分的基础上，进行二次加权，折算总得分。

6 问题澄清与说明

投标人应当以书面形式对评标委员会提出的问题作出澄清、说明或者补正，但不得超出投标文件的范围或者改变投标文件的实质性内容。

房屋建筑工程投标报价低于标底6%或招标控制价6%的，市政工程投标报价低于标底6%或招标控制价8%的，或者评标委员会认为投标报价组成明显不合理的，评标委员会应当要求投标人就其报价的合理性作出详细说明，评标委员会对该报价应进行详细分析及质询。

评标委员会对投标人澄清、说明或者补正的内容进行评审，并依法判定是否低于成本或者实质响应招标文件。低于成本或者未能实质响应招标文件的投标，应当废标。

7　标底设定与最高投标限价

招标人设有标底的，在评标时作为参考。标底应当由造价工程师签字，并加盖造价工程师执业专用章。招标人不具有自行招标能力的，应当委托有相应资质的社会中介机构编制，并加盖该中介机构的公章。

招标人可以在招标文件中明示最高投标限价（招标控制价）或者最高投标限价的计算方法，超出最高投标限价的投标为无效投标。政府投资项目的最高投标限价不得超出政府批准的投资概算。

8　废标处理

在评标过程中发现下列情形之一的，评标委员会应当否决投标人的投标或者作废标处理：

（1）投标文件未经投标单位盖章和单位负责人签字。

（2）投标文件未按规定的格式填写，内容不全或关键字迹模糊、无法辨认。

（3）同一投标人提交两个以上不同的投标文件或者投标报价，但招标文件要求提交备选投标的除外。

（4）投标人名称或组织结构与资格预审时不一致。

（5）未按招标文件要求提交投标保证金。

（6）投标联合体没有提交共同投标协议。

（7）投标人不按照要求对投标文件进行澄清、说明或者补正。

（8）投标报价低于成本或者高于招标文件设定的最高投标限价。

（9）投标人不符合国家或者招标文件规定的资格条件，或者与资格预审结果相比资质、业绩有降低。

（10）投标文件没有对招标文件的实质性要求和条件作出响应。

（11）投标人有串通投标、弄虚作假、行贿等违法行为。

（12）符合招标文件规定的其他废标条件。

评标委员会否决不合格投标或者认定废标后，当有效投标不足三个时，经评审后，认为有效投标均不符合招标文件的技术要求或者明显缺乏竞争力时，应当否决全部投标。所有投标被否决的，招标人应当依法重新招标。

9 定标

在技术标评审过程中，评标委员会个别成员的单项评分与其余评标委员会成员的单项评分平均差异在20%以上或者有重大意见分歧时，评标委员会负责人应当提醒其进行复核，经复核后该评标委员会成员仍坚持其独立意见的，应当作出书面说明。但是该成员所评出的总分顺序与其他成员相对一致、不影响中标结果的，应当视为合理。

评标时，投标人技术标和商务标的得分应当采用去掉所有评标委员会成员打分中的最高分和最低分后计算的算术平均值。

招标人应当根据工程建设项目规模、技术复杂程度、评标方法和投标人数量等，确定合理的评标时间。超过三分之一的评标委员会成员认为评标时间不够的，招标人应适当延长。

评标委员会每位成员均应当对本人的评审意见写出说明并签字，并对本人评审意见的真实性和准确性负责，不得随意涂改所填内容。招标人认为部分评标专家的评标结果出现重大偏差，可能影响中标结果的，可以提请评标委员会进行复审。评标委员会拒绝复审的，招标人应当作出书面记录。

评标结束后，评标委员会应当及时编写并向招标人提交书面评标报告。评标报告由评标委员会全体成员签字。对评标结论持有异议的评标委员会成员可以书面阐述其不同意见和理由。评标委员会成员拒绝在评标报告上签字且不陈述其不同意见和理由的，视为同意评标结论。评标委员会应当对此作出书面说明并记录在案。

（二）上海市①

上海市评标办法包括“简单比价法”、“经评审的合理低价法”、“综合评分法”以及法律、法规允许的其他评标办法。

1 简单比价法

该方法适用于上海市行政区域内，依法必须进行公开招标的各类房屋建筑和市政工程，包括新建、改建、扩建、修缮及相关的专业工程且标段合同估算价在限额以上1000万元以下（含1000万元）财政资金的工程项目。非此范围内的可参照执行。

该方法评标程序与方法如下。

① 确定入围投标人：入围方式为全部入围。

② 否决投标评审。

③ 信用标：根据计算机信用评价体系计分，分值大于合格分的为合格。合格分以上海市定期公布的为准。

① 上海市城乡建设和管理委员会. 上海市房屋建筑和市政工程施工招标评标办法［Z］. 2015-6-5，http://www.shjx.org.cn/article-6637.aspx..

通过否决投标评审且信用标合格的投标人才能进入后续评审。

④ 商务标评审：先进行合理最低价的判别，对低于合理最低价的投标人，其投标文件不再进行评审；对高于合理最低价的投标报价，按由低到高的顺序推荐1至3名投标人为中标候选人。

合理最低价判定：a．采用单价合同的项目合理最低价的确定方式。先对入围投标人工程量清单中的分部分项工程项目清单综合单价子目（指单价）、单价措施项目清单综合单价子目（指单价）、总价措施项目清单费用（指总费用）、其他项目清单费用（指总费用）、规费项目（指计算基数，其中社会保险费指计算基数及计算费率）和税金项目（指计算基数）等所有报价由低到高分别依次排序，剔除各报价最高的20%项（四舍五入取整）和最低的20%项（四舍五入取整），并分别对剩余报价进行算术平均，按计价规范进行汇总，计算得出一个总价，并下浮一定比例后得出合理最低价；b．采用总价合同的项目合理最低价的确定方式。当投标人≥5家时，先对入围投标人的投标报价由低到高依次排序，剔除投标报价最高的20%家（四舍五入取整）和最低的20%家（四舍五入取整），然后进行算术平均，计算得出一个平均价，并下浮一定比例后得出合理最低价；当投标人<5家时，则全部投标报价均进入平均价计算；c．房屋建筑下浮范围为3%~6%，市政工程下浮范围为3%~8%。招标人需在招标文件中明确下浮区间，如3%~4%、3%~5%、3%~6%……5%~8%等。项目具体下浮率根据招标文件规定的方式在开标时抽取（下浮率取整）。

⑤ 技术标评审：对中标候选人的技术标进行评审并提出优化意见，技术标评审不打分。中标单位应在施工组织方案中充分考虑优化意见。

对于中标价低于最高投标限价20%及以上的中标人，招标人可在招标文件中事先约定中标人提供保函等各种形式的风险担保或者具有相应功能的保险。风险担保金额=最高投标限价–中标价–履约保证金。

2　经评审的合理低价法

该方法适用于“简单比价法”适用范围以外的，在上海市行政区域内，依法必须进行施工公开招标的各类房屋建筑和市政工程，包括新建、改建、扩建、修缮及相关的专业工程且标段合同估算价在限额以上的工程项目。

该方法评标程序与方法如下。

① 确定入围投标人：招标人按本办法第八条在招标文件中自行确定合理的入围方式。采用资格预审的，其入围投标人按本办法第十条第二款规定确定。

② 否决投标评审。

以上①、②两条可互换顺序。

③ 信用标：根据计算机信用评价体系计分，分值大于合格分的为合格。合格分以本市定期公布的为准。

通过否决投标评审且信用标合格的入围投标人才能进入后续评审。

④ 技术标评审

技术标评审采用合格制。合格制分票决制和打分制两种。

票决制就是评标委员会中技术标专家按照招标文件的评标细则采用记名方式投票，以少数服从多数的原则确定技术标合格的投标人进入商务标评审。

打分制就是评标委员会中技术标专家按照招标文件的评标细则进行打分，技术标得分高于合格分值的投标人进入商务标的评审。合格分值或者合格分值的确定方式在招标文件中明确。

⑤ 商务标评审

对进入商务标评审的投标文件，先进行合理最低价的判别，对低于合理最低价的投标人，其投标文件不再进行评审；对高于合理最低价的投标报价，按由低到高的顺序推荐1至3名投标人为中标候选人。

合理最低价判定：a. 采用单价合同的项目合理最低价的确定方式。先对入围投标人工程量清单中的分部分项工程项目清单综合单价子目（指单价）、单价措施项目清单综合单价子目（指单价）、总价措施项目清单费用（指总费用）、其他项目清单费用（指总费用）、规费项目（指计算基数，其中社会保险费指计算基数及计算费率）和税金项目（指计算基数）等所有报价由低到高分别依次排序，剔除各报价最高的20%项（四舍五入取整）和最低的20%项（四舍五入取整），并分别对剩余报价进行算术平均，按计价规范进行汇总，计算得出一个总价，并下浮一定比例后得出合理最低价；b. 采用总价合同的项目合理最低价的确定方式。当投标人≥5家时，先对入围投标人的投标报价由低到高依次排序，剔除投标报价最高的20%家（四舍五入取整）和最低的20%家（四舍五入取整），然后进行算术平均，计算得出一个平均价，并下浮一定比例后得出合理最低价；当投标人<5家时，则全部投标报价均进入平均价计算；c. 房屋建筑下浮范围为3%~6%，市政工程下浮范围为3%~8%。招标人需在招标文件中明确下浮区间，如3%~4%、3%~5%、3%~6%……5%~8%等。项目具体下浮率根据招标文件规定的方式在开标时抽取（下浮率取整）。

3 综合评分法一（一阶段评标法）

该方法适用于上海市行政区域内，依法必须进行施工公开招标的各类房屋建筑和市政工程，包括新建、改建、扩建、修缮及相关的专业工程且工程等级为一级的总承包工程或者经批准的施工技术复杂的工程项目。

该方法评标程序与方法：

① 确定入围投标人：招标人按具体情况，自行确定合理的入围方式。当投标人≥7家时，入围投标人不得少于7家。

入围方式主要包括：a. 全部入围；b. 投标报价由低到高进行排序，去除投标报价较低或者较高的投标人后，由低到高依次取不少于7家的投标人作为入围投标人，不足7家的则全部入围；c. 采用全部投标报价的中间值（也可计算全部投标报价的算术平均值）

作为基准值，取基准值以上和以下的若干投标人为入围投标人，取基准值以下的投标人应多于取基准值以上的投标人；d．符合招标投标法合理低价原则的其他入围方式。

② 否决投标评审。

以上①、②两条可互换顺序。

③ 信用标：满分为5分。根据计算机信用评价体系计分，分值大于合格分的为合格。合格分以上海市定期公布的为准。

通过否决投标评审且信用标合格的入围投标人才能进入后续评审。

技术标如采用暗标的，则信用标计分在商务标评审时进行。

④ 商务标和技术标评审

a．商务标评审

对进入商务标评审的投标文件，先进行合理最低价的判别。对低于合理最低价的投标人，其投标文件不再进行评审；对高于合理最低价的投标报价进行得分计算，最低的投标报价得满分，每上浮1%进行扣分（扣分分值为1～2分），具体分值在招标文件中明确，得分线性插入计算，最低扣至常数分。

合理最低价判定：a．采用单价合同的项目合理最低价的确定方式。先对入围投标人工程量清单中的分部分项工程项目清单综合单价子目（指单价）、单价措施项目清单综合单价子目（指单价）、总价措施项目清单费用（指总费用）、其他项目清单费用（指总费用）、规费项目（指计算基数，其中社会保险费指计算基数及计算费率）和税金项目（指计算基数）等所有报价由低到高分别依次排序，剔除各报价最高的20%项（四舍五入取整）和最低的20%项（四舍五入取整），并分别对剩余报价进行算术平均，按计价规范进行汇总，计算得出一个总价，并下浮一定比例后得出合理最低价；b．采用总价合同的项目合理最低价的确定方式。当投标人≥5家时，先对入围投标人的投标报价由低到高依次排序，剔除投标报价最高的20%家（四舍五入取整）和最低的20%家（四舍五入取整），然后进行算术平均，计算得出一个平均价，并下浮一定比例后得出合理最低价；当投标人<5家时，则全部投标报价均进入平均价计算；c．房屋建筑下浮范围为3%～6%，市政工程下浮范围为3%～8%。招标人需在招标文件中明确下浮区间，如3%～4%、3%～5%、3%～6%……5%～8%等。项目具体下浮率根据招标文件规定的方式在开标时抽取（下浮率取整）。

b．技术标评审

技术标评审采用等级制，分优、良、合格和不合格。技术标得分以优得技术标满分（N=技术标满分）、良得（N–2）分、合格得（N–5）分，然后按各评标委员会成员的评审等级对应的分值进行算术平均计算。如等级为不合格的，则其投标文件不再进行评审。

不合格的判定：如判定技术标投标文件不合格的评标委员会成员数超过半数的，则直接认定该技术标投标文件不合格；如不足半数的，则由评标委员会成员进行投票表决，同意不合格的票数超过半数的，则判定为不合格，不足半数的则判定为合格，并按合格得（N–5）分，投票不设弃权票。

⑤ 定标。按照总得分=商务标得分（≥55分）+技术标得分（≤40分）+信用标得分（5分），依据得分由高到低进行排序，推荐1至3名投标人为中标候选人。

4 综合评分法二（二阶段评标法）

该方法适用于上海市行政区域内，依法必须进行施工公开招标的各类房屋建筑和市政工程，包括新建、改建、扩建、修缮及相关的专业工程且工程等级为一级的总承包工程且施工技术复杂的工程项目。

该方法开标评标的程序与方法如下。

① 按投标截止时间同时递交技术标投标文件和商务标投标文件。

② 第一阶段：

a．开启所有投标人的技术标投标文件，并对商务标投标文件进行封存。

b．信用标：满分为5分。根据计算机信用评价体系计分，分值大于合格分的为合格。合格分以上海市定期公布的为准。信用标合格的投标人才能进入后续评审。

技术标如采用暗标的，则信用标计分在商务标评审时进行。

c．技术标评审

技术标评审先进行否决投标的评审，再对进入技术标评审的投标文件进行评审。

技术标评审采用等级制，分优、良、合格和不合格。技术标得分以优得技术标满分（N=技术标满分）、良得（N–2）分、合格得（N–5）分，然后按各评标委员会成员的评审等级对应的分值进行算术平均计算。如等级为不合格的，则其投标文件不再进行评审。

不合格的判定：如判定技术标投标文件不合格的评标委员会成员数超过半数的，则直接认定该技术标投标文件不合格；如不足半数的，则由评标委员会成员进行投票表决，同意不合格的票数超过半数的，则判定为不合格，不足半数的则判定为合格，并按合格得（N–5）分，投票不设弃权票。

③ 第二阶段

a．开启所有投标人的商务标投标文件。

b．商务标评审

投标文件技术标分数从高到低进入商务标评审，招标文件中应明确规定进入商务标评审的具体条件。当技术标等级为合格及合格以上的投标人≥5家时，其商务标评审入围投标人不得少于5家；当技术标等级为合格及合格以上的投标人<5家时，则全部进入商务标评审。

商务标评审为先进行否决投标评审，再进行合理最低价的判别。对低于合理最低价的投标人，其投标文件不再进行评审；对高于合理最低价的投标报价进行得分计算，最低的投标报价得满分，每上浮1%进行扣分（扣分分值为1～2分），具体分值在招标文件中明确，得分线性插入计算，最低扣至常数分。

合理最低价判定：a．采用单价合同的项目合理最低价的确定方式。先对入围投标人工程量清单中的分部分项工程项目清单综合单价子目（指单价）、单价措施项目清单综合单价子目（指单价）、总价措施项目清单费用（指总费用）、其他项目清单费用（指总费用）、规费项目（指计算基数，其中社会保险费指计算基数及计算费率）和税金项目（指计算基数）等所有报价由低到高分别依次排序，剔除各报价最高的20%项（四舍五入取整）和最低的20%项（四舍五入取整），并分别对剩余报价进行算术平均，按计价规范进行汇总，计算得出一个总价，并下浮一定比例后得出合理最低价；b. 采用总价合同的项目合理最低价的确定方式。当投标人≥5家时，先对入围投标人的投标报价由低到高依次排序，剔除投标报价最高的20%家（四舍五入取整）和最低的20%家（四舍五入取整），然后进行算术平均，计算得出一个平均价，并下浮一定比例后得出合理最低价；当投标人<5家时，则全部投标报价均进入平均价计算；c. 房屋建筑下浮范围为3%～6%，市政工程下浮范围为3%～8%。招标人需在招标文件中明确下浮区间，如3%～4%、3%～5%、3%～6%……5%～8%等。项目具体下浮率根据招标文件规定的方式在开标时抽取（下浮率取整）。

④ 定标。按照总得分=商务标得分（≥55分）+技术标得分（≤40分）+信用标得分（5分），依据得分由高到低进行排序，推荐1至3名投标人为中标候选人。

（三）安徽省——以合肥市有效最低价评标法为例①

有效最低价中标是指中标人的投标标书应当同时满足招标文件所规定的资格审查条件和商务标、技术标的评审要求，且投标价格应为最低。

该方法适用于合肥市全部适用市级财政性资金、中央和省补助性资金（含国债资金）和用财政性资金作为还款来源或还款担保的借贷性资金投资，或以国有投资占控股或者主导地位的建设工程项目施工招标。

有效最低价评审的具体程序如下。

1 评标准备

合肥招标投标中心应当在评标委员会评标前组织招标人（可委托监理单位或设计单位）、造价咨询单位等相关技术人员介绍招标文件主要内容，并备齐资格审查文件、招标文件、招标答疑或补遗、全套施工图纸、工程效果图（如有）、工程量清单及控制价等资料。采用电脑评标的，须做好商务标评审的电脑及相关软件准备和控制价导入等工作。

2 评标程序

① 项目开标后，应当将投标人不高于控制价的投标报价从低到高进行排序，评标委员会对投标报价最低的投标人标书按下列顺序依次进行评审，即：先进行资格审查，资格审查通过后，再进行商务标评审，商务标评审通过后，最后进行技术标评审，评审均

① 合肥市城乡建设委员会. 合肥市工程建设项目施工招标有效最低价评审办法［Z］. 2010-10-27，http://www.doc88.com/p-1734777349661.html.

通过的即为预中标人。

② 如投标人的资格审查、商务标和技术标评审中任一项被判定为未通过评审，再按报价由低到高依次进行递补，按顺序依次评出预中标人、预中标候选人。投标人的资格审查、商务标和技术标未通过评审的，合肥招标投标中心应当告知其原因。

3 投标偏差处理

评标委员会对投标文件进行评审时，如发现投标文件中存在含义不明确、同类问题表述不一致或者有明显文字和计算错误的内容，或者与招标文件规定内容存在细微偏差，评标委员会可以书面形式（应当有评委会签字）要求投标人在六十分钟内现场澄清、说明或补正。投标人的澄清、说明或补正内容应当采用书面形式由其授权委托人签字确认，并不得超出投标文件的范围或者改变投标文件的实质性内容。

4 不合格投标处理

对招标文件规定禁止的一个或多个情形，投标人投标文件不能响应要求的，经评标委员会评审后，投标人被判定为投标不通过。评标委员会评判投标人投标不通过后，可以视投标情况做出以下评标结论：

（1）实质性响应招标文件的投标人不足三个的，但认为投标仍具有竞争力，可推荐预中标人；

（2）认为投标缺乏竞争力，可否决所有投标，宣布本次招标失败。

5 资格评审

资格评审采用符合性评审方法，评审的内容主要包括投标人的工商营业执照；安全生产许可证；建筑业企业资质证书；（外地企业）进肥备案证书；注册建造师执业资格证书；注册建造师安全考核合格证书；地市级及以上建设行政主管部门出具的企业和项目负责人有效信用证明；投标保证金；资信证明；联合体投标人资料；有效奖项资料和其他要求等。各项均符合，即评判投标人资格条件评审通过。

6 商务标评审

商务标评审分为投标修正、初步评审及详细评审三个程序。三个程序均符合，投标人商务标评审通过。

商务标投标修正按以下规定进行：

（1）投标文件中填报的工程量清单报价书中的分部分项工程量清单项目名称、计量单位及工程量与招标人或招标代理机构提供的工程量清单中的分部分项工程项目名称、计量单位及工程量不一致时，以招标人或招标代理机构提供的内容为准。

（2）投标文件中填报的投标报价、投标工期、工程质量标准前后不一致时，以投标函填报的为准。

（3）投标人填报的材料、设备的品牌（商标）、单位、规格型号、产地、技术参数（标准）等与招标文件要求不一致的，以招标文件要求为准进行澄清修正，但所报的单价不变。

（4）工程量清单报价表中，出现综合单价金额和工程量的乘积与合价金额不一致的，以标出的综合单价金额为准，并修改合价金额。但综合单价金额小数点有明显错误的，以标出的合价金额为准，并修改综合单价金额。大写金额与小写金额不一致的，以大写金额为准。

（5）工程量清单报价表中综合单价与工程量清单项目综合单价分析表相对应综合单价不一致时，以工程量清单项目综合单价分析表中标出的综合单价为准。

（6）若投标文件出现偏差，投标人应按上述修正原则进行修正，投标人法定代表人或法人授权委托人须现场书面确认。

若商务标修正的偏差绝对值累计在投标报价3%以内的，其商务标视为合格，中标价以投标函中的投标报价为准；修正后的综合单价在合同履行过程中如相应子目工程量发生变更，其增减部分工程量的计价执行修正后的综合单价；若投标人不接受投标文件偏差修正，即可评判投标人商务标不通过；若商务标修正的偏差绝对值累计超过投标报价3%（含3%）的，即应可评判投标人商务标不通过。

商务标初步评审的内容主要包括投标工期、工程质量、投标有效期、税金、规费等不可竞争费。各项内容均符合，即评判投标人商务标初步评审通过。

商务标详细评审的内容主要包括报价的规范性和报价的合理性评审两个方面，评标委员会按照投标人投标报价由低到高的顺序依次进行。对报价的规范性和合理性评审两个方面均符合的，即评判投标人商务标详细评审通过。对报价的规范性或合理性评审两个方面评审不符合的须重点评审，重点评审后，若其中任意一项被判定为不合理或不规范且无法提供有效证明资料的，可评判报价合理性或规范性评审不通过，即可评判投标人商务标不通过。

商务标报价规范性评审——报价规范性评审内容包括：投标报价中分部分项工程综合单价，主要材料价格、人工费（含工日数量及工日单价）、机械费以及规费等内容应符合招标文件和国家规范性文件要求。对出现明显相互冲突、自相矛盾或不合理的、或未按照工程量清单计价规范要求计价的，评标委员会将做重点评审。

商务标报价合理性评审——报价合理性评审内容包括：

（1）人工消耗量的评审：投标人报价中总人工工日消耗量低于各投标人所报用量的算术平均值30%比例以上的，评标委员会将做重点评审。

（2）措施费的评审：投标人的措施费用报价必须与其技术标投标文件所采用的施工方案相符，投标人的措施费用低于控制价中措施费50%、且低于各有效投标报价中措施费算术平均值50%的，评标委员会将做重点评审。

（3）重点子目的评审：各单位工程量清单子目合价由高到低排序，前20个（清单子目少于80个的，按总量的20%计取）的清单子目为重点项目。

a．主要材料价格评审：投标报价中主要材料单价低于合肥工程造价管理机构发布的当期市场信息价波动率，且低于各投标人该项材料所报单价算术平均值15%以上的，评标委员会将做重点评审。

b．材料消耗量评审：清单中有实体量的，投标人所报的消耗量低于工程量清单实体量，评标委员会将做重点评审；清单中没有实体量的，消耗量低于各投标人该项材料所报用量的算术平均值95%以下，评标委员会将做重点评审。

c．综合单价评审：投标报价中综合单价低于各投标人所报综合单价的算术平均值（各专业具体比例：房建5%～10%，市政15%～20%，装饰装修10%～15%，景观整治15%～20%，园林绿化15%～20%）比例以上的，评标委员会将做重点评审。

（4）对重点评审项目，如投标人能提供以下报告和证明材料，充分说明低于上述各项定量指标为合理的，并经过评标委员会确认，可视为有效。

a．提供该施工企业在近三年中已完成一个类似工程（结构特征和规模相似）的投标报价、分部分项工程项目报价，考虑价格变化因素后，与本次投标报价情况近似，同时应由有资质的工程造价咨询单位对该工程结算价出具审价报告，表明该企业已按投标报价及合同约定圆满完成了工程施工，并未发生投标人原因而增加的费用。

b．能提供企业由于使用经市级以上行业管理部门确认的新技术、新工艺或先进管理办法，从而降低工程成本的相关材料。

c．能提供货物采购合同、发票等可信的证据，以证明其采购到的材料、设备单价低于规定的。

d．能提供其他有关降低企业工程成本的分析报告和证据材料。

投标单位应确保以上证明材料的真实有效，招标方将保留对上述证明材料留存并调查取证的权利。凡弄虚作假，应按相关规定处理。

7 技术标评审

技术标评审采用符合性方式进行，技术标的内容必须与招标文件载明内容相一致，并应包括以下主要内容：招标文件要求的资料，已竣工验收合格的代表性工程业绩，项目施工组织设计，重点专业工程施工技术方案以及拟分包情况。评标委员会依据招标文件约定、设计文件及强制性标准规定和要求进行评审。各项均符合，即评判投标人技术标评审通过。

8 定标

评标委员会对通过资格审查、商务标和技术标评审的，按照投标报价由低到高推荐两至三名有排序的中标候选人。评标委员会完成评标后，应当向招标人提交书面评标报告。

（四）湖南省[①]

1　现有评标方法

湖南省评标办法包括经评审的最低投标价法、综合评分法（Ⅰ）、综合评分法（Ⅱ）、合理定价评审抽取法、合理定价评审抽取法、最低投标价法，各类方法采用范围见表4-1。

表4-1　湖南省招标评审办法

	采用范围
经评审的最低投标价法	具有通用技术的一般性工程
综合评分法（Ⅰ）	所有工程
综合评分法（Ⅱ）	二级及以上施工资质才能承担的工程，或工程复杂、技术难度大和专业性较强的工程
合理定价评审抽取法	合同估价在1500万元以下并具有通用技术的一般性工程。在此范围内县以上建设行政主管部门可根据当地实际情况确定当地限额
最低投标价法	土石方、园林绿化等简易工程

最低投标价法或合理定价评审抽取法[②]主要指对简易工程项目，招标人可只要求投标人编制施工方案，对施工方案只进行合格性审查，采用最低投标价法或合理定价评审抽取法确定中标人，即：招标人或招标代理机构将包括工程合理价为主要内容的招标文件发售给投标人，投标人响应并按规定要求参加投标，评标委员会对投标文件评审合格后，招标人采用随机抽取方式确定中标候选人的排名顺序。

经评审的最低投标价法[②]指能够满足招标文件的实质性要求，并且经评审的最低投标价的投标可选为中选投标，一般适用于具有通用技术性能标准或者招标人对其技术性能没有特殊要求的招标项目。采用经评审的最低投标价法的，评标委员会应当根据招标文件中规定评标价格调整方法，对所有投标人的投标报价以及投标文件的商务部分作必要的价格调整。采用经评审的最低投标价法的，中标人的投标应当符合招标文件规定的技术要求和标准，对招标文件中的重要商务和技术条款（参数）要加注星号，并注明若不满足任何一条带星号的条款（参数）将导致废标。

评标依据除构成废标的重要商务和技术条款（参数）外，还应包括：一般商务和技

① 湖南省住房和城乡建设厅. 湖南省房屋建筑和市政工程施工招标评标活动管理规定［Z］. 2011-1-20，http://www.hnmxh.com/dffg/52.html..

② 钟文勇. 湖南省建筑工程招标评标方法的分析及其应用［D］. 湖南大学，2009.

术条款（参数）中允许偏离的最大范围最高项数，以及在允许偏离范围和条款数内进行评标价格调整的计算方法，一般参数的偏离加价一般为0.5%，最高不得超过1%。

招标文件不得设立歧视性条款或不合理的要求排斥潜在的投标人，对技术复杂，施工难度大的工程项目，要求投标人编制技术标的，对技术标只进行合格性审查，采用经评审的合理低价法确定中标人，即：招标人设定投标控制价，投标人报价超过投标控制价的为废标；将投标控制价以下的所有投标报价进行算术平均后，下降若干个百分点（具体比例现场随机确定）作为评标基准价，以报价低于评标基准价且最接近评标基准价的投标报价人为中标人。

综合评分法①即最大限度满足招标文件中规定的各项综合评价标准的投标可选为中选投标，衡量最大限度满足招标文件中规定的各项综合评价标准，可采用折算为货币的方法。打分的方法或者其他方法需量化的因素及其权重必须在招标文件中明确规定。不宜采用经评审的最低投标价法的招标项目，一般应采用综合评分法进行评审，对技术特别复杂、施工有特殊要求的工程项目，投标人应当编制技术标，经省级相关行政监督部门同意后，可采用综合评分法，但商务部分权重不得少于总分的70%［建设部（2005）208号文件为60%］。在综合评分法中，按照合理低价的原则评审投标报价，评标基准值的设定要体现社会平均水平，有利于降低工程造价。综合评价法的评价内容应当包括投标文件的商务、技术、价格、服务及其他方面。商务、技术、服务及其他评价内容可以包括但不限于以下方面：

① 商务评价内容可以包括：资质、业绩、财务、交货期、付款条件及方式、质保期、其他商务合同条款等。

② 技术评价内容可以包括：方案设计、工艺配置、功能要求、性能指标、项目管理、专业能力、项目实施计划、质量保证体系及交货、安装、调试和验收方案等。

③ 服务及其他评价内容可以包括：服务流程、故障维修、零配件供应、技术支持、培训方案等。

综合评价法应当对每一项评价内容赋予相应的权重，其中价格权重不得低于30%，技术权重不得高于60%。综合评价法应当集中列明招标文件中所有的重要条款（参数），并明确规定投标人对招标文件中的重要条款（参数）的任何一条偏离将被视为实质性偏离，并导致废标。

在实际工程招标过程中，招标人应当根据招标项目的具体情况确定评标办法，其中选择确定综合评分法的，招标人还应当选用投标报价评审计分方法；除采用最低投标报价法和合理定价评审抽取法外，应当按规定设置启动成本评审工作的警戒线；并将上述评标办法相关内容在招标文件中载明。工程复杂、技术难度大、专业性强的招标项目，招标人可以根据工程特点在法律法规允许的范围内另行提出评标办法。

① 钟文勇. 湖南省建筑工程招标评标方法的分析及其应用［D］. 湖南大学，2009.

2 现有评标方法评标程序

（1）投标文件内容要求与招标控制价设置

投标文件由技术部分和商务部分及投标函部分构成。技术部分为技术标，其内容为招标文件要求投标文件提供的施工组织设计部分；商务部分为商务标，其内容为招标文件要求投标文件提供的投标报价部分；投标函部分为招标文件要求投标文件提供的技术标和商务标以外的其他部分。

招标控制价是招标人根据国家和省建设行政主管部门颁发的有关计价依据和办法，按设计施工图纸计算的，对招标工程限定的最高工程造价。招标控制价应当按规定编制。合理价应当依据住房和城乡建设部有关规定及省住房和城乡建设厅制定的《湖南省建设工程工程量清单计价办法》、市场价格信息等编制并下浮，房屋建筑工程的下浮幅度一般应当控制在3%～5%以内。

采用经评审的最低投标价法、最低投标价法、综合评分法（Ⅰ）、（Ⅱ）的，招标人应当设招标控制价；采用合理定价评审抽取法的，招标人应当设合理价。

招标控制价和合理价应当在招标文件中载明，其内容包括：工程总造价；各分部分项工程量清单费（如建筑工程：土石方工程、砖石工程、混凝土工程、钢筋工程等）；各措施项目清单费（其中：安全文明施工措施费、夜间施工增加费、二次搬运费等）；其他项目费（其中：暂列金额、暂估价、计日工、总承包服务费）；规费（其中：养老保险费、职工教育经费）；税金；人工工资、主要材料、机械台班数量汇总表。

采用综合评分法（Ⅱ）的，其技术标实行暗标，并遵守下列规定：

① 由招标人统一提供技术标的专用封面、封底、装订、规定的纸张和密封袋等；技术标的表格外文字采用3号仿宋字体，表格内文字采用5号仿宋字体，CAD绘图按制图规范，不设图签；技术标要编页码号；

② 投标人只能在技术标封底规定处（密封线内）填写投标人名称并加盖法人公章、法定代表人签名（或盖章），且必须按密封线将其封贴严实；

③ 不得在技术标内出现投标人名称，不得在技术标内出现任何可能导致判断出投标人名称的内容。

采用综合评分法（Ⅱ）的，招标人应当在招标文件中按照本规定对技术标的格式、装订、密封、禁止内容等作出详细规定。未按照招标文件规定提供的技术标，由评标委员会集体评议后对其酌情扣分，但在技术标内出现投标人名称或者出现任何可能导致判断出投标人名称内容的技术标记零分。

技术标封底应当在其他评审结束之后综合得分计算之前打开。

（2）评标委员会组建

招标人应当依法依规组建评标委员会，评标委员会一般由5～9人的单数组成并应当满足招标项目的评标要求。招标人代表应当具备评标专家相应的或者类似的条件，其余技术、经济类等评标专家从政府专家库中随机抽取，进入评标委员会的招标人代表应当具备相应的评标能力和水平。

采用最低投标价法或综合评分法（Ⅰ)、(Ⅱ）或合理定价评审抽取法的，评标委员会成员中工程技术类评标专家不得少于40%，但至少要有2名从政府评标专家库随机抽取产生的工程经济类评标专家；采用经评审的最低投标价法的，评标委员会成员中工程经济类评标专家不得少于50%。工程复杂、技术难度大、专业性强的招标项目，招标人可以根据具体情况另行提出评标委员会组建方案。

（3）评标准备与初步评审

评标准备工作包括评标委员会成员签到、评标委员会分工、熟悉文件资料等。在评标准备中，评标委员会成员应当认真研究招标文件，至少应了解和熟悉以下内容：招标的目标；招标项目的范围；招标文件中规定的主要技术要求、标准和商务条款；招标文件中规定的评标办法和在评标中应当考虑的相关因素。

评标委员会成员进入评标现场后，招标人可以介绍招标项目相关情况，但不得发表偏离评标办法作出的倾向性、诱导性意见。评标开始后，除评标委员会成员、1名招标人工作人员、1名招标人监督代表及招标投标行政监督人员以外，其他人员应当离开评标现场。评标过程中，除行政监察人员可以进入评标现场巡视以外，其他人员不得擅自进入评标现场。

根据招标文件逐项审查投标文件，进行形式评审、资格评审、响应性评审等，判断投标是否为废标（或不合格投标人）；检查投标报价是否存在算术错误，对投标报价中存在的算术错误进行修正，书面要求其投标人书面确认修正结果；检查投标人最终投标价的组成情况；书面要求投标人对投标文件中的内容作必要的澄清、说明或者补正，书面要求投标文件中存在细微偏差的投标人在评标结束前予以补正；确定不合格投标人和进入详细评审比较阶段的投标人名单。

（4）形式评审

形式评审是评标委员会根据法律、法规、规章及招标文件规定，对投标文件的形式进行检查和评价。

有下述情况之一的，评标委员会应当认定其为不合格投标人：

① 投标文件无企业法人公章的，无企业法定代表人（或法定代表人授权的代理人）签字或盖章的；

② 投标文件未按规定的格式填写的，内容不全或关键字迹模糊、无法辨认的；

③ 投标人递交两份或多份内容不同的投标文件的；在一份投标文件中对招标项目有两个或多个投标报价，且未在投标文件中声明哪一个有效的（按招标文件规定提交备选投标方案的除外）；

④ 联合体投标未附有效的联合体各方共同投标协议的；

⑤ 其他不符合法律法规和招标文件相关形式规定的。

（5）资格评审

资格评审是评标委员会根据法律、法规、规章及招标文件和资格审查文件等规定，对投标文件的证明文件、资格文件、投标担保等进行检查和评价。已完成开标前资格审查资料内容，可以不再另行审查。

有下述情况之一的，评标委员会应当认定其为不合格投标人：

① 评标委员会发现投标人以他人的名义投标的；串通投标的；以行贿手段谋取中标或者不如实提供有关情况、文件、证明等资料及以其他弄虚作假方式投标的；

② 投标人拒不按照要求对投标文件进行澄清、说明或者补正的；

③ 没有按照招标文件的规定提供投标担保或者所提供的投标担保有瑕疵的；投标人不能提供合法的、真实的材料证明其投标文件的真实性或证明其为合格投标人的；

④ 投标人资格条件不符合国家有关规定，不符合招标文件和资格审查文件要求的；其他不符合法律法规资格规定的。

对串通投标行为的认定和处理，按国家和省有关规定执行。

（6）响应性评审

响应性评审是评标委员会审查每一投标文件是否对招标文件提出的所有实质性要求和条件作出响应。

有下述情况之一的，评标委员会应当认定其为不合格投标人：

① 投标文件载明的投标范围小于招标文件规定的招标范围的；

② 投标报价超过招标文件规定的招标控制价的；投标人没有接受招标人的合理价及其组成内容的；

③ 投标报价措施项目清单中的安全文明施工措施费低于规定标准，规费和税金没有按照国家和省有关规定计价的；

④ 投标报价中最终体现的人工工资单价低于省住房和城乡建设厅发布的最低人工工资单价的；

⑤ 投标文件载明的工期超过招标文件规定且无正当理由说明的；

⑥ 投标文件载明的质量标准低于招标文件规定的，投标文件载明的检验标准和方法不符合招标文件规定的，投标文件载明的保修承诺不符合招标文件要求的；

⑦ 施工项目部关键岗位人员没有按规定配备的；

⑧ 其他未能实质响应招标文件提出的实质性要求和条件的。

采用经评审的最低投标价法、综合评分法（Ⅰ）、合理定价评审抽取法、最低投标价法的，评标委员会应当根据有关规定，对投标人的技术标和项目管理机构进行评审。技术标和项目管理机构评审不合格的投标人，视为不合格投标人。

投标文件实质响应招标文件提出的实质性要求和条件，但投标报价存在算术错误，评标委员会应当按照下述原则修正：投标文件中的大写金额和小写金额不一致的，以大写金额为准；总价金额与单价金额不一致的，以单价金额为准，但单价金额小数点有明显错误的除外；对不同文字文本投标文件的解释发生异议的，以中文文本为准。

评标委员会对算术错误的修正应当向投标人作书面澄清。投标人对修正结果应当书面确认。投标人对修正结果有不同意见或未作书面确认的，评标委员会应当重新复核修正结果。再次按上述程序分别进行确认、复核。投标人2次对修正结果有不同意见或未作书面确认，但评标委员会认为确认修正无误，应当对该投标文件作不合格处理并认定该投标人为不合格投标人。

在初步评审和详细评审中，评标委员会应当就投标文件中存在不明确或细微偏差的内容，要求投标人予以澄清、说明或者补正。澄清、说明或者补正应在评标结束前以书面方式提交，并不得超出投标文件范围或者改变投标文件的实质性内容，澄清、说明或者补正的书面材料应当由投标人的法定代表人或其授权的委托代理人签字或盖章。评标委员会不得接受投标人主动提出的澄清、说明或补正。技术标实行暗标的，对技术标不予澄清、说明或者补正。

评标委员会完成初步评审所有内容后，应当作出初步评审结论，分别确定不合格投标人和进入详细评审阶段的投标人。

（7）详细评审和推荐中标人

详细评审应当按照以下程序进行。

① 采用经评审的最低投标价法的：

a．按照招标文件规定的价格折算方法，以及算术错误修正结果，对投标报价进行价格折算，计算出评标价；

b．判断投标报价是否低于投标人企业成本，不低于其成本的为有效投标报价；

c．对有效投标报价从低至高依次进行评审，直至确定出3个有效投标报价或3个中标候选人；

d．澄清、说明或补正；

e．对有效投标报价从低至高排序并据此确定投标人的排序。

② 采用综合评分法（Ⅰ）的：

a．对投标人的信誉和投标报价进行评审计分；

b．判断投标报价是否低于成本；

c．澄清、说明或补正；

d．计算各投标人的综合得分；

e．按综合得分从高至低确定投标人的排序。

③ 采用综合评分法（Ⅱ）的：

a．技术标评审计分；

b．项目管理机构、信誉、投标报价评审计分；

c．判断投标报价是否低于成本；

d．澄清、说明或补正；

e．打开技术标封底确定各投标人技术标得分；

f．计算各投标人的综合得分（附表B7、附表B8）；

g．按综合得分从高至低确定投标人的排序。

④ 采用合理定价评审抽取法的：

a．检查技术标合格的投标人对合理价及其组成内容的书面确认文件是否涵盖全部招标项目的范围和内容；

b．澄清、说明或补正；

c．确定通过了评审的合格投标人并推荐进入公开随机抽取中标候选人程序。

⑤ 采用最低投标价法的：

a．按照招标文件规定的价格折算方法，以及算术错误修正结果，对投标报价进行价格折算，计算出评标价；

b．检查技术标合格的投标人的投标报价详细内容是否涵盖招标项目的范围和内容，确定有效投标报价；

c．澄清、说明或补正；

d．对有效投标报价从低至高排序并据此确定投标人的排序。

除采用最低投标报价法和合理定价评审抽取法的外，将低于招标控制价下浮8%或投标人有效报价的投标报价算术平均值5%作为启动成评审工作的警戒线。对低于招标控制价或投标人有效报价的投标报价算术平均值8%或5%的投标报价，除招标文件另有规定外，评标委员会可以通过以下方法之一对投标报价作出评审结论：

① 直接作出投标报价是否低于其投标人企业成本的评审结论；

② 认为无法直接对投标报价作出评审结论的，对其投标人进行询价，要求该投标人作出书面说明并提供相关证明材料，投标人拒绝提交说明和证明材料的，应当直接作出其投标报价低于其企业成本的评审结论。

评标委员会应当根据详细评审的结果对投标人进行排序，2个及以上投标人综合得分相同时，按照其投标报价由低至高的顺序进行排序。由评标委员会推荐中标候选人的，评标委员会应当按照投标人排序推荐1～3个中标候选人。

采用合理定价评审抽取法的招标项目，评标委员会应当推荐所有通过了全部评审的合格投标人进入公开随机抽取中标候选人程序。招标人应当通过公开随机抽取方式确定中标候选人的排序。

评标委员会完成所有评标工作后，应当向招标人提交书面评标报告，招标人应当将评标报告按规定报送相关建设行政主管部门或其工程招标投标监管机构备案。评标报告由评标委员会全体成员签字。对评标结论持有异议的评标委员会成员可以书面方式阐述其不同意见和理由。评标委员会成员拒绝在评标报告上签字且不陈述其不同意见和理由的，视为同意评标结论，评标委员会应当对此作出书面说明并记录在案。

第五章

现行工程招标存在的问题及原因

改革开放以来，工程建设市场工程承包方从政府建设行政主管部门指令性计划分配任务，到施工企业自己从市场揽取业务，再发展到今天在有形市场参加竞标。在从计划经济到市场经济转轨过程中，有些施工企业或其代理人为了获取承包合同采用了许多不正当的竞争手段，导致市场上违法违规现象时有发生，引起了社会各界广泛关注，给整个行业的健康发展蒙上了阴影。

一、招标投标市场经济学假设

工程建设招标投标在本质上符合经济学中的期望选择。为此，招标投标制度作为市场经济中优化资源配置的一种竞争机制，其实现有三个假设条件：

假设1：招标投标行为符合经济学中理性选择准则

这一条件要求招标人选择目标是理性而不是非理性的。经济学中对选择目标M赋予了一个效用函数u（x_1，$x_2 \cdots x_n$），这里，变量x_1，$x_2 \cdots x_n$是招标人依据采购目标和经济准则而确定的影响因子，对应的辅以选择可行集。理性选择准则实质上要求在对两对影响因子x_1，$x_2 \cdots x_n$和y_1，$y_2 \cdots y_n$面前的选择行为为：

如果u（x_1，$x_2 \cdots x_n$）$<u$（y_1，$y_2 \cdots y_n$），则选择y_1，$y_2 \cdots y_n$；否则选择x_1，$x_2 \cdots x_n$。

即其选择的目标能够使效用函数达到最优。

假设2：招标投标市场供给方目标数不少于最低竞争数

这一条件是招标投标制度能够实施的基础条件，即在市场上存在多个满足需求的目标，进而能够形成有效竞争基础。在我国，招标投标法规定的最低竞争数量为3个。

假设3：投标行为是完全竞争而不是合作竞争

竞争是社会主义市场经济的基本特征之一，而完全竞争是招标投标制度在资源配置中基础性作用的前提和环境基础。与此相对应的，就是《招标投标法》禁止的串通投标，即经济学中的合作竞争行为。

由于完全竞争市场是基于人的“本性自私”假设，是私有制经济的集中表现。这一条件要求投标人优先考虑的是使自己利益最大化而不是社会利益最大化，即投标人中标效用函数B（x_1，$x_2 \cdots x_n$）大于其不中标效用函数N（x_1，$x_2 \cdots x_n$）才会形成竞争。

招标投标过程实质上是一种要约承诺过程，即合同实质性内容缔约过程，并通过当事人诚信履约而实现招标投标目标，这也符合《招标投标法》第四十六条规定：按照招标文件和中标人的投标文件订立书面合同，以及招标人和中标人不得再行订立背离合同实质性内容的其他协议的内涵。

如上所述，招标投标基于经济学中的一种期望选择，只有合同实质性内容履行结束才能知道其选择是否为最优选择。《中华人民共和国合同法》（以下简称《合同法》）规定，合同标的、数量、质量、价款或者报酬、履行期限、履行地点和方式、违约责任和解决争议方法等内容为合同的实质性内容，而招标采购是先行由招标人发出招标公告、发出招标文件等要约邀请，要求投标人按照要求向其递交格式要约，进而通过评审、比较选择最优要约进行承诺的过程，其标的、数量、履行地点、方式和解决争议方法等内容由招标人在招标文件中事先明确，需要竞争的实质上仅有价款、履行期限和质量等实质性内容。所以，招标采购的目标集中在合同价款、履行期限和质量三个方面，这也是通过招标投标制度，需要投标人竞争的主要内容。

由于是一种期望选择，就需要招标人在招标过程中组织评标委员会对投标要约的可靠性进行分析、比较和论证。招标过程中，对于标的可靠性，通过标的可靠度、投标人信誉和市场反馈等比较好判断。难处理的是需要对合同实施手段，包括人员能力、实施方法、实施设备等进行论证的招标项目，如工程勘察、设计、监理、施工以及其他服务类招标项目等。这也是造成招标的经济目标不明确，重于形式和过程，看轻工程效率和质量等现象严重的一个主要原因。实际上，如果市场诚信建设完善，大可不必对投标要约的可靠性进行论证。但我国的市场经济还处在初级阶段，有些市场主体诚信意识缺失和缺位，违法违规成本低廉但其收益甚丰，且行政监督不到位、存在“同体监督”等，直接导致了串通投标等行为的市场生存环境。

二、招标投标市场存在的问题分析

招投标行为是市场经济中一种竞争性极强的行为，是实现优胜劣汰的手段和方法[①]。然而，在实践中有些投标公司通过各种违法手段规避法律，达到中标的目的。从投标人主体资格上看，目前招标投标市场主要存在两类问题：一类是投标主体人拥有资质，各投标人通过串通投标来参加工程建设投标；另一类是投标主体人没有相应的工程建设资质，无法达到招标人的要求，通过借用他人资质参与工程建设投标。

（一）串通招标投标问题

（1）串通投标的形式

串通投标的实质是串通者之间形成了经济利益链，造成资源的不公平转移[①]，其常见的表现形式和目标实现途径有以下几种：

形式1：招标人与投标人串通投标，即招标人内定中标人（图5-1）

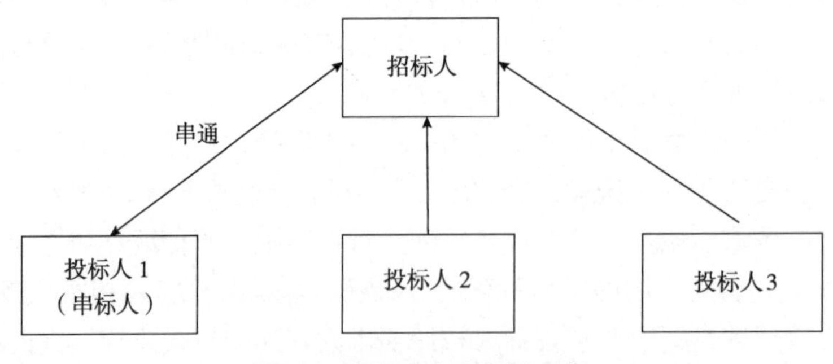

图5-1　招标人与投标人串通

① 汪发元. 反不正当竞争法理论与实践［M］. 中国言实出版社，2005.

这种串通形式是招标投标活动中最常见的一种形式，也是政府机关干部、领导干部及其家属和身边工作人员、国有企事业单位负责人，以及一些社会知名人士干预、操纵招标投标活动的最主要方式。

实现其既定利益目标的途径有以下几种：

一是招标人组织串通投标。招标人组织串通投标一般发生在长期建设项目，即招标人周围已经形成了一个潜在投标人群体，招标人也已经与这些潜在投标人形成了默契，达成了私下协议，即“潜规则”，由这些潜在投标人轮流中标，利益均分。此时招标人与这些潜在投标人的主要工作就是假借投标报名和资格审查等名义，排挤其他投标人参与投标。

二是内定中标人组织串通投标。这种串通投标情形，又分为投标人均参与或是部分投标人参与串通投标两种情况。这样，招标人在资格预审文件和招标文件过程中，相关评审标准会有益于该内定中标人。同时，在评标过程中会采用明示或暗示的方法，操纵评标委员会保证其内定中标人中标。

形式2：投标人之间串通投标

投标人之间串通投标，也可分为所有投标人串通以及部分投标人串通两种情形。其实现途径也有两种，一种是政府机关人员、领导干部或是社会知名人士利用其社会地位，撮合投标人之间串通；另一种是投标人利用其投标利益链和“潜规则”串通投标。这两种串通投标以排挤其他投标人为目的。前一种串通投标一般由这些撮合人为投标人指定报价，其既定利益者中标后向其支付一定的费用；后一种则由牵头人编写所有投标文件，由参与者在其上签字、盖章；或是由牵头人为每位参与者指定投标价格，同时按“潜规则”向串通投标参与者支付一定费用，或是将合同一部分内容分包给串通参与者实施（图5–2）。

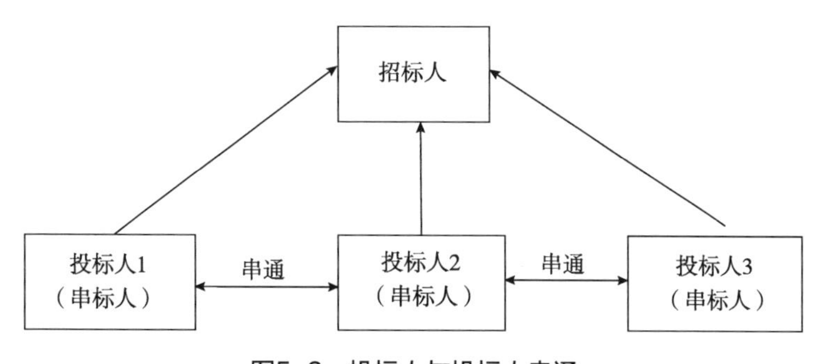

图5–2　投标人与投标人串通

投标人之间串通投标比较典型的是围标行为。所谓围标行为，是指在某项建设工程的招标投标中同一投标人挂靠几个施工企业或多个施工企业约定轮流“坐庄”，并做出多份不同或雷同的投标书，以各施工企业的名义进行投标，承揽工程项目的行为。部分人为了达到中标的目的，进行围标和串标的形式，对现有的招标管理制度有很大的影响①。

① 姜天龙. 工程招投标中存在的主要法律问题研究［J］. 工程管理，2016（1）：118–119.

在特殊情况下，比如在政府投资项目中，招标人、评标专家往往被引诱成为“串标集体”中的一员，甚至发展到投标监督人。围标分为不完全围标和完全围标。不完全围标即同一个投标者以两个以上不同施工企业的名义投标同一个项目，但同时也存在两个以上真正竞标者。而完全围标，即对同一个标的，表面上是多个不同施工企业参加投标，实则只有一个真正的投标人，该工程不管评标结果如何，最后真正中标者为同一个承包商，围标往往与建设工程施工任务的挂靠行为联系在一起，在建筑企业改制初期，产权关系比较混乱，挂靠现象更加严重。

围标的实质，是特定的投标人“利诱”或“胁迫”其他投标人共同对招标人拟建项目进行“攻围”，通过非法夺标，最终中标人给付其他串标人一定酬金，其行为方式有三种：①利诱、胁迫他人放弃竞标或按其同意的条件竞标；②与其他投标人串通一气，共同以故意抬高或压低标价的方法串标；③挂靠多家施工企业，名为多家投标，实则一家。围标行为具有隐蔽性、欺骗性和危害性等特点。

形式3：投标人与评标委员会成员串通

投标人与评标委员会成员串通，是确保其中标的必经过程。其实现途径一般有两种：

一是投标人与参与评标的招标人代表串通。这种途径，一般是由于招标人已经与该投标人串通，进而在评标前与招标人代表串通，以使其在评标时获得中标资格。

二是投标人与评标专家串通。一般是投标人通过各种途径，利用评标专家是“社会人”的身份，发动其社会关系在开标前1～2天寻找评标专家，包括利用其收集的评标专家库中专家寻找评标专家，帮助其实现中标目的。近年在一些地区也发现，评标专家库中少数专家借助其参与评标的项目多，熟悉的评标专家库专家人员多的优势，在一些地区充当评标专家经纪人，主动与投标人串通，并在该投标人中标后索要数十万费用，这是招标投标市场一个极其危险的信号。

在招标实践中，上述三种串通投标形式往往融为一体，即投标人与招标人、投标人和评标委员会成员均串通。通过分析串通投标者之间经济利益关系，进而依靠制度保证，切断其利益链则可以有效预防串通投标。

（2）串通招标投标行为的经济学分析

招标投标活动中，串通投标参与者是以获得期望收益为前提的。按照角色的不同，可以把串通投标参与者分为串通牵头人和串通参与人。串通牵头人包括政府机关干部、领导干部及其家属和身边工作人员、国有企事业单位负责人，以及一些社会知名人士、招标人、潜在投标人和评标专家，而串通参与人则主要是潜在投标人和评标专家。

一是招标人牵头串通。招标人为串通牵头人是基于以下两个判断：

① 串通投标行为在招标过程中发现难，认定更难；

② 中标人履行合同的可靠性。

此时，招标人与投标人之间形成的利益链为投标人—招标人—投标人。则招标人成为串通牵头人需要满足以下三个条件：

$$\begin{cases} z\% \leqslant t\% \\ C_0 + C_1 + C_2 \leqslant (1 - p\%)T \\ C_0 \leqslant Q_i \end{cases}$$

其中：T为投资额基础上的降低额度，C_0为向中标人支付的预期合同费用；C_1为招标和合同履约中安抚串通参与人，包括其他投标人、评标专家等的费用；C_2为招标人向有关人员疏通费用；$z\%$为行政监督机构查实串通投标事件的概率；$t\%$为招标人心理能承受的被查出串通投标概率值；Q_i为其他投标人的合同履行费用。此时，招标人的期望收益为$Z=p\% \times T$，这里$p\%$是招标人在投资额基础上期望降低百分比。串通投标参与人的收益有两种形式，一种是招标人在本次招标向其许诺的费用，另一种是招标人向其许诺的后续项目。

招标人组织串通投标，其期望合同价格实际上没有经过竞争，同时采购目标不是依据市场择优原则确定合同，而是把采购目标建立在对既定中标人合同履约充分信任基础上的，既不符合市场经济中的选择原则，又极易滋生腐败交易。

二是投标人牵头串通。投标人为串通牵头人主要基于业已形成的区域串通投标利益链，以及投标人—投标人—投标人利益链，符号表示为BBB，适用于招标文件对投标报价规定的评审办法能够通过串通投标方式排挤其他投标人投标的招标项目，条件为：

$$\begin{cases} z\% \leqslant b\% \\ C_0 \geqslant n \times c + C_3 + C_4 + C_5 \end{cases}$$

这里，符号c为约定规则中需要支付一个串通参与人的费用；n为串通参与人数；C_3为投标费用；C_4为向招标人工作人员行贿费用；C_5为排挤其他投标人费用；$b\%$为投标人心理能承受的被查出串通投标的概率。此时，串通牵头人的预期收益为：$A-(n \times b+C_3+C_4+C_5)$，而串通参与人的预期收益有两种形式：

① 参与该中标项目子项履行，获得该子项履行应得收益；

② 中标其他项目，获得$(c+C_0')-(m \times b'+C_3'+C_4'+C_5')$，这里，$C_0'$为其预期承接项目的合同额；$m$为其预期串通参与人数；$C_3'$、$C_4'$、$C_5'$分别为其投标费用、预期承揽项目向招标人工作人员行贿费用和排挤其他投标人费用，即以该投标人为串通牵头人时的预期合同收益。

应该说，投标人牵头的串通投标是对招标采购完全竞争模式的对抗，也是投标人间利益均分的一种模式，其理论依据是合作博弈论，与法律强制性规定直接对抗。

三是第三人牵头串通。这里的第三人一般是个人而非一级组织或法人，这当中，包括政府机关干部、领导干部及其家属和身边工作人员、国有企事业单位负责人，以及一些社会知名人士、招标人工作人员和评标专家个人，形成的利益链为投标人—第三人—投标人，其串通投标采取的模式有两种。

① 牵头人利用其特殊的社会地位，组织投标人串通投标。由于其特殊的社会地位，投标人对其活动能力信任，也希望与其拉近关系，以便为本企业承揽项目；

② 牵头人串通评标专家，操纵评标委员会保证其既得利益人中标。

这种第三人为串通投标牵头人的情形，是典型的以获取收益为目的的行为。

第一种情形的预期收益分别为：

预期收益C_0=中标人向其支付的服务费F−与招标人、招标代理机构建立关系花费C_6−形成串通投标的其他费用C_7，如委托计算投标人报价的费用等。

在这种串通投标中，除其既定利益人明确知道外，其他参与人可能并不知道在串通投标，仅是对牵头人的信任，认为其是在帮助自己中标，比如在有标底时，牵头人告诉投标人知道标底价格，然后分别让每个投标人报出不同价格，进而保证其既得利益者中标。

第二种情形的预期收益为：

预期收益C_0=中标人向其支付的服务费F−$m\times$向评标专家支付费用

上式中，m是参与串通投标的评标专家人数。与第一种不同，这里参加串通的评标专家明确知道其评标结果需要保证的中标人，其收益除招标人向其支付的评标专家劳务费外，还包括牵头人向其支付的额外费用，一般为其应得劳务费的数十倍。

（二）借用资质投标问题

在招标投标竞争中，还经常出现投标人不具备相应的资格，为了能够达到投标要求，借用符合条件的单位资质参加投标。所谓“借用”，是指单位或个人，在未取得相应建筑资质的前提下，借用符合资质的施工企业的名义承揽施工任务并向出借资质的施工企业交纳一定“管理费”的行为。目前借用资质主要存在三种现象：第一种是投标人有资质但未达到项目招标要求的，为了某次投标单独借用资质较高企业的资质进行投标，签订了合同后代替资质较高企业组织建设。第二种是投标人不具备工程项目资格，为了参与投标长期借用的其他企业资质并交纳一定数额的“管理费”，被借用的施工企业不承担技术、质量、经济等责任，只是代为签订合同及办理各项手续。第三种是以“合法”的劳务分包形式来掩盖借用行为。这样总包方中标后通过分包让不具备相应的资格的施工单位进行施工，也是假借资质的一种常见的方式。

目前，我国对建筑企业资质进行规定的法律、法规主要有《中华人民共和国建筑法》、《建筑业企业资质管理规定》、《建筑业企业资质等级标准》，这三部法律、法规共同构成了我国建筑企业资质管理的法律体系。

按照上述法律、法规的规定，建筑企业资质管理体系分三个序列：①施工总承包企业资质，该资质又细分为房屋建筑、公路工程、铁路工程、港口航道、水电、矿山、石化、市政、通信等十二个资质类别，每个类别内又根据企业工程业绩以及经理、技术、财务人员的专业水平分为特级、一级、二级、三级，相应级别的企业可承揽一定范围、一定规模的工程；②专业承包企业资质则分为六十个类别的资质标准；③劳务分包企业资质包含十三个类别的资质标准。按照这个建筑资质体系序列，每个建筑企业在自己的资质范围内承包工程。取得施工总承包资质的企业（以下简称施工总承包企业），可以承接施工总承包工程。取得专业承包资质的企业（以下简称专业承包企业），可以承接施工总承包企业分包的专业工程和建设单位依法发包的专业工程。取得劳务分包资质的企业（以下简称劳务分包企业），可以承接施工总承包企业或专业承包企业分包的劳务作业。

尽管我国规定了体系复杂的建筑资质管理制度，实行严格的建筑市场准入制度。但是目前的建筑资质管理制度却遭受了日趋激烈的建筑市场竞争的严峻考验。特别是在中小型建筑工程施工市场，建筑企业资质管理规定往往与市场供需双方的意愿发生激烈矛盾。一方面是利润诱人的建筑市场，但是另一方面我国对建筑资质的取得有严格的限制性条件，加之建筑市场发育不完善，招标投标制度没有得到有效落实。往往出现有资质的企业没有承接工程的能力，而没有资质的建筑从业者反而手握大量的工程项目市场机遇。为了获得较为丰厚的建筑行业收益，于是“借用”这种变通做法就应运而生了。

尽管借用挂靠资质行为从表面上看，似乎符合资质管理规定，是由具有资质的企业来签订施工合同。但是在貌似合法的背后，却违背了国家实行资质强制性规定的立法本意。实施资质管理制度就是为了防止没有相应建筑工程施工技术和能力的企业和个人来从事建筑施工，从而确保工程质量。而借用挂靠资质却违反了《建筑法》的立法初衷，以合法的形式掩盖了非法的目的，使得大量没有建筑施工能力的从业者从事专业技术性极强的建筑工程施工工作，扰乱了建筑市场的管理秩序。而结合建筑施工合同的“合同”性质，从《合同法》角度讲，依据《合同法》第五十二条：借用挂靠资质的施工合同也属于无效合同。正是基于以上依据，2004年颁布的《最高人民法院关于审理建设工程施工合同纠纷案件适用法律问题的解释》也明确规定：建设工程施工合同具有下列情形之一的，应当根据合同法第五十二条第（五）项的规定，认定无效：承包人未取得建筑施工企业资质或者超越资质等级的；没有资质的实际施工人借用有资质的建筑施工企业名义的。由此可见，借用资质的施工合同本质上是违法的，以这种方式签订的施工合同属于无效合同。

对于无效合同的处理，我国合同法做了明确规定：“合同无效或者被撤销后，因该合同取得的财产，应当予以返还；不能返还或者没有必要返还的，应当折价补偿。有过错的一方应当赔偿对方因此所受到的损失，双方都有过错的，应当各自承担相应的责任”。但是对于工程领域，特别是对市场中普遍存在的借用挂靠资质而导致的合同无效，却很难简单以无效合同来处理。首先，建筑工程本身具有很强的持续性和期限性，合同无效后工程无法继续施工，其本身的价值就很难体现，反而有损社会公共利益。其次，建筑工程本身是人力、物力、财力的高度集合，一项建筑工程往往涉及建设方、施工方、材料商、国家土地所有人等各个方面的利益，如果简单以合同无效来处理，也不利于这些利益方的权益保护，特别是对于建筑领域中常见的农民工权益的保护。最后，建筑工程具有特定性，是为业主建设单位这个特定主体完成的一项工作成果，如果折价或者拍卖，往往不能更好的体现工程本身的市场价值，而且工程的领域过于广泛，部分工程本身的经济价值不高，采取折价补偿、赔偿损失等方式很难实现各方的目的。而对于借用资质导致合同无效的情况中，由于还增加了实际承包人和被借用挂靠资质的名义承包人的关系，使得合同无效后的处理更加复杂。综合以上原因，对于建筑施工合同工的无效，必然要结合《合同法》的规定采取符合建筑领域特点的处理方式。

在目前的建筑领域司法实践中，对此问题主要的法律规定是最高法院《建筑施工司法解释》。按照该司法解释的有关规定，由于借用挂靠资质导致的施工合同无效，工程款是否支付以及如何支付取决于工程是否竣工验收合格。分为以下两种情况：第一，虽然建设工程施工合同无效，但建设工程经竣工验收合格，承包人可以请求参照合同约定支付工程价款。在司法实践中，往往就是根据无效合同的工程价款要求发包人向承包人支付工程款，而对于实际承包人和被借用挂靠资质的企业之间的内部管理协议和管理费的约定，往往由二者通过另行起诉来解决纠纷，管理费的支付也往往最终能获得法律的支持。第二，建设工程施工合同无效，且建设工程经竣工验收不合格的。虽然工程质量是否合格决定了工程价款的支付，但是，法律对此也给施工方一次补救的机会。规定如果工程质量不合格，施工方可对工程进行修复，修复后的建设工程经竣工验收合格则工程价款可以继续支付，但是工程二次修复的费用由施工方承担。而对于经修复的建设工程经竣工验收还不合格，则承包人不得再要求支付工程价款。由此可见，我国法律对建筑领域非常普遍存在的借用挂靠资质的做法，并不是断然以合同无效来做处理的，从实质意义上讲，也是附条件的认可了这类合同"有效"，因为，实际承包人虽然采取了规避法律的行为，但是只要工程质量合格，他的经济利益还是可以得到保障的，这与"有效"合同的结果没有太大差异。

三、问题产生的原因分析

（一）理论原因——基于博弈论模型分析

依据新经济人假设"认为人的基本行为动机都是追求效用最大化"，可以认为投标人目标是追求利润最大化；按照伯川德竞争模型，在招标投标中，投标人会按照边际成本法则定价获得零利润，从而激励投标人努力提高技术和管理水平，降低报价，争取中标。然而，投标人也会走向另一个极端——卡特尔模型，即两个或两个以上投标人通过协商结成价格同盟，暗自约定同盟内中标人，进行串通投标。由于大量的心理、制度及技术因素、信息统计、检索手段等方面的原因，导致建筑市场信息严重匮乏。通过串标，一方面串标集团可以扩大信息来源，另一方面，可以故意制造虚假信息，以利于投标人追求自身利益。只要投标人所付出的成本小于损害其他投标人所得到的收益时，便有可能实现个人或局部收入的最大化。由此可见，由于信息匮乏导致的信息不对称和信息费用的昂贵，招标人基于不完全信息对建筑产品质量及其价格的招标投标，必将为串通投标和串标行为的产生提供可能性。在上述分析的基础上，进一步利用博弈论模型分析招标过程中投标人之间的相互博弈行为。

1　博弈模型构建

假设投标行为中投标人与陪标人是追求个人利益或效用最大化的理性经济人。投标人通过实物或货币与一定数量的陪标人达成一致协定，共同制定投标策略，赢得中标。同时，在招标投标过程中，由于存在被查处的可能，参与串标各方都需要承担一定的风险，从而使其期望收益降低。在这种情况下，投标人和陪标人二者之间存在是否参与串标的博弈。

根据上述假设可知，投标人的期望收入为U_t，陪标人期望收入为U_p，可得两者合谋的博弈模型如表5-1所示。

表5-1　投标人与陪标人串标合谋行为博弈分析

		陪标人	
		参与	不参与
投标人	参与	U_t，U_p	U_t，0
	不参与	0，U_p	0，0

2　模型结果分析

（1）投标人行为分析

当投标人期望收入，即投标人合谋行为收入大于处罚损失，且串标收益大于争取串标合谋所需费用，投标人才会选择串标行为。

同理，当国家查处力度小于串标收益时，即使查出概率很大，投标人还是会选择串标。

（2）陪标人行为分析

当$U_p-C>0$，C表示处罚损失，即陪标人串标收入大于处罚损失，选择串标合谋行为。不过，当处罚力度加大时，陪标人的收益亦会降低，也会选择避免串标合谋行为。

（3）串标合谋行为发生条件分析

当投标人的期望收入U_t，陪标人期望收入U_p均大于零时，投标人与陪标人方会选择合谋。

在其他条件不变的情况下，投标人预期收入U_t与工程完工利润呈正比，工程越有钱赚，投标人与陪标人发生串标合谋的可能性越大。

在其他条件不变的情况下，信息封闭程度越高，即串标行为除直接参与人知晓外，绝对不会透露给第三人知晓，信息安全，投标人与陪标人串标合谋的可能性越大，此时陪标人的期望收入$U_p>0$。

在其他条件不变的情况下，投标人预期收益与陪标人数呈反比，串标人数越多，串标合谋形成可能越小，此时投标人预期收入$U_t<0$。

在其他条件不变的情况下，投标人预期收入与支付陪标人的串标成本成反比，串标合谋形成可能越小，此时投标人预期收入$U_t<0$。

（4）分析结论

通过上述分析，可以总结得到如下结论。

其一，工程中标实施后的利润大小与合谋的预期收入呈正比，利润是导致“串标”合谋行为发生的最主要因素。

其二，合谋各方收益函数是查处力度的减函数，当查处损失加大，各方收益会减小；但是当查处力度小于合谋收益时，即使查处概率很大，串标合谋行为仍有很大可能发生。

其三，串标行为发生与参与串标的人数成反比，即串标人数越多，串标合谋形成可能越小。

其四，招标投标过程信息的封闭程度是串标合谋行为发生的重要影响因素，在信息封闭程度较高时，即信息匮乏和信息费用的昂贵，串标合谋行为发生的可能性加大。

（二）现实原因分析

（1）招标投标制度不完善

工程项目招标投标是一个相互制约、相互配套的系统工程，在招标投标过程中的资格审查、评标、定标等重要环节的强制性法律规定还需要进一步完善，将招标投标实施过程中所有的规则、程序容纳进法律法规制度中，减少人为操纵的空间。

① 法律法规存在冲突问题

我国目前招标投标相关的法律、法规只有《招标投标法》，此外国务院还发布了《招标投标法实施条例》，国家相关部委和各地也纷纷出台了一系列相关的政策，但是仍未能涵盖工程项目招标投标的全过程，未形成健全的体系。部门、地方法规或政策的制定，有它的必要性和合理性，但是制定法律、法规的主体单位站的角度和立场不同，制定的规定标准都有利于本部门，过于强调地方色彩，主要体现在评标标准和方法的采用、中标人的确定方式、评标专家的确定，投标报名的条件要求等方面，就造成国家法律、行政法规与地方规章难以协调一致。

② 法律法规存在漏洞

《招标投标法》及其他法律法规中对工程项目招标投标活动相关的规范问题不够细致和明确，具体规定和措施仍然存在漏洞。例如“串标”、“围标”等行为危害性较大，但《招标投标法》中没有具体的条文进行认定，明知违法但在实际操作中却无法可依。另外业主评委和监督管理的职责也无法界定，业主评委作为项目的投资主体和受益单位，为了不影响评标工作的公平公正，是否应该参与评审；监督管理的主体应该是第三方还是行政主管部门暂未在法律、法规中得到规范，所以容易造成前面所说的自己制定标准，自己执行，自己监督的局面，在履行职能的时候发生错位的局面。

（2）工程招标投标监管力度不足

① 工程招标投标缺乏透明性

虽然《招标投标法》规定了“公开、公平、公正和诚实信用”的原则，但是招标投标的整个招标投标过程为了减少人为的干预，处于一个封闭的保密状态，并不对外进行公布。这就使招标投标过程中，从立项、招标、投标、评标、开标，乃至招标投标过程结束之后，许多环节和过程无法做到真正的公开透明。

招标投标信息发布不及时。在招标投标交易活动过程中，各方处于信息不对称的状态。在具体操作过程中，许多招标信息虽然发布了招标公告，但是刊登的媒体、网站不引人注目，或者在大众知晓的媒体、网站上比较偏僻的栏目进行刊登，而且刊登时间较短，查看权限设置较高，极大降低了投标人的知晓程度。

评标专家制度设计不合理。一是评标专家库的结构设置不合理，为了达到避嫌的目的有的专家库人员跨地区建立，各地水平参差不齐，导致专家水平也各异，缺乏统一的专业评标知识培训，评标过程中容易受招标方或代理单位的摆布。在小专业评标时，由于专家人数有限，招标投标方与有些专家相对较为熟悉，所以容易被招标方或投标方收买串通，从而导致腐败的概率高。二是评标委员会没有独立性，目前我国评标委员会的专家普遍从招标代理机构的专家库中选取，在招标投标时招标代理机构为了掌控评标过程，会选择易于操纵或者能和自己意志保持一致的专家，无法真正做到“公开、公平、公正和诚实信用”。

② 行政监督制度不完善

一是监督机构设置不合理。为了保障招标投标行为的“公开、公平、公正和诚实信用”，监督检查必不可少。虽然《招标投标法》并未明确设立监管机构，但是在《招标投标法实施条例》中的第四条则规定要以发改委为首进行多头多条的划片式监督。目前看来由发改委为首实施的监管系统存在两个方面的弊端：第一，缺乏权力制约机制，由于监督主体仍旧是行政机关，在招标投标活动中既是监管者，有时又作为市场的一方主体出现，经常出现一种自己监督自己的怪现象，实际上并未做到对权力的制衡和监督，有些监管形同虚设；第二，监管权实施容易受到不同利益群体的影响。我国现在一些政府部门和机构中都存在着盈利性或者企业性质的单位和主体，当这些单位或企业在参与招标投标的时候，上级行政主管部门由于涉及其部门的利益，在专业方面和对口性的监督上不可能对其行为进行有效或者规范的监督，可能产生很多违法违规甚至腐败现象，公平公正的市场竞争机制无法实现。

二是监督未能覆盖招标投标的全过程。对工程项目招标投标中的监督检查力量不足是主要原因，其次是在招标投标全过程的监督检查存在事前监督不足、事中监督缺乏、事后监督缺位的现象。工程项目招标投标中的监督检查力量不足主要体现在以下两个方面：一方面目前在工程项目招标投标中监督人员数量不足，无法像监理人员一样通过职业资格考试进行聘任，导致工程项目多，监督人员少，无法做到所有项目全部覆盖；另一方面各行业项目工程较多，都有各自的管理规定和办法，有的监督人员专业水平不足，难以发现招标投标过程中存在违纪违法问题。在招标投标全过程的监督检查中，事前监督不足主要体现在有些工程招标投标监管部门不履行职责。按照规定招标方、投标方在招标活动开始前将信息提交给有关监管部门进行备案，但在招标文件的审查、监督过程中，许多监管部门并没有实施备案制度。事中监督缺乏主要体现在招标投标活动的各个环节操作监督不到位，造成大量招标投标活动中的规范不符合要求，使招标方、投标方和招标代理有利益寻租行为。事后监督缺位主要体现在缺乏对事后进行延伸监督的问题，在工程施工过程中很多中标单位都存在违法转包和分包，靠收取工程差价和管理费盈利，而对工程的质量和管理漠不关心，导致豆腐渣工程层出不穷，这也说明了事后监督的缺位。

（3）惩治缺乏力度

对于工程项目招标投标过程中存在的违法犯罪问题惩治缺乏力度，导致违规、违纪、违法问题屡禁不止，具体表现在以下两个方面。一方面对工程项目招标投标过程中的违法犯罪问题存在发现难、举报难的现象。目前不管是招标方、投标方还是代理机构法律知识水平逐渐提升，一些违规违法的行为都以合法的手续和程序掩盖，不能很明显的界定是否违法；另一方面招标投标的过程目前无法做到真正的公开和透明，违规方可以打着保密的旗号进行私下的违法行为。此外，目前法律要求谁主张谁举证的原则，导致参与举证的一方参与人较少，因此即使发现违法的现象，举证难成为又一制约举报的鸿沟。

对工程项目招标投标过程中的违法犯罪问题从时间和过程来说惩治滞后。目前在招标投标过程中发现违法、违规的行为后，监管部门开始启动调查程序，进行证据的搜集，在事实调查清楚的基础上作出处罚或惩治决定。取证的过程相对比较漫长，有时业主方为了工程进度，阻挠、妨碍调查取证，对其中违法犯罪行为的追究也有着严格的法定程序和时间要求，往往都要到招标投标结束之后，甚至建设工程本身建设完成之后才能做出判决，在这一阶段对招标投标过程中发生的问题已经无法补救，造成的财产损失也无法挽回。

第六章

国外工程招标经验与启示

以美国、欧盟、日本等发达国家和地区为首的市场经济国家，其招标管理制度都比较健全，通过严格管理招标投标行为，公开透明招标投标过程，合理利用招标投标资金，大幅提高了工程建设市场的工作效率。

一、美国工程招标办法

美国是西方比较发达的市场经济国家，其招标投标制度被认为是比较成功的招标投标制度之一。成功的招标投标制度维护了商业公正及商业信誉，扩大了商业竞争，降低了招标投标的管理成本，并进一步完善了各种社会政策及经济政策。美国作为世界上最大的发达国家，其各项制度在国际上均有着重大影响，招标投标制度也不例外，是许多国家采用或借鉴的模式。

（一）招标投标制度

美国是一个崇尚法制的国度，在实施招标采购的几百年里，形成了比较完善的招标采购管理法律、法规。早在1861年美国国会就制定法律，要求一项采购至少需要3个投标人。1868年美国国会又确定了公开招标和公开投标的程序。20世纪30年代，美国颁布了对其招标采购发生重大影响的《联邦政府采购法》和《购买美国产品法》。在最近的几十年内，又通过不断完善招标投标的法律来规范招标投标活动，有政府发布的联邦政府标准合同格式，也有各个学会、协会制定的条款、准则等。像美国建筑师学会制定的合同条款，美国工程师合同文件联合会的建筑合同标准通用条款，美国承包商总会的建筑工程分包合同标准格式，美国仲裁协会的建筑业仲裁规则，美国陆军工程师团的技术合同条款等在美国均有较大的影响。另外，美国各州、特别行政区等也都制定了严格的招标投标法律、法规，招标投标法律、法规的完善使其招标投标的经济和社会效益不断增加，成为世界上招标投标制度比较完善和规范的国家之一。

美国招标投标法律的特点在于，不但有招标投标的规则和程序，而且包括了采购合同的管理，如采购合同的立项、审批，直至交货和交工的监察等合同的履行程序。因此招标法管理的过程在美国显得更长，其法律条目繁多，内容庞大。其主要内容包括采购的规则、采购的种类和方式、合同的管理三个方面。

（二）工程招标投标范围

美国的工程建设分私人投资和政府投资两部分。私人投资的工程，约占全部投资的72%～75%。对私人投资工程的招标投标，政府只用技术标准要求达到一定的标准，至于如何招标，政府实行不干预政策。而对政府投资的工程，在政府有关部门内设立专门机构，掌握工程投标和工程计价问题，同时对工程全过程的质量安全、施工工期进行监管，以达到政府投资的综合效益。

（三）招标投标对企业的要求

美国是一个市场经济国家，建国200多年来，建立完善了以市场为主体的经济体制。在美国，资格审查是相当严格的，承包商的施工资质、信用必须经过专门进行资格审查的中介机构的核定，然后在此资格范围内承揽相应的工程。资格预审主要是核验承包商的资格和信用，通过资格预审后最低报价的投标者就是中标者。当然，业主对最低报价的投标会详细审阅，预防合同实施过程的高额索赔。一个合格的投标商必须具备与工程相适应的资格，这种资格表现在企业资格和个人资格。如纽约市政府对政府工程的投标资格规定为：任何投标者和未来的投标者，应提供投标者财务状况的账簿、记录、凭单、报表和其他信息。另外还应附上宣誓书，列明企业的现有设备和仪器、人员和经验组织的资格，以及历来的合同履约情况，这样可以系统的了解企业的经营情况及现有实力，以确定投标。

在工程总包合同招标中，对于分包者与当地企业合作也作为一个条件，分包者必须将工程总造价10%的工程分包给当地少数民族、妇女组织和其他社会弱者组成的企业，否则不能参加投标。

对个人的要求，工程的参与人员应具有一定的知识水平，通过专业考核（考证）取得有关证件方能成为投标人的一员，对于企业的资格是通过投标手册反映的。而对个人的资格，是通过招标人或代理人的书面调查确定的，以证实企业和人员的资格，合乎招标工程条件的方可参加投标。

（四）工程投标报价

由于美国实行市场经济，没有统一标准的工程计价方法，所以在编制标书时没有统一的工程量清单。标书的编制主要依靠投标人根据图纸计算工程量，根据市场上流行的材料、设备、劳务、管理费和利润来计算价格。对分包的工程，由分包人进行工程计算，并列出工程造价汇总到工程总价中。

美国的工程造价分为两部分：一部分为直接费用，另一部分为间接费用。

直接费用：与工程直接有关的所有费用，通常由于工程量和组成的不同而异。

间接费用：不是与工程直接有关的所有费用。间接费通常因工期的长短而不同，通常都是先确定合理工期，在工程确定直接费用后，才被确定。

工程的直接费用和间接费用一般大致分五个方面。这五个方面为：①工资和附加的有关费用；②材料费用；③建筑设备费用；④分包合同费用；⑤服务和其他开支。

1　直接费用

直接费用包括：①工资和附加的有关费用；②工程材料费；③建筑设备费（机械费）；④分包合同费。

工资和附加的有关费用包括施工人员基本工资和领班的基本工资，工资外的有关补贴及税金、施工人员的保险费、社会救济费等；在工资和有关费用中，国家没有统一的标准。其基本资料是从劳务市场的信息中获得。而施工企业中的二线人员和管理人员的工资不能计入其中。其人工费和附加费用、和国内一些城市的人工费用标准包含内容基本类同。

工程材料费用包括工程材料费的采购原值、安装费、销售税、使用税、水运费、水运保险费、码头费、关税以及公路和铁路运至工地现场的费用。这部分费用同国内一些城市现形的材料费相同，国内一些城市的材料价格是运至工程现场价，已包含了采购过程中的一切费用。

建筑设备费包括设备原值和现场使用费，但对低于500元以下的小型机具不计建筑设备费用。建筑设备费用的分摊，是以比例摊销的，不能一次计入某个工程，所以报价前应对建筑设备的摊销比例进行具体的确定。

消耗品费包括完成工程所需的全部消耗品和辅助材料。消耗品虽不是与工程实体构成有关，但它是完成实体的一部分，所以作为直接费进入工程直接费。辅助材料包括的是燃料、润滑油、石油制品、设备维修用的零部件，电力、电缆、锯条、轮胎、混凝土模板工程中所用的木料和模板。

分包合同费用指分包给二包的全部合同费用。二包（分包）在美国是很普遍的，一个总包商对工程的承包，必须有与其长期合作的专业分包商，拟已分包专业技术工程，这部分费用应全部计入二包费用。在美国分包者应是地方企业或社会弱势群体组成的企业，前者所述多为少数民族、妇女或伤残人士组成的企业。

2 间接费

施工间接费主要有：施工管理部门的人员工资、保险费；退休人员的开支；机动车辆开支（不包括建筑设备）；人工短途运输费；机动车辆牌照和许可证费；其他施工费；临时工程费；一般公用事业设施安装费；临埋道路费；工地临时房屋建设费；工地住房管理费；工资单外的保险费；工资单外的税金；施工流动资金贷款利息（财务经费的一部分）；上交总管理处费用（上级管理费）；合同保证金；总经费和施工管理费；意外事故费用；利润。

一般工程报价中，意外事故费用和利润是单列的，其他费用是以直接费为基础确定的，但不论如何，确定的方法是要贴切市场价格实际。由于美国建筑市场制度完善，一般报价的差距不超过5%。任何认为招标人已在招标文件中已包含的内容不再补给，如纽约市的招标文件规定：只有工程价格超越原合同价25%以后的价格才能补给施工企业，但这笔钱的认可必须得到现场监管工程的工程特许认证，且对超越5000美元以外的工程需专业委员会同意才能补给，所以任何马虎和任何不负责的报价都是要付出代价的。

由于美国工程报价没有统一的标准，市场上报价通常以以下方式进行：

一是以许多社会中介组织为基础，收集整理出一些基本资料，由图书出售商整理编印，供社会及投资者报价或作估价应用。

二是众多的报价工作人员，收集历史资料和已应用的施工方法和程序，在实践中不断修正和改进，进而形成有规律报价方式，提高自己报价的准确性。

三是社会有关部门发布有关工程价格信息供社会应用，如“房屋建筑造价资料”、“机械电器造价资料”、“电器工程造价资料”等。

（五）工程招标投标的标底

美国的政府投资工程，都要进行工程造价测算，但其预测造价只作控制工程造价依据，不作为评标的依据。在美国进行工程造价测算，不但要考虑本国的现有情况，应同时考虑国际经济形势。一般美国的工程测算中，都要考虑由10%的不可预见费用。由于美国的法制健全，在施工过程中工程造价确定后进行修改的难度十分大。只有现场发生少于500美元的变更，现场工程师才有权修正，大于此值的，经过一定的法律程序，方可使用不可预见费。

（六）评标与定标

美国的政府工程评标是以价格为中心，但并不是以最低报价为中心，而以综合评价最低的标价方可中标。投标者以最低报价中标，其报价很可能低于成本价，为防止承包商履约过程中因报价过低无法履行合同或承包商因亏损而倒闭，造成业主的损失，要求每个投标者必须提供银行担保，即其全面履行合同的银行担保函，发生承包商不能履行合同的情况时，由所担保的银行提供资金，保证承包商履行合同中所规定的义务。发生这种情况后，承包商的信用将会受到较大影响，并很可能造成公司今后无法立足，以致破产。因此，承包商一般会极力避免此种情况的发生。当然，银行对承包商提供担保时也会十分慎重，以避免造成银行的损失。

二、欧盟工程招标办法——以政府采购为例

欧盟是当今世界一体化程度最高的区域政治、经济集团组织，其总部设在比利时首都布鲁塞尔。欧盟是一个立足相互开放、相互依存、相互保护和相互扶持的国际区域市场。它的最终目标是，通过关税同盟、政治同盟，实现欧洲各国的经济一体化和政治一体化。

（一）政府采购法律制度

自成立伊始，欧盟对政府采购都给予了极大的关注，并建立了一套公共采购法律体系，以“指令”的形式对政府采购进行规范。“指令”是在充分考虑各成员特殊情况下实施的一种较为灵活的法律形式，对各成员具有约束力，但具体贯彻和执行的方式由各成员根据本国实际确定。如果成员国内已有政府采购制度、法律或法规，其规定若与欧盟的规定有矛盾，成员国应在一定期限内对本国法律或规定进行调整。欧盟的政府采购指令是一个超前于其他各经济组织而订立的国际协议。早在1966年，当时的欧洲共同体就通过了有关政府采购的专门规定，比WTO《政府采购协议》还要早13年。

目前，欧盟有关政府采购的指令共有四部，是适用于欧盟范围内政府采购的主要规则。指令按传统的政府部门和公用事业部门进行分类。针对政府部门采购的包括《关于协调授予公共货物、工程和服务采购合同的指令》（简称《公共采购指令》）和《关于协调公共货物、工程和服务采购的救济指令》（简称《公共采购救济指令》）；针对公用事业的包括《关于协调有关水、能源、交通运输和电信部门采购程序的指令》（简称《公用事业采购指令》）和《关于协调有关水、能源、交通运输和电信部门的采购程序的救济指令》（简称《公用事业采购救济指令》）。其中，《公共采购指令》和《公用事业采购指令》是于2004年7月在原有四部采购指令基础上重新修订颁布的。

与原有采购指令相比，新的采购指令有以下六方面特点：一是将以前分别规范货物、工程和服务采购行为的三部指令合并为一部《公共采购指令》；二是出于实现采购规模效应，提高资金使用效益，规范采购行为的考虑，建议各成员国成立政府性质的集中采购机构，统一负责政府部门的采购工作，并将这一机构的性质定义为“具有公法法人性质的招标权力机构”。这一建议也符合各成员国的一致要求；三是更加强调采购过程的透明度和竞争性原则；四是强调更多地运用电子化采购方式；五是加入保护社会环境等实现国家政策目标的有关内容；六是对招标中违法行为的处罚进行了专门规定。

新指令中关于政府采购电子化的规定具有划时代的意义。它不仅将政府采购若干关键的流程使用信息技术以法律形式进行了规定，还将电子签名纳入了法规之中，由此为建设欧盟公共采购电子化平台奠定了基础。

（二）《欧盟采购指令》的性质、目标与规则

1 《欧盟采购指令》的性质

成员国理事会和欧洲议会共同商议通过了《欧盟采购指令》，欧盟的各成员国都要遵照指令授予公用事业公司和政府机构合同，各成员国本国的法律依照《欧盟采购指令》制定，且该指令对成员国的法律具有约束力。

2 《欧盟采购指令》的目标和规则

目标是驱使人力资本、知识等要素在欧盟范围内自由流动。详细内容为：第一，货物和服务要在成员国之间自由流动；第二，提升公共供应和服务合同有效竞争的条件；第三，增强在欧盟范围内参加采购程序和活动的透明度。欧盟的基本指令规定在整个欧盟内超过某一价值的合同的授予程序。通过制定一般最低限度的规则体系适用于一定限额以上的合同，来协调各国国内的合同授予程序。这些规则主要有：①确定公共采购的实体种类和合同范围的规则要符合该指令的规定；②规定公共采购实体一般应采取的合同授予程序的规则；③有关技术规范的规则；④广告规定，招标通告必须在欧盟官方公报上公布，且须遵循特定的时间要求并按照事先规定的格式编写；⑤关于授予合同、质

量、选择的客观标准及参加采购的资格方面的规则；⑥供统计报告的规则[①]。

1957年3月25日的欧盟条约中明确规定了适用于公共采购的基本原则：非歧视原则；货物的自由式流动原则；设立企业的自由等。根据这些原则，指令提出三项基本目标：在共同体范围内增加采购程序和活动的透明度；促进成员国间货物和服务的自由流动；改善公共供应和服务合同有效竞争的条件。

3　供应、工程和服务指令的操作规范

（1）合同范围及缔约机构确定

指令定义公共合同是指公共采购者与供应商、承包商或者服务提供者之间为金钱利益而缔结的书面合同，包括公共工程合同、公共供应合同、公共服务合同等。指令规定的缔约机构主要有政府、地区或者地方当局和公共管理的机构，以及由上述几个机构组成的联盟。

（2）授予合同程序和信息披露要求

指令规定缔约机构可以使用公开、限制和谈判三种授予合同程序。缔约机构要进行严格的审核，必须针对每个合同起草一份详细的书面报告，提交欧盟委员会。只有按照严格标准，那些受到了缔约机构邀请的服务提供者、承包商、供应商才能进行投标。同时，缔约机构及受招标企业、机构的信息必须要公开透明。

（3）采购选择标准规定

为防止缔约机构产生随意歧视行为，3个指令列举了一系列选择供应商、承包商和服务提供者的标准，如信誉等级、职业资格、经济和财务能力、技术知识和能力等。作为补充，还有特别条件规定。供应、工程和服务合同的授予标准有两个：一是价格最低的投标，二是经济上最有利的投标。指令中有关技术领域的共同规则是根据新的欧盟标准政策制定的。在不损害有法律约束力且与欧盟法律互相一致的各国国内技术规则的前提下，缔约机构应采用参照执行欧洲标准的国家标准、欧洲技术认可或者共同技术规格。

（三）政府采购方式

欧盟法律规定了公开招标、邀请招标、两阶段招标以及谈判采购四种采购方式。招标采购的限额标准为货物采购100万欧元，服务项目200万欧元，工程项目500万欧元。两阶段招标主要是针对事前无法确定技术规格的采购项目，具体方式是：先就技术规格进行招标，后就价格再次组织招标。例如，工程项目中设计标和施工标分开招。谈判采购分为竞争性谈判（需要公开发布公告）和非竞争性谈判（不需要发布公告，即单一来源采购）。欧盟一般不主张采用谈判采购方式，所以通过法律作出了严格的限制性规定，只有在流标、紧急采购且数量不大、只能向唯一供应商采购、公开招标合同到期需要续签合同等特殊情况下才能使用这种方式。

此外，欧盟政府采购指令还规定了“框架协议”和“动态采购系统”两种特殊的采购

---

① 曹富国. 欧盟采购指令研究［J］. 中国招标，1998（50）：6–11.

组织方式。框架协议是指通过竞争性的程序（招标或者竞争性谈判）确定若干供应商，在未来的一定时间内（不超过四年）直接由其供货。动态采购系统是指通过竞争性程序（招标或者竞争性谈判）确定入围供应商，在未来的一定时间内（不超过四年），其他符合条件的供应商可以随时入围，不再符合条件的供应商以及有违规行为的供应商将被取消供货资格。通过这种动态循环方式，既可以有效降低采购成本，又能确保供应商的服务质量。

（四）政府采购市场

统一政府采购制度是建立欧洲共同市场的重要组成部分。欧盟政府采购指令中规定，各成员国必须对其他成员国企业开放政府采购市场，给予所有参加投标的供应商以平等待遇，不得以任何方式排斥其他成员国企业。即使是欧盟成员国以外的第三国企业目前也可以通过三种途径参与欧盟政府采购市场竞争：一是该国与任意一欧盟成员国签订互相开放政府采购市场的协议；二是在欧盟任意一成员国成立合法公司；三是在欧盟任意一成员国寻找合作伙伴，进行联合体投标。

为了使企业方便获取本国以及其他成员国政府采购信息，欧盟制定了严格的信息发布制度。除了采用单一来源采购以外，其他所有采购项目都必须在欧盟官方杂志和“每日电子标讯”网站上同时发布公告。各成员国不仅要针对每个项目单独发布招标公告，还要于每年年初或上年年末将一年内的所有大额采购计划在媒体预告，使企业对全年采购市场规模有一个总体了解。公告应以本国语言全文发表，并同时以各成员国20种官方语言发表摘要。

为了实现政府采购市场内部自由化，欧盟反对各成员国对本国企业实行优惠政策。但通过政府采购实现其扶持民族产业、扶持中小企业、增加就业机会、均衡收入分配等国内政策目标是欧盟各成员国的普遍做法。采购指令在实施中面临着很大的阻力，各成员都采取了一些逃避措施。因此，全面实现采购指令还有一个较长的过程。在统一对外上，欧盟也采取保护政策，在招标采购中对欧盟成员国企业通过资金转移等方式给予一定优惠。在加入世贸组织的《公共采购协议》时，欧盟对本国公共采购市场的对外开放也做了很多保留。

（五）中立、开放、服务的电子化平台

欧盟每年政府公共采购大约2万亿欧元，占欧盟国内生产总值（GDP）的19%左右。由于政府在电子化方面相对落后，政府采购方面需要处理大量繁琐的本国或跨越国界的文书工作，为企业投标造成障碍。此外一些欧盟国家已经建立了一些电子采购平台，大部分局限在本国或本地区内，形成电子采购孤岛。针对上述问题，为推动欧洲范围内的政府采购电子化，扩大全欧洲电子采购社区之间的市场互连和互操作性，提升欧洲的整体竞争力，欧盟委员会建立了泛欧公共采购在线电子化平台——PEPPOL。

（六）扶持中小企业

随着政府采购制度的推行，欧盟近几年也对中小企业给予了特殊关注，鼓励中小企

业更大限度地参与采购，有关扶持中小企业的政策力度不断加强。具体措施包括：完善立法、清楚阐释和澄清政府采购规则以及在互联网上公布告示，减少中小企业进入公共采购市场的障碍等；创建有关中小企业的统计数据库，进行定性调查和分析，了解中小企业的发展状况和需求；为评估中小企业参与公共采购合同的发展提出行动指南等。

三、日本工程招标办法

（一）日本工程招标投标法律制度

日本招标投标是由相关法律条文规定的，国家有《会计法》、《预算决算及会计令》，地方有《地方自治法》，从而使招标投标做到有法可依。日本实行工程招标投标制度是从1890年（明治23年）公布《会计法》之后开始的，《会计法》规定："只要交纳一定的投标保证金，任何人都可以有均等的机会参加工程投标。"1949年（昭和24年）日本制定了《建筑业法》，根据《建筑业法》等有关法规规定，日本工程招标投标方式分为一般竞争招标（公开招标）、指名招标（邀请招标）、随意合同（议标）、特命发包（指定承包）等，但在实际情况中，政府工程以一般竞争招标和指名招标为主。随着时代的发展，日本国民对其公共工程的关注程度越来越高，为消除国民的疑惑，得到国民对公共工程的理解与支持，日本又公布了《促进公共工程招标及合同合理化法》（2000年法律第127号），该法律专门针对公共工程招标投标和合同管理，要求所有公共工程的发包者，要采取以下措施：①明确公共工程的招标及合同合理化的基本原则；②通过公开招标结果及承包者的选定过程而保证透明度，促进公开合理的竞争，确保合理适当的施工，彻底防止幕后交易和将工程转包等不正当行为，以取得国民对公共工程的信赖。另外与基本建设和招标投标相关的法令还有《国土综合开发法》、《国土利用计划法》、《土地征用法》、《城市规划法》、《河流法》、《道路法》、《港湾法》、《劳动关系法》、《环境保护相关法》等。

（二）日本的招标投标方式

在日本，政府工程按规定进行招标投标的占90%以上。招标主要由公团或公社具体负责实施。公团与公社介于政府与民间之间，社会地位特殊，具有"国营"性质，是"官办自营"式的特殊法人单位。它负责政府投资或贷款工程的建设、开发和改造。日本道路公团负责高速公路和其他汽车专用公路的规划、建设、营运管理部门。另外，日本的大工程基本都是以共担风险的联合体形式进行投标，进而承包工程。在官方工程（政府工程）中，采用联合体形式非常常见。这样做的好处有两个方面，一是能充分发挥各自优势，体现团队作战精神；二是利益分割，大家都有一口饭。另外，政府为保护小企业生存，对地方工程，要求联合体一定要接受地方政府指定，对工程的某些部分或整个工程工作量的一定比例，由当地小企业施工。在联合体投标前先确定各家公司的份额，中标后由份额最大的公司（不一定超过50%）派出主要管理人员（作业所所长、副所长及各分项负责人），其他公司亦派员参加管理，但不是按所占份额派出相同比例人员，作业所只负责管理，而专业承包商的选择及主要建材采购等都由公司决定。

目前，日本的招标投标方式主要有以下几种类型。

（1）公开竞争招标投标。在日本，公开竞争性招标投标只用于大规模的公共工程。

（2）指名竞争投标。①公募型指名竞争投标。采用公募型指名竞争投标的项目，发包者先确定企业的范围，并把对承包商的要求进行公示，有关企业就会提出技术资料，发包者再审查这些企业及其提出的文件。未中标的企业，一经要求，就要向其说明未中标的理由。采用此种招标方式的工程合同额一般为2亿～7.5亿日元。②工程希望型指名竞争投标在登记投标资格时，发包者要求投标者说明何种类型的建设项目是适合其投标的。当选用这种方式进行投标时，发包者要求10～20家登记公司提出技术文件。采用此种招标方式的工程合同额一般为1亿～2亿日元。③其他指名竞争招标。发包机关、发包者根据在其内部的建筑企业等级系统选择那些希望被邀请参加投标的建筑企业。通常，发包者的选择委员会掌管着这种选择的权利，这种招标投标方式广泛应用在投资少于1亿日元的中小规模的项目。

（3）自由契约方式（有限投标）。这种方式应用在一定限制情况下：①有特殊技术、设备、机械要求的项目，要求项目必须由特定的建筑企业承担；②时间特别紧迫的项目。

（4）其他招标方式。日本中央或地方政府发包机关和政府关联机关正在试行或部分地引入下面的招标方式：①设计施工一体发包方式原则上，由不同的企业承担公共工程的设计和施工，但少量的公共工程发包者们正在开始使用设计—施工方式。②VE方式，即不降低目的物的功能而缩减成本，或者在同等的成本之下，提高功能的技术。这样的方式与原来的发包方式不同，在民间的技术开发程度比较高的工程等，工程的招标阶段或签约以后的施工阶段的时候接受有关施工方法的技术提案，要求提案的范围是原则上不要改变目的物的功能范围。招标阶段的VE是采用民间的技术比标准的施工方法更合适，签约后的VE是指用别的工程材料及施工方法来减少工程成本，节约成本的一半常返还给承包商。③技术方案综合评价方式。在技术方案综合评价方式中，特定的公共工程项目的发包者要求投标者除提出报价外，还要提出改进的技术方案，发包者在综合考虑价格和技术方案后评标，检查技术中的质量、进度，设计因素和安全措施等，这种方式1998年第一次用在日本的建设省（现国土交通省）的一个合同中。至于其他投资方式项目的招标方式，不受政府上述方式的限制，但要在法律的约束下进行，只是具体操作方式上的不同。

（三）日本工程招标投标程序

日本工程招标投标程序一般包括登记—招标公告—招标文件—资格确认—评标和宣布中标结果—合同及保证—提出异议等程序。

（1）登记施工企业。为了参加公共工程项目建设，需要在每一家发包者那里进行登记，这种登记在公开竞争性投标中是必要的，发包者对申请企业按“商务评审标准”评估企业的能力，通过评估后，企业就可以登记，按《建设业法》，企业每年需通过这样的商务评审。商务评审是评价一个建设公司的技术、财务和其他能力的一个系统，商务评审的标准包括：每年完成的业务范围内的建设工程；单位的资本额；职工数；经营状况（财务报表分析）；技术人员数量；营业年数；劳动福利状况；安全记录；其他。

（2）招标公告。中央政府、政府关联机关通过官报，都道府县、政令市用自己的公报如县报、市报等。公告应包含工程地点、概要、工期、参加投标资格、投标申请书提出的时间、使用的主要机械及材料、合同和其他信息。

（3）发售招标文件。

（4）资格确认。收到招标文件后，有兴趣的潜在投标者要为资格确认提交一份申请书和其他相关文件，包括商务评审的分值、过去类似项目建设的经历等，发包者审查结束后，在规定期限内向未通过资格审查的单位说明理由。

（5）评标和宣布中标结果合同将授予在设定最高预定价格之下的最低报价者，发包方将中标结果（包括中标者名称和合同金额）公布。当标价过低时，可能要求投标者进行确认。但在电子招标投标中，标底设定了最高限额、最低限额，如果标价不在二者之间，计算机认为投标为无效标。如果发包者自身无评价能力对投标者进行评价，可以请评价组进行评价。

（6）合同及保证签订合同时，发包方要求中标者对合同的实施进行担保。日本中央建设审议会提供的《公共工程标准合同文本》在日本得到广泛的应用，包括必要时要求现金保证。

（7）提出异议对中标者或中标金额存在异议的投标者可以向一个独立的机构提出申诉来开始异议程序，由中央政府和政府相关机关来采办的，由“政府采购苦情处理体制”监督异议程序，其秘书组设在内阁，地方也设置了类似的机构。

（四）工程标底及预付款

目前在日本，企业报价是否接近标底或低于标底，是决定企业能否中标的关键因素。发包方（公团或公社）的工程标底是否恰当，也是影响工程质量和工期的实质性因素。因而，工程经济分析就显得至关重要。从工程经济分析来看，工程造价主要由四部分组成：预算单价、工程量、先进合理且可靠的施工方案、单位工料消耗。在这四部分中，后三部分受政府法规以及企业或发包方各自的标准、经验和策略所制约，一般变化不大，因而寻求一个可供共同参考的预算单价，就十分必要。在日本，工程造价管理采用“活市场、活价格”，其价格参考《建筑物价》（建设物价调查会主办）和《计算资料》（经济调查会主办）公布的市场各种建筑材料工程价、材料价、印刷费、运输费和劳务费，其价格的资料来源于各地商社、建材店、货场或工地实地调查所得。每样价格都标明由工厂运至工地，或库房、商店运至工地的差别，并标明与上个月相比价格的高低情况。根据这两份资料，企业与发包人就可以找到一个共同可供参考的数据，作出的工程预算更符合实际，体现出市场经济的特点，并且不同地区不同价，有利于投标方在同等条件下竞争报价。

（五）中标

日本公共工程的中标原则是最低价格中标，但其价格若超过预算价格也不能中标。预算价格是指由发包者根据测算所得的工程费，并规定为价格上限。以前，日本国家项目是不公布预算价格的，但现在决定中标者之后要公布预算价格。地方公共团体多数情况下事后公布预算价格，但也有事先公布的团体。当然，投标也不只以价格为基准，还须对照其他要素进行综合评价，选定中标者，方法称为“综合评价方法”。

一般合同签订后，发包方应支付给承包方一定数额的工程预付款。在日本，须交预付款的工程，一般指规模在50万日元至24亿日元之间，也有规定为100万日元以上的，其全由地方自主决定。预付款通常是工程预算价额的30%，其中土木建筑工程可达40%，但最多不应超过2.4亿日元。当政府的工程预付款达到2亿日元以上时，要由主管官员批准，地方则由知事批准。工程造价在50万日元以下或工期在两个月内的工程不支付预付款。

四、国外工程招标的特点与启示

（一）国外工程招标投标特点

西方发达国家建设工程招标制度的发展已有很长历程，有较成熟的制度，并在各领域普遍推行。主要有以下几个特点。

1 贯穿竞争、平等、公开、开放的宗旨

（1）在价格、质量、及时提供产品或服务等方面最大限度地满足招标采购人的要求，坚持报价最低或条件最优惠的投标人中标原则；

（2）促进和鼓励国内所有的供应商和承包商参与投标，并在一定限制内和鼓励国外的供应商和承包商参与投招标，以体现充分竞争；

（3）坚持给予所有参加投标的供应商和承包商以公平和平等待遇的原则；

（4）保证招标采购过程的所有参与人在其权利受到侵犯时能及时获得有效的法律救济手段。

2 对公共（政府及国有企业、事业）采购实行强制招标

对公共采购推行强制招标是绝大多数国家采购法律的又一个特点。普遍规定，凡是政府部门、国有企业以及某些对公共利益影响重大的私人企业进行的采购项目达到规定金额的都必须实行招标。美国和欧盟（包括各成员国）按传统的公共采购部门和公用事业部门的采购将其分为两类：

一是将传统公共采购部门的货物和服务招标限额按中央政府部门和其他公共采购部

门划分为两类；

二是将公用事业部门的货物和服务招标限额不同部门划分为两类。如美国法律规定，中央政府部门的货物或服务采购金额达到13万特别提款权的必须实行招标；欧盟法律规定，中央政府部门的货物或服务采购金额达到137537欧洲货币的必须实行招标。从种类和限额划分可以看出以下几个特点：

第一，货物与服务的招标限额是一样的，比工程的招标限额要低得多，一般后者为前者的十倍以上。

第二，在传统公共采购中，中央政府部门限额要比地方政府和其他公共采购部门的限额低。而在公用事业部门的采购中，水、能源和交通运输部门的限额要比电信部门的限额低，也就是说中央政府、地方政府比其他公共部门要严格得多。

第三，欧盟除了中央政府部门的货物和服务的招标限额与美国的相同，其他有关的招标限额都比美国的要低一些。

3　自由选择招标方式，但对谈判招标方式（议标）进行严格限制

法律对招标方式不作硬性规定，招标人可以根据实际情况选择招标方式，也就是说既可选择竞争性招标，也可以选择有限竞争招标方式，还可以采用谈判招标方式（议标），但都对谈判招标方式进行严格限制。比如作为指导各国立法的（示范法）规定，只有在以下情况下，才能采用谈判招标：

（1）招标人不可能拟定有关货物或工程的详细规格，或不可能拟定服务的特点，以为了使其招标获得详细最满意的解决。

（2）招标人为谋求签订一项进行研究、实验、调查或开发工作的合同。

（3）招标涉及国防或国家安全的。

（4）已采用竞争招标或有竞争招标程序，但未有人投标或招标人根据法律规定拒绝了全部投标，而且招标人认为再进行新的招标程序也不可能产生采购措施。

同时，法律规定，如果招标过程中招标人违反了有关规定，投标人可以要求招标者改正或对其行为作出解释，或请求仲裁，或向法院起诉，或要求审计总署（国会的一个机构）对有关事实作独立审计。通过这些行政的、司法的和仲裁的措施，有效地监管了招标法律规则的执行。瑞士的联邦政府委员会和英国的合同评审委员会，属于政府机构专门处理和仲裁招标投标纠纷部门。奥地利、比利时采购法律和欧盟《公共救济指令》及《公用事业救济指令》都对公共采购法律的监管进行了严格规定。总的原则是，对于招标过程中招标人的违法行为，投标人可以向成员国或欧盟委员会提出控告。如果违法行为发生在成员国内部的招标过程中，则由该成员国的行政或司法机关监管；如果发生在几个成员国之间，则由欧盟负责调查处理；如果成员国法院解决不了某一诉讼而需要欧盟作出解释，就应向欧盟提出申请，或者直接将案件移交欧洲法院审理。奥地利由行使独立权力的联邦采购办公室负责对招标采购进行监管，该局首席长官由总统任命，有权调查处理招标采购过程中的违法行为，但受到奥地利宪法法院和欧洲法院的

制约，即当事人不服其处理决定时，可以向这些法院提起上诉。比利时的招标采购法律执行的监管主要由公共市场委员会负责。此外，还通过审计等财政监控对招标采购程序进行严格监督。

（二）国外工程招标投标启示

基于上述招标投标特点，美国、欧盟、日本等发达国家工程招标投标发展的成功经验对我国工程招标投标市场发展的启示如下。

1　制定完善的招标投标法律、法规

多数国家都重视制定符合本国特点的招标法律、法规，以统一国内招标办法，如英国的招标法规和法国使用的工程招标制度等。规范包括较高层次的基本法律和较低层次的实施办法、规则、细则等。法律、法规对技术领域的公共规则、参加竞争的共同规则、质量选择标准、授予合同的标准等均有规定，特别是对技术标准的规定更详尽。招标时必须遵照执行，别无选择。

另外在政府采购方面，政府采购法律、法规是市场经济国家以及有关国际组织的基本法律制度之一。英国早在十八世纪就制定了有关政府部门公用品招标采购法律。澳大利亚1901年就在有关法律中对政府采购作出原则性规定，并以此为依据制定《联邦政府采购导则》等法规。奥地利在1989年制定了一个供内部使用的公共采购规则，直到1994年才正式以法律形式公开实施。美国在30年代初就制定《购买美国产品法》，并先后制定和颁布了《联邦财产与行政服务法》、《联邦采购政策办公室宪法》、《合同争议法》以及与招标采购有关的《小企业法》。为实施这些法律制定了一系列实施细则，如《联邦采购规则》、《联邦国防采购补充规则》等。1991年和1994年意大利议会分别通过了109号法令和406号法令，对本国的公共采购行为作了专门的规定。瑞士于1991年根据关贸总协定的有关规定和本国的实际情况制定和颁布了《公共采购法》，确定除铁路、邮电等部门外，所有联邦政府部门的公共采购行为均遵守这部法律。比利时于1993年通过了《关于公共市场和一些为公共市场服务的私人市场的法律》，规定了公共采购的大体框架，并授权国王就具体事项制定法令；1996年又颁布了两个关于传统公共采购和公用事业单位采购实施措施和程序的皇家法令。

国际组织也相继制定颁布了采购或招标采购法律。世界银行为规范借款国的招标采购行为，1981年颁布了《世界银行借款人和世界银行作为执行机构聘请咨询专家指南》；1985年颁布了以强化对招标采购的严密监管而著称的《国际复兴开发银行贷款和国际开发协会信贷采购指南》。欧盟在《成立欧洲经济共同体条约》的指导下，相继制定了有关政府采购、工程、服务和公用事业等方面的招标规则。联合国贸易法委员会为促进国际贸易法律的规范化和统一化，于1994年颁布了《货物、工程和示范法》，以指导各国特别是发展中国家的招标采购立法。1994年关贸总协定最终达成了《政府采购协议》。

目前世界范围内招标采购立法及其实践出现了新的发展趋势：

一是在法律规定上做若干修改，着眼点是要使招标采购当事人的利益在世界自由贸易中得到保障，但程序规定不一定做大的改动；

二是突出强调公共采购要更多地选择商业市场上已有的商品；

三是注重通过国际电子网络系统进行招标采购，这样可以大大节省编写招标、投标文件和传递这些文件的时间，进一步提高招标效率，称为“无纸办公目标”；

四是开始改变单纯从过去的老客户中选定投标人的做法，注重从新的客户中选定投标人，因此有必要重新拟定“合格供应商和承包商永久名单”；

五是要在法律程序上更加重视协商、仲裁和调解手段在解决纠纷中的重要性，切实减轻对簿公堂造成额外成本。

2 关注招标国际惯例

各国的具体国情决定了本国工程招标投标制度。但建设工程招标投标制度是一种典型的市场经济法律制度，因而各国的具体制度就必然会或多或少地反映出市场经济社会的普遍要求和一般规律。例如：各国一般都肯定了统一开放、公平竞争的工程招标原则，规定了严格的工程招标程序，设有专门的政府机构对工程招标投标活动进行必要的宏观监管和微观规制等。这些共同特点的存在为建设工程招标投标国际惯例的产生提供了可能。在长期的工程招标交往中，国家间、地区间在工程招标投标方面产生了统一条件、协调规范的需要，从而逐渐形成了一些习惯做法。特别是第二次世界大战以后，随着建设工程招标投标得到空前的大规模应用，国际上建设工程招标投标趋同倾向日益明显。一些有影响的非政府组织和学术机构根据实践需要和经验制定的国际通用的建设工程招标投标程序、规则、合同条件和技术标准等，得到了世界上许多国家和地区的承认和采用，从而形成了一些非常重要的国际惯例和通行做法。在国际工程施工招标采购方面，目前世界上运用得最广泛、影响最大的国际通用的标准合同条款，主要有两个：一个是英国土木工程师学会（ICE）制定的《土木工程施工合同条件》（简称ICE合同条件）；另一个是国际咨询工程师联合会（FIDIC）制定的《土木工程施工合同条件》（简称FIDIC合同条件）。FIDIC合同条件国际咨询工程师联合会在ICE合同条件的基础上补充修改而成的。

以欧盟和美国为例，欧盟的存在不仅促进了成员国经济的一体化，而且也促进了成员国招标采购法律的一体化。各成员国的招标采购法律基本上是欧盟规则的具体实施，在大的原则规定方面已经没有差别。美国和欧盟一起参加世贸组织《政府采购协议》后，根据《协议》的规定对自己已有的招标法律、规则进行修订，因而有的“差距”已越来越小，这大大促进了美国和欧盟间招标采购法律的统一。

3 设立专门机构，实行职业化管理

由于招标投标工作任务量大，招标采购专业性又很强，所以建立招标采购机构，培养专业采购人员，是有效运用法律，提高采购效率的有力保证。例如，在政府采购方面，目前在欧盟及世界范围内从事公共采购的职业已经成为与律师、会计师一样重要的专业化社会职业。首先，设立专门的进行政策导向和协调的综合性管理部门，如瑞士、意大

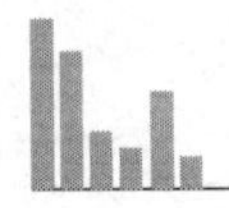

利、英国政府都是这样做的。美国早在1969年就成立了政府采购委员会，在这个委员会的建议下，于1974年又建立了一个权力高度集中的联邦采购政策办公室，主要负责制定影响采购活动的总政策，确保政府财政资金在采购中得到恰当多保留，如在公用事业采购方面，美国就不对欧盟开放其电信领域的采购市场。联合国贸易法委员会《示范法》也规定允许招标采购中给予本国投标人一定的优惠，但没有做具体规定。

4　保证招标机构和人员相对稳定

建设工程发包的主要方式是招标投标。公共采购比较发达的国家和地区一般都拥有相对稳定的专门化的招标采购业务和从业人员。各国的中央政府、地方政府和政府部门以及国有企业和对公共利益影响较大的某些私人企业，通常都设有专门的采购机构，在国家宏观采购政策的指导下，分别从事本地区、本部门、本单位的采购业务，并拥有一支业务素质较高的庞大的专业采购队伍。如在美国，联邦政府每年有2000亿美元财政预算用于公共采购。为恰当、有效地控制公共采购资金，美国在1969年成立了政府采购委员会，1974年又设置了联邦采购政策办公室。

5　健全招标监管体系

各国一般都建立了具有本国特色的招标监督管理体系。如在美国，1990年成立的联邦采购规则委员会负责监管联邦公共采购法律的实施。主要成员是一些采购任务比较重的重要部门的负责人。联邦政府各部门通常还设立一个独立的监察办公室，专门负责审定是否需要对本部门公共采购采取纠正措施。世界银行的《世界银行借款人和世界银行作为执行机构聘请咨询专家指南》，旨在规范借款国的招标采购行为。而世界银行先后已修订了4次的《国际复兴开发银行贷款和国际开发协会信贷采购指南》，则突出和强化了对招标采购的严密监管。在招标过程中，如果招标人有不当行为或违法违规的，投标人享有要求解释、仲裁，或向法院起诉的权利。

西方发达国家和国际组织不仅重视招标采购法律的制定，同时更加重视招标采购监管体系的建立和完善。美国于1990年成立了联邦采购规则委员会，负责监管联邦公共采购法律的实施。这个委员会的主要成员由采购任务较多的重要部门负责人组成，如联邦采购政策办公室主任、国防部长、宇航局局长及总服务局局长等都是委员会的成员。联邦政府各部门还设有由一名监察长领导的独立的监察办公室，负责审定是否需要对本部门公共采购采取纠正的合同。

急需获得该货物、工程或服务，采用竞争或有限竞争招标程序不切实际，但条件是造成此种紧迫性的情况并非招标人所能预见，也非招标人办事拖拉所致。由于某一灾难性事件急需得到该货物、工程或服务，而采用其他招标程序因耗时太久而不可行。美国、奥地利、比利时等国家的法律规定，采用谈判招标，一般情况下也必须引入竞争机制，即至少有三家以上供应商或承包商参加投标谈判，而且都必须事先公布招标通告和中标结果，以便其他投标人询问原因直至向行政或司法部门提出异议或诉讼。招标过程中，招标人与投标人可以就价格等实质性内容进行协商，一般情况下不需开标（也无标可开），谈判后直接决定中标结果。

第七章

有效最低价评审办法

招标投标制度由来已久，是市场经济条件下的必然选择。改革开放以来，我国工程建设数量急剧增加，市场利益主体多元化快速发展。特别是表现在工程招标投标过程中，钱权交易、利益输送的现象也常见诸媒体。工程招标投标是一项复杂的工程，控制不好，不仅容易产生腐败，而且工程造价提高，质量得不到保证。如果采取科学的招标投标办法，既能提高经济效益节省成本，又能提升工程建设质量，保证工程进度。因此，研究工程招标的科学办法，具有十分重要的意义。

一、办法出台背景

（一）工程招标的法治化背景

1 工程招标法治化建设的沿革

我国工程招标法治化建设经历了三个阶段：

第一阶段：鼓励招标阶段。随着改革开放的深入，我国法制建设逐步完善。计划经济年代由国家统一安排工程建设的做法正逐步依市场规律办理。为了规范市场行为，国家逐步出台了一系法律、法规和规章，希望把工程招标纳入法制化建设的轨道。1984年9月18日国务院颁布了《关于改革建筑业和基本建设管理体制若干问题的暂行规定》，其中第二条规定“大力推行工程招标承包制。要改革单纯用行政手段分配建设任务的老办法，实行招标投标。由发包单位择优选定勘察设计单位、建筑安装企业。”在国务院这一政策的鼓励下，深圳特区率先开展工程招投标，并获得了巨大的成功。

国务院《关于改革建筑业和基本建设管理体制若干问题的暂行规定》，明确了工程招标的相关要求。同年，城乡建设环境保护部和国家计委共同颁布了《建设工程招标投标暂行规定》，这是我国第一部工程招标的部门规章，这个规章的出台标志着我国工程招标开始进入法治化管理的轨道。1985年6月14日，国家计划委员会、城乡建设环境保护部又颁布了《工程设计招标投标暂行办法》，目的是使设计技术和成果作为技术商品进入市场，打破地区、部门界限，开展设计竞争，防止垄断，更好地完成日益繁重的工程设计任务。此后陆续出台了各种配套的规章和政策，改变了传统的直接采购和行政分配方式，使工程设计、施工的承揽方式发生了根本性的改变，为建立“公开、公平、公正”的建筑设计、施工市场迈出了坚实的一步，由此招标投标活动在全国全面展开。

第二阶段：必须招标阶段。20世纪90年代，建设工程招投标制度在法制化、规范化、标准化的道路上又迈开了一步。1992年建设部颁布了《工程建设施工招标投标管理办法》（建设部第23号令），该办法第二条指出，“凡政府和公有制企、事业单位投资的新建、改建、扩建和技术改造工程项目的施工，除某些不适宜招标的特殊工程外，均应按本办法实行招标投标。”这一规定明确了在一般情况下，凡由财政支出的建设工程必须进行公开招投标。而且进一步规定，招标投标不受地区、部门限制，必须坚持公平、等价、有偿、讲求信用的原则。《工程建设施工招标投标管理办法》（建设部第23号令）第三条指出，施工招标投标，应当坚持公平、等价、有偿、讲求信用的原则，以技术水平、管理水平、社会信誉和合理报价等情况开展竞争，不受地区、部门限制。

在国家关于建设工程招标投标法治化建设的指导下，我国各省市自治区政府也都出台了相应的地方规章，1993年11月6日，湖北省人民政府颁布了《湖北省建设工程施工招标投标管理办法》，而且对工程招标投标的范围进行了明确规定。第二条指出，“凡列入我省固定资产投资计划的建设项目，包括经国家和地方批准建设计划的预算内项目、自筹资金项目、技措项目以及各种形式的中外合资项目（外商独资项目另行规定），除某些不适宜招标的项目外，均应按本办法的规定实行招标投标。”在国家建设部和省人民政府规章的指导下，各地建立了建设工程招投标的行政监督管理机构，建设工程招投标体系基本建立。

第三阶段，规范招标阶段。20世纪90年代末至21世纪初期，1999年8月30日，中华人民共和国九届全国人大常委会第十一次会议审议通过了《中华人民共和国招标投标法》（以下简称《招标投标法》），并于2000年1月1日起施行。这部法律的出台，对于工程招标投标具有里程碑意义，标志着我国工程招标投标市场进入到规范招标阶段。至此，在工程招标投标市场管理上，我国迈出了和世界接轨的重要一步。

《招标投标法》的颁布实施也标志着我国建设工程项目的招标投标活动开始真正进入到法制化管理的轨道。随着《招标投标法》的广泛实施，建设工程市场普遍采取招标投标的采购办法，涉及财政资金的项目建设工程管理逐步规范和完善，政府监管部门相互协作配合逐步加强，行政监督、纪检监察力度日益加大，各地建设工程交易中心的运行管理开始逐步迈入法治化轨道。我国建设工程项目的招标投标从常规的工程土建，逐步扩展到了道路施工、桥梁建设、装饰装修、材料设备采购、监理聘请等领域。

但不可否认的是在工程招标投标过程中，仍然存在着地方党政领导干部干预招标投标的现象，建设工程招标投标管理部门个别人员受贿索贿，建筑施工企业采取现金、美色向个别人员进行行贿的现象。这些问题，应当如何依法加强管理并克服，成为建筑工程管理部门思考的重要课题。

第四阶段，深化改革阶段。2013年11月，党的十八届三中全会召开，会议提出，要“坚持稳中求进的工作总基调，着力稳增长、调结构、促改革，沉着应对各种风险挑战，全面推进社会主义经济建设、政治建设、文化建设、社会建设、生态文明建设，全面推进党的建设新的伟大工程”。那么，改革的着力点在哪里呢？党的十八届三中全会要求，“坚持用制度管权管事管人，让人民监督权力，让权力在阳光下运行。”在工程建筑领域，落实党的十八届三中全会精神，关键是由原来的“注重审批，减轻监管”的思路转变为“简化审批，加强监管”。

2014年5月4日，住房城乡建设部为贯彻落实党的十八届三中全会精神，推进建筑业改革发展，保障工程质量安全，颁布了《关于开展建筑业改革发展试点工作的通知》，该通知体现了响应、贯彻和落实党的十八届三中全会精神的主旨思想，突出在工程建筑领域管理上“简政放权”的行政管理思路，在工程建筑领域管理上，就是要加强建设过程中施工质量监管，以及工程完工后的建筑质量监管追责。

在“简政放权”的总体指导思想上，《关于开展建筑业改革发展试点工作的通知》进一步明确了放开对非国有资金投资项目必须进行招标的限制，赋予非国有资金投资项目的自主招标决策权，允许这种类型的项目自由选择是否进行招投标，是否进入建设工程交易中心。由业主对其选择的建设工程单位承担责任。同时，强调要进一步加强对使用国有资金建设的招标投标、项目实施的监管力度。通过管理，使整个工程建筑招标更加规范、程序更加公平、结果更加公正。

该《通知》的发布，既促进了我国建设工程招标投标工作的规范发展，使工程建筑领域的发展更加开放、活跃、健康。同时，对于政府招标投标行政监管管理工作提出了新要求，如何采取科学的方法，实现“招标更加规范、程序更加公平、结果更加公正”。为了实现这一目标，湖北省公安县公共资源交易监督管理局，受湖北省公共资源交易监督管理局的委托，进行了大胆的探索。在工程招标投标管理中，探索出了有效最低价评审办法。

2 工程招标法治化建设的要求

《中华人民共和国招标投标法》第五条规定，“招标投标活动应当遵循公开、公平、公正和诚实信用的原则。”这一原则既是对投标人的要求，也是对招标人的要求；既是关于招标投标过程必须遵循的原则，也是招标投标的结果显示。因此，政府部门在招标管理过程中，必须依据这一原则实行制度建设和制度创新。同时，通过制度建设和制度创新，实现“公开、公平、公正和诚实信用”的结果。那么，如何实现“公开、公平、公正和诚实信用”呢？

（1）招标管理规范

“管理规范”必须公开，接受社会监督。因此，应做到以下几点。

第一，必须符合《中华人民共和国招标投标法》及相关法律、法规和规章的规定，对任何符合条件的投标主体一视同仁；

第二，必须能够通过制度建设，从具体操作上解决招标投标领域存在的借用市场主体资质、围标串标、虚假招标等突出问题；

第三，必须能够通过制度建设，从操作上保证同等建设质量情况下，最低报价者中标；

第四，必须通过制度建设，保证把不符合客观实际的恶意报低价格，中标后可能影响工程质量和进度的市场主体拒之门外；

第五，必须保证建筑工程招标工作机制简单明确，可操作性强，没有歧义，能对外公开发布。

（2）招标程序公平

“程序公平”是《中华人民共和国招标投标法》规定的原则之一，如何才能体现程序公平呢？必须保证以下几点：

第一，每一个符合工程承包条件的企业都可以自由地申请投标；

第二，每一个符合工程承包条件并参与投标的企业都有获得中标的可能性；

第三，每一个参与投标的企业，在评标过程中都可以得到公正的对待。即每个评委能做到只依靠评标规则，而完全不知道被评审对象是谁，也不用考虑标书以外的任何因素。

（3）招标结果公正

“结果公正”是检验招标活动是否成功的最终标志。只有结果公正才能说明招标活动获得了成功，才能证明招标的方法具备科学性。因此，“结果公正”必须体现在以下几个方面：

第一，中标企业的标书必须是有效标书。所谓有效标书是指申报企业申报的每一项单价都在市场价格的正常范围内，不高于市场的最高价，不低于市场的最低价。这样才能保证招标企业完成工程的可能性，而不会因为先低价中标，在施工中，或提出调价而发生不应有的纠纷，或偷工减料而影响工程质量，或在材料上以次充好而埋下隐患。

第二，中标企业投标的总价款在全部有效标书中处于最低价位。这样表明，对于中标企业而言可以正常完成施工。而对于招标企业而言，在保证正常完成施工的同时，价格最低可以节省成本。

第三，中标企业的工程质量保证达到设计标准，经过第三方公正的验收确保合格。施工方和验收方都能接受终生追究责任的约束。

3　工程招标法治化建设的规范

（1）面向社会公开招标。《中华人民共和国招标投标法》第五条规定，“招标投标活动应当遵循公开、公平、公正和诚实信用的原则。”公开是工程招标法治化建设的重要内容，因此，招标工作必须面向社会公开进行，需要在媒体上公开发布招标公告，让社会相关主体知晓，让社会投标主体有充分的自主选择权。

（2）招标评审实名签字。招标投标活动一个很重要的原则是公平、公正，是否做到了公平公正，只有评标人心中有数，但往往评标人谁也不会自己承认不公平，纵使是完全脱离公平的评标谁也不愿承认。那么，如何加强监管促进每位评标专家能做到公平、公正呢？最好的方法是让评标专家实名签字，以示负责。

（3）评审承诺终生追责。评标专家受招标方的委托对投标的标书进行评审，应当做到客观、公平、公正，不允许掺杂感情因素。因此，必须采取必要的措施，督促评标专家客观、公平、公正地开展评标。最好的方法就是对评标专家实行终生追究责任的办法。

（二）工程招标的市场化背景

1　建设工程招标已成为强制要求

《中华人民共和国招标投标法》第三条规定，“在中华人民共和国境内进行下列工程建设项目包括项目的勘察、设计、施工、监理以及与工程建设有关的重要设备、材料等的采购，必须进行招标：（一）大型基础设施、公用事业等关系社会公共利益、公众安全的项目；（二）全部或者部分使用国有资金投资或者国家融资的项目；（三）使用国际组织或者外国政府贷款、援助资金的项目。”招投标法的这一规定，明确告诉社会，凡是公共设施建设，或使用国有资金、国际组织贷款建设的项目，无论是勘察、设计、施工、监理、采购都必须招标。这是法律作出的强制性规定，而不是可选择的任意性规定。因此，所有除私人投资以外的工程必须实行招标。

2 利益主体寻租已成为社会顽疾

在市场经济条件下，利益主体呈现多元化特征，需要有明确的法律规定保护合法的利益诉求，限制不正当的利益诉求。对此，我国制定了《中华人民共和国合同法》、《中华人民共和国招标投标法》对涉及各方的利益进行了明确的规定。但是，在工程招投标过程中，投标主体总是利用人类存在的私欲，或与投标主体中的相关人员进行勾结，或与投标主体进行串通，或违反诚信原则，先以超低价中标，再以各种理由进行预算调整，在一系列的利益交换中寻求结盟。特别是招标单位和相关人员，也会利用手中的权力进行寻租，不惜损害国家利益而获取个人利益最大化。为此，党的十八届四中全会《中共中央关于全面推进依法治国若干重大问题的决定》提出了“推行政府权力清单制度，坚决消除权力设租寻租空间”的决定。

3 客观公平公正已成为重大难题

党的十八大报告指出，“必须坚持维护社会公平正义。公平正义是中国特色社会主义的内在要求。要在全体人民共同奋斗、经济社会发展的基础上，加紧建设对保障社会公平正义具有重大作用的制度，逐步建立以权利公平、机会公平、规则公平为主要内容的社会公平保障体系，努力营造公平的社会环境，保证人民平等参与、平等发展权利”。在工程招标过程中，如何落实党中央提出的公平、正义？《中华人民共和国招标投标法》第五条已经明确做出了规定，但在具体落实中，却是一道很难解决的难题。纵观党的十八大以来查处的众多腐败案件，无不与工程建设有关。既然《中华人民共和国招标投标法》有规定，那么，为什么还会出现工程腐败呢？问题的关键是在具体的实施过程中，存在着许多难以确定的问题。一是主要领导干预工程建设，导致招标走过场。在已有的媒体报道中，这种情况不在少数；二是评标过程不规范，导致权力寻租。在我国权力寻租较为普遍，这也是党的十八大以来查处的重点。既有评标人员的权力寻租，更多的是招标单位或管理单位的权力寻租；三是串通投标或围标，导致不正当竞争。《中华人民共和国反不正当竞争法》第十五条规定，“投标者不得串通投标，抬高标价或者压低标价。投标者和招标者不得相互勾结，以排挤竞争对手的公平竞争”。然而，在实践中，某些中小城市的投标者，一夜之间借光全部资质参与投标的现象屡见不鲜，其本质就是串通投标。针对权力寻租、串通投标等问题，应当采取什么办法予以解决呢？可以说，这就是工程招标过程中的一大难题！

（三）工程招标的规范化背景

1　强力打击腐败已成为常态性

党的十八大报告指出，“坚持用制度管权管事管人，保障人民知情权、参与权、表达权、监督权，是权力正确运行的重要保证”。党中央的这一明确指示，开启了制度建设的新篇章。同时，党的十八大报告还指出，“反对腐败、建设廉洁政治，是党一贯坚持的鲜明政治立场，是人民关注的重大政治问题。这个问题解决不好，就会对党造成致命伤害，甚至亡党亡国。反腐倡廉必须常抓不懈，拒腐防变必须警钟长鸣。要坚持中国特色反腐倡廉道路，坚持标本兼治、综合治理、惩防并举、注重预防方针，全面推进惩治和预防腐败体系建设，做到干部清正、政府清廉、政治清明”。这标志着强力打击腐败已成为常态性，因此，建立科学的招标投标制度，通过制度建设防止工程建设中腐败行为的发生，成为新时期工程管理工作的一项艰巨任务。

2　公平公正公开已成为必然性

党的十八大报告指出，“必须坚持维护社会公平正义。公平正义是中国特色社会主义的内在要求。要在全体人民共同奋斗、经济社会发展的基础上，加紧建设对保障社会公平正义具有重大作用的制度，逐步建立以权利公平、机会公平、规则公平为主要内容的社会公平保障体系，努力营造公平的社会环境，保证人民平等参与、平等发展权利”。那么，如何实现公平、正义呢？就是要建立权利公平、机会公平、规则公平的制度体系。这种制度必然要具有公开性、透明性。为此，公平、公正、公开已成为制度建设的必然要求，也是社会发展的必然选择。

3　终生追究责任已成为制度性

党的十八届四中全会《中共中央关于全面推进依法治国若干重大问题的决定》明确提出，“建立重大决策终身责任追究制及责任倒查机制，对决策严重失误或者依法应该及时作出决策但久拖不决造成重大损失、恶劣影响的，严格追究行政首长、负有责任的其他领导人员和相关责任人员的法律责任”。中央的这一决策，成为构建官员重大决策终身负责制的指导性原则。

有权必有责是构建法治国家和法治政府的必然要求。法治是被世界上发达国家的实践所证明的最有效的治理国家的方式。推行法治的一个重要支点就是约束公共权力的滥用。权力必须与责任对等，“权责一致”是现代文明国家一个普遍的法治原则。有权无责、权大责小都是与法治精神相违背的。任何公务人员手握权力的同时，就要对权力抱有敬畏之心、戒尺之心，做到“权为民所用，利为民所谋”，牢固树立用权须有责的思想。

在工程建设领域，实行公务人员终身追责制符合我国工程建设市场的现实情况，是建设社会主义法治国家在工程建设领域的必然举措。为此，建立科学的招标评审方法，既是对国家负责，也是对工程管理部门、项目评审专家负责的必然之举。

二、评审目标理念

《中华人民共和国招标投标法》经过多年的贯彻执行，已经取得了明显的成效。全国各地在工程招标过程中，都探索出了一些招标的办法。那么，湖北省公安县为什么还要研究工程招标办法呢？希望达到什么目的呢？

纵观国内工程招标的实践，仍然存在着一系列问题。在资格审定中，保护本地投标人而歧视外地投标人；在评标过程中，保护有关系的人，而打击没有关系的人；在评标结果上，体现为选择贵的标书不选择对的标书。为此，湖北省公安县一直致力于找到一种客观、公正、科学的工程招标评审办法。

（一）贯彻公平公正理念

1 保证让每一位投标人有平等的中标机会

公平既包括结果公平，也包括过程公平。机会公平是最基本最起码的公平，工程招标应当以能形成充分有效的竞争环境为首要前提，能让足够多的投标人在平等的地位参与投标，能让各投标人充分发挥而且只能利用自身优势谋取中标为最终目的[①]。整个投标规则应当体现为让那些经济实力、技术实力强的企业能有机会参与投标。在招标评审中，给每一个投标者相同的中标机会，只要能保证同等工程质量，价格低者就应该中标。我们制定工程招标办法，就是要贯彻落实这种理念，通过制度约束，保证让每一位投标人有平等的中标机会。

2 保证让每一位评标人有可行的评标标准

评标专家虽然贵为专家，但每个人都有自己的本职工作，不可能花很多时间来反复研究工程评标的具体办法和标准。那么，如何让评标专家能简单明确地按照评标的具体办法和标准进行评审操作呢？这就要求评标的具体办法和标准通俗易懂，操作起来简单容易。湖北省公安县本着这一理念，反复研究工程招标评标办法，并把这一理念贯穿于工程招标评标办法实践的始终。

3 保证让每一位中标人有诚信的履约动力

工程招标只是工程管理工作的第一步，其最终目的是要保质保量地完成工程施工。在工程实践中，个别投标人为了中标，不惜以超低价格中标。工程中标后，在施工过程

① 陈刚．建设工程招标文件不公平的表现形式及对策研究［J］．建筑经济，2016（10）：39–42.

中，以各种理由要求招标方调整预算，增加工程款项。当招标方不予考虑时，或以中途停工相要挟，或以财物贿赂相关人员，不仅影响工程质量和进度，而且破坏了市场的诚信原则，成了引发腐败的源泉。

为此，科学的工程招标办法，绝对不仅仅是工程价格最低的办法。必须做到既使工程款较为节约，也能做到在正常的管理和施工情况下，投标人有相应的利润空间。只有这样，才能保证中标人有诚信的履约动力。

（二）克服已有办法不足

1 克服评价标准过于抽象无法操作的难题

在现有招标评审标准中，存在的普遍问题是评审标准过于抽象，缺乏可操作性。这样，势必导致评标专家陷入无法操作的境地，或随意打分不能让应当中标的人中标，或给权力寻租留下腐败的空间，既增加工程成本，又留下工程质量不达标的隐患。

为此，科学的评审办法必须具备具体性、明确性、可操作性的特点。从理论上讲，在一个工程中，从价格、质量、信誉多方面考量，只有一个投标人是最适合的中标人。也就是在所有投标者中，中标者必须具有唯一性。

2 克服评价标准过于灵活主观操作的弊端

在现有招标评审标准中，同样存在评审标准过于灵活的问题。从理论上讲，这样有利于发挥评审专家的主观能动性，但在监督机制尚不健全，评审人员的思想觉悟参差不齐时，面对纷至沓来的人情关系，如果缺乏科学的评审标准作为约束，评审的结果必然会受到外界多种因素的影响。

为此，科学的评审办法必须是可以通过客观的标准，排除一切外来干扰，把人为因素控制在最小范围内，而评审专家只需要以标书本身作为评审的唯一依据。

3 克服中标价格过于偏低无法履约的顽疾

在现有工程招标过程中，普遍采用最低价中标法，但最低价中标法存在致命的缺陷。目前在地方政府和国企的招投标中，大量以最低价中标的方式进行，这种做法的初衷是为了防范腐败和利益输送。但在无序竞争的背景下，却逐渐腐蚀了企业追求品质、勇于创新和形成适当的行业集中度的土壤[①]。最低价中标的一个可能性是存在“说得好听却做不到”的问题，也就是不按采购合同履约，这样的供应商往往是基于对政府部门验收水平不高的预计，才敢于试险[②]。最低价中标还带来复杂的社会问题，这集中体现在基建和

① 钟伟. 最低价中标是貌似善举的恶行［N］. 第一财经日报，2016-01-07.

② 陈钺. 浅议最低价中标及如何避免或有问题［OL］. 湖北省政府采购中心，http://www.hubeigp.gov.cn/hbscgzx/139255/139271/139511/155111/index.html.

地产行业。最低价中标往往使承建商无利可图甚至赔本吆喝，承建商的应对手段往往是工程停建、恶意拖欠薪酬等。最低价中标往往从单纯的经济纠纷，发酵成社会问题①。

为此，科学的招标评审办法，必须让中标者价格上做得起，工程施工完成后有合理的利润可得。正常的价格，是对他人创新和劳动的一种尊重，同时也是对经济规律的尊重。科学的招标评审办法，必须能够克服中标价格过于偏低导致无法履约的顽疾。

（三）简单明确操作性强

1 让评标专家一看就懂

在工程招标中，科学的评审办法并不是复杂的让人看不懂的规则，而应当是让人一看就明白的简单的操作方法。因此，在制定工程招标评审办法时，应当使所有人都能一看就懂。既节省了评审人员的时间，又可以避免因专家专业不同，而导致的难以看懂评审规则所带来的麻烦。

2 让评标专家操作简单

操作复杂是评标过程中的一道难题，按照常规的评审程序，评标专家一般是从专家库中抽取，由于每个专家并不是经常参与评标，而且每个部门评标的规则又会存在差异。因此，每次评标专家都要花上不少的时间研究评标规则。这既浪费时间，又不能保证每个评标专家完全能弄懂评审规则的本意。为此，科学的评审办法，必须是让评标专家能够简单操作的办法。

3 让评审结果没有歧义

在工程招标评审中，如果评审结果出现歧义，不仅会影响到评审结果的权威性，还会影响到社会的稳定性。为此，科学的评审办法，必须是评审结果能得到大家的一致公认，也就是没有歧义。这也是工程招标评审过程中，客观、公平、公正的内在要求和原则体现。

三、评审具体规则

（一）有效最低价评审法的概念和特点

1 有效最低价评审法的概念

依照《中华人民共和国招标投标法》的规定，现有的招标评审办法主要有三种。即：综合评价法、经评审的最低投标价格法和法律法规允许的其他方法。法律法规并没有给出这三种方法的概念。根据理解，可以分别界定如下。

（1）综合评价法

《中华人民共和国招标投标法》第四十一条规定，中标人的投标应当符合下列条件之一：（一）能够最大限度地满足招标文件中规定的各项综合评价标准。据此，综合评价法就是在工程招标中，运用多个指标对投标单位进行客观评价，并综合考察确定中标单位的方法，称为综合评价方法。工程招标综合评价的核心是重点考察投标单位标书的主要指标，并进行多元化评价得出综合结论的评价过程。

综合评价法重点考察投标单位标书的以下内容：

第一，工程报价。投标单位的报价是重点考察的内容之一，报价既不能太高也不能太低。报价太高预示着招标单位将付出更高的成本，不符合经济的原则；报价太低预示着投标单位可能获得的利润很低，甚至低于成本必然亏损。那么，说明投标单位缺乏应有的诚意，难以依约履行合同。其结果应当是恶意竞争的产物。这种中标必然面临着两种结果：或纠纷不断，反复停工要求调价，以致拖延工期；或工程粗制滥造，材料以次充好，使工程质量难以达到设计要求，埋下豆腐渣工程的隐患。

第二，企业信誉。企业信誉是企业立足于社会的根本，也是招标单位需要重点考察的内容。企业只有具有良好的信誉才可能履行约定的义务，一旦企业有了不良信誉记录，其履约的诚信度令人怀疑。

第三，清单子目报价。清单子目报价是工程项目价格的具体化，既不应该高于相应子目的最高投标限价，也不应低于市场合理价。只有在适宜的范围才能称得上是清单子目报价合理。

（2）经评审的最低投标价格法

《中华人民共和国招标投标法》第四十一条规定，中标人的投标应当符合下列条件之一：能够满足招标文件的实质性要求，并且经评审的投标价格最低；但是投标价格低于成本的除外。据此，经评审的最低投标价格法即经过评标小组的评审，能够满足招标文件的实质性要求，以投标价格最低为中标。

经评审的最低投标价格法的核心有三点：

第一，能够满足招标文件的实质性要求。即符合招标的基本要求和条件，投标企业有相应的资质等级，有相应的技术人员和技术能力。这就要求招标人不仅要审查承包商的资质、人员等证件性质，而且应该将资格预审的范围扩大，对投标人进行实地考察①。包括投标人的施工业绩，在建和已完工程的质量、进度、费用、信誉等情况，全面了解投标人的施工技术实力和财务状况。

第二，能够认真履行合同义务。招标只是为完成工程做的最基础的准备工作，有些企业以低价中标后，或对工程实施转包，不能保证工程进度和质量，或不完全按合同约定履行义务。为此，工程招标委员会必须对其报价是否低于其成本进行分析、评判，是

① 仲光天，郭鹏，李晓东．关于“经评审的最低投标价法”的应用思考［J］．青岛理工大学学报，2006（2）：56–58.

否有可能完全履行合同。从而确定合格的中标人，控制好投资风险。

第三，能够提供工程保险和担保。低价中标及工程建设活动有着难以克服的固有风险，必须要求中标企业购买工程保险或为工程提供担保[①]，从而从法治化的角度为工程的质量、进度提供有效保证。

（3）有效最低价评审法

有效最低价评审法是指中标人的投标标书应当同时满足招标文件所规定的资格审查条件和商务标、技术标的评审要求，经过评审委员进行子目分解计算，各项指标不低于偏离阀值，且投标总价格为最低。

有效最低价评审法是《中华人民共和国招标投标法》和国家发展改革委《评标委员会和评标方法暂行规定》（七部委令第12号）第二十九条规定的法律法规允许的其他方法之一，这一方法的核心有四点：

第一，以国家评标办法为基础。有效最低价评审法是在《湖北省建设工程工程量清单招标评标办法实务》的基础上研究完善而成的一套评标方法。经过研究认为，该实务中有3个难点：一是要求招标人必须编制项目标底；二是该实务中有许多述语表述不易读懂；三是存在不平衡报价、串通报价的操作空间。为此，有效最低价评审法结合实际进行了改进。

第二，以科学的方法甄别有效标书。为了甄别有效标书和无效标书，公安县制定的《公安县施工招标有效最低价评标方法》，专门针对2000万元以下项目，以《湖北省建设工程工程量清单招标评标办法》（鄂建［2004］65号）为基础版本，结合多年招标实践，进行了多处修改和完善；针对2000万元以上的项目，以国家住建部《房屋建筑和市政工程标准施工招标文件》（2010年版）为依据，制定了《公安县施工招标经评审的最低投标价法补充文本》。这两个文本都规定在国家部委和湖北省招标办法的基础上，重点修改了一些关键性的内容。

第三，以创新的方法完善操作规程。公安县分别根据招标工程的规模，结合实际对国家招投标法的原则规定进行具体细化，以达到科学管控，有利操作，优胜劣汰的目的。

《公安县施工招标有效最低价评标方法》改进的关键有两点：

① 不强求招标人编制标底，但需编制总价及清单子目控制价；

② 定义评审样本、偏离阈值、亏损值等概念，插入公式，让表述更加简洁、直观。

《公安县施工招标经评审的最低投标价法补充文本》的改进关键有三点：

① 对价格折算因素列出了清单，并对折算总额进行了限制；

② 列出了成本警戒线计算式；

③ 简化、修改了价格因素合理性分析和修正的原则、方法。

第四，将感觉式的定性评审改为量化评审。通过各种公式的计算，可以科学定量地

---

① 刘庭．浅谈经评审的最低投标价法［J］．科技情报开发与经济，2009（18）：195–196.

甄辨出有效标书和无效标书，从而为进一步评选出价格低，而又不至于低于成本价，使工程质量能得到保障的有效最低价的标书打下基础。

2　有效最低价评审法的特点

（1）立足工程成本评审，有利于促进投标企业改善管理

纵观国内招标评审的方法，有代表性的有合肥市的“有效最低价评审方法”，上海市的“最低合理价评审方法”，以及《公路工程标准施工招标文件》中的“合理低价法”。这些方法，可概括为“经评审的最低投标价法”。这些方法都不同程度地存在着难以克服的缺陷。合肥市的“有效最低价评审方法”是指中标人的投标标书应当同时满足招标文件所规定的资格审查条件和商务标、技术标的评审要求，且投标价格应为最低。这种方法因为选择的是最低价格中标，因此，具有节约资金的特点。但是，这种方法忽视了工程成本的因素，容易使投标方为了中标不惜以成本价中标，或工程质量难以保证，或导致后期因调价引发矛盾。

上海市采用的是“经评审的合理低价法”，在评标中先对入围投标人的投标报价由低到高依次排序，剔除投标报价最高的20%家（四舍五入取整）和最低的20%家（四舍五入取整），然后进行算术平均，计算得出一个平均价，并下浮一定比例后得出合理最低价。这种方法有其合理性，但仍然具有较强的主观性。其表现在剔除投标报价最高和最低的投标者，缺乏合理的依据。因此，经过计算出来的平均价是不是合理价，具有不确定性。

《公安县施工招标有效最低价评标方法》在评价无效标书时，剔除了人为因素，采取的是分别按同一清单子目报价，取各投标人自己报价加上招标人给出的限定价进行平均，再乘以下浮经验系数，得出同一清单子目价标准，不在这一标准范围内的作为无效标书。因此，评审的重点在于工程各个子目的成本。那么，投标企业为了获得工程中标，不能仅从某一个方面来降低成本，而是必须全方位改善管理，全面提升管理水平，从而降低工程成本。

（2）立足客观价格评审，有利于简化成本价格计算过程

工程招标最难处理的是工程价格，到底应该是多少为合理？虽然很多招标企业进行了大量的成本计算，但是这种计算是否准确呢？可能具体计算的人也难以说清。往往在招标和投标中，最难把握的就是工程价格的计算，既繁琐又难以计算准确，特别对不平衡报价和价格畸形的识别。不平衡报价以及价格畸形的产生是出于承包商有意、无意、善意、恶意等不同原因组合而成的，而在评标过程中评标委员会和发包人很难按投标人所抱有的投标态度进行判断和界定[①]。如何克服这一难题呢？

公安县制定的有效最低价评价法，对于各个子目的价格既不是招标方提供的价格，也

① 谢思聪，高平. 工程招标中价格畸形的识别与规避［J］. 工程管理学报，2016（5）：23-28.

不是某一个投标方提供的价格，而是一个招标方和投标各方报价的综合价格。既考虑到了招标方提供的价格，又考虑了参与投标各方的报价，最后得出来的价格应当说一是个比较客观合理的价格。即使招标方提供的价格不完全准确，也不会影响工程的最终造价。

（3）立足标书定量甄别，有利于克服人为主观因素干扰

在传统的工程招标评审中，往往凭评标专家的个人感觉确定由谁中标。而评标专家一般评审时间很短，而工程标书很复杂，每位专家基本上不可能在短时间内完全看懂各个标书，并准确地比较出优劣。因此，找到一种客观的评审办法是非常必要的，也是克服人为主观因素干扰的有效办法。

公安县制定的有效最低价评价法利用马克思政治经济学中的社会平均劳动时间和效率原理，采取的是社会平均价格法，利用各个投标人自己对工程子目的报价和招标人对工程子目的报价，进行计量处理，把有效标和无效标区分开来，在甄别和剔除无效标的前提下，进行价格排序，从而能完全克服人为主观因素干扰，使招标评标更加公平公正客观合理。

（二）有效最低价评审法的原理

有效最低价评审法是根据马克思关于社会平均劳动时间和社会必要劳动时间的原理，结合工程承包的实际而设计的方法。在工程建设实践中，有一种现象，相同的建设工程，施工企业不同，则报价不同。这种差异取决于什么呢？马克思主义经济学原理揭示出了其中的奥秘。即主要取决于每个企业所花费的劳动时间、原材料成本和管理水平。由于各个企业的劳动力成本不同，原材料进货渠道不同，管理水平也不相同，因而投标者所报价格也不相同。但在实践中，如何通过招标挑选出优质的企业进行承包呢？

1 社会平均劳动时间

建设完成一定的工程需要消耗一定的劳动和原材料，还需要获取一定的利润，而原材料和利润的多少是随企业不同而变化的，但这种劳动的时间是必要的劳动时间，即无论技术熟练程度如何，都需要付出这种劳动。

如果一个社会生产三种产品A、B、C，并且相互交换这些产品，由此这些产品转化为商品（即用于交换的产品）。

假定一个社会有劳动者R，R_a生产产品A，R_b生产产品B，R_c生产产品C。

（1）社会平均直接消耗劳动时间

在一定生产期限T内，R_a投入劳动时间t_a，R_b投入劳动时间t_b，R_c投入劳动时间t_c：

$$t_a=\sum t_{ah}\ (h=1,\ 2,\ 3\cdots R_a)$$

$$t_b=\sum t_{bi}\ (i=1,\ 2,\ 3\cdots R_b)$$

$$t_c=\sum t_{cj}\ (j=1,\ 2,\ 3\cdots R_c)$$

式中，t_{ah}——生产产品A的第h个劳动者在生产期限T内所消耗劳动时间；

t_{bi}——生产产品B的第i个劳动者在生产期限T内所消耗劳动时间；

t_{cj}——生产产品C的第j个劳动者在生产期限T内所消耗劳动时间。

R_a生产出产品Q_a，R_b生产出产品Q_b，R_c生产出产品Q_c。

生产单位产品A的社会平均劳动时间T_a，生产单位产品B的社会平均劳动时间T_b，生产单位产品C的社会平均劳动时间T_c：

$$T_a=t_a/Q_a=\sum t_{ah}/Q_a\ (h=1,\ 2,\ 3\cdots R_a)$$

$$T_b=t_b/Q_b=\sum t_{bi}/Q_b\ (i=1,\ 2,\ 3\cdots R_b)$$

$$T_c=t_c/Q_c=\sum t_{cj}/Q_c\ (j=1,\ 2,\ 3\cdots R_c)$$

以上的社会平均劳动时间没有考虑生产中间接消耗其他产品的劳动时间，由此产生的是社会平均直接劳动消耗时间。

认识社会平均直接劳动消耗时间对于分析清楚问题是必要的。如果生产产品A、B、C的三个部门，各自在生产中并不消耗其他部门的产品，如生产A不消耗产品B和产品C（也不消耗产品A），只消耗自然资源和劳动，则这个社会平均直接劳动消耗时间就是社会平均劳动时间。

（2）社会平均完全劳动消耗时间

如果生产产品A、B、C的三个部门，各自在生产中会消耗一定本部门的产品，也消耗其他部门的产品，如生产A要消耗一定数量的A、B或C。那么，生产产品A、B、C的三个部门就不仅仅直接消耗本部门的劳动，而且还要间接地消耗本部门及其他两个部门的劳动。由此生产其中产品对劳动的消耗就包括两个部分，一部分是对本部门劳动的直接消耗，另一部分是对本部门及其他两个部门劳动的间接消耗。并可以归类为对本部门劳动的消耗（直接消耗和间接消耗）和对其他两个部门劳动的间接消耗。

生产A的间接劳动消耗时间d_a，生产B的间接劳动消耗时间d_b，生产C的间接劳动消耗时间d_c：

$$d_a=d_{aa}+d_{ab}+d_{ac}$$

$$d_b=d_{ba}+d_{bb}+d_{bc}$$

$$d_c=d_{ca}+d_{cb}+d_{cc}$$

式中，d_{aa}——生产A对A部门的间接消耗劳动时间；

d_{ab}——生产A对B部门的间接消耗劳动时间；

d_{ac}——生产A对C部门的间接消耗劳动时间；

d_{ba}——生产B对A部门的间接消耗劳动时间；

d_{bb}——生产B对B部门的间接消耗劳动时间；

d_{bc}——生产B对C部门的间接消耗劳动时间；

d_{ca}——生产C对A部门的间接消耗劳动时间；

d_{cb}——生产C对B部门的间接消耗劳动时间；

d_{cc}——生产C对C部门的间接消耗劳动时间。

生产A的完全劳动消耗时间t_{aw}，生产B的完全劳动消耗时间t_{bw}，生产C的完全劳动消耗时间t_{cw}：

$$t_{aw}=t_a+d_a=(d_{aa}+d_{ab}+d_{ac})+\sum d_{ah}\ (h=1,\ 2,\ 3\cdots R_a)$$
$$t_{bw}=t_b+d_b=(d_{ba}+d_{bb}+d_{bc})+\sum d_{bi}\ (i=1,\ 2,\ 3\cdots R_b)$$
$$t_{cw}=t_c+d_c=(d_{ca}+d_{cb}+d_{cc})+\sum d_{cj}\ (j=1,\ 2,\ 3\cdots R_c)$$

可表示为：

$$t_{aw}=(d_{aa}+\sum d_{ah})+(d_{ab}+d_{ac})\ (h=1,\ 2,\ 3\cdots R_a)$$
$$t_{bw}=(d_{bb}+\sum d_{bi})+(d_{ba}+d_{bc})\ (i=1,\ 2,\ 3\cdots R_b)$$
$$t_{cw}=(d_{cc}+\sum d_{cj})+(d_{ca}+d_{cb})\ (j=1,\ 2,\ 3\cdots R_c)$$

等式右侧的前半部分是对本部门的劳动消耗（包括直接和间接），后半部分是对其他两个部门劳动的间接消耗。

生产单位产品A的社会平均完全消耗劳动时间T_{aw}，生产单位产品B的社会平均完全消耗劳动时间T_{bw}，生产单位产品C的社会平均完全消耗劳动时间T_{cw}：

$$T_{aw}=t_{aw}/Q_a$$
$$T_{bw}=t_{bw}/Q_b$$
$$T_{cw}=t_{cw}/Q_c$$

在上述计算公式中，不同生产部门的劳动时间是直接加总的。

由于生产一种产品不仅要消耗本部门的劳动，而且通过物资材料的消耗等还要间接消耗其他部门的劳动。这样一来，生产一种产品所消耗的劳动就并不仅仅是对本部门的同一种劳动的消耗，而且是对不同部门的多种劳动的直接和间接消耗。

问题还在于即使是生产同一种产品的直接劳动消耗中，其实也是不同工种和技术专业劳动者劳动的消耗。

所以在这里不是企图争论何种劳动效率更高的问题，而是对它们不加区别地进行加和并平均所得到的结果。

这种社会平均完全消耗劳动时间可以提供出一种比较准确的生产某种单位产品的劳动时间消耗的数量。哪种产品的社会平均劳动时间消耗多，哪种产品的社会平均劳动时间消耗少，都可以从社会平均完全消耗劳动时间上给出一个基本答案。

2 社会必要劳动时间

（1）社会总劳动时间

生产所有的产品所消耗的劳动时间为社会总劳动时间。

将生产三种（或各种）产品A、B、C的完全消耗劳动时间加总可得社会产品所消耗的总劳动时间T_z。

$$T_z=t_{aw}+t_{bw}+t_{cw}$$

（2）生产中劳动时间的必要性

如果某种劳动时间不是必要的，那么其投入到生产之中干什么？正因为其必要才会投入到生产之中，因此一切劳动时间对于生产产品而言都是必要的。

（3）生产所消耗的劳动时间的社会必要性

一定的产品一旦生产出来，如果直接用于满足自己的生产生活需要，就仅对自己是必要的，对社会其他成员并非是必要的。

对于商品生产而言，一定的劳动生产时间是否成为社会必要劳动，还要取决于其生产的产品是否对社会是必要的，因此，并非所有的劳动时间都是商品生产和商品的社会再生产所必要的劳动，只有提供给社会的劳动才可以成为社会必要劳动。这样就把一部分仅仅直接用于满足自己需要的那部分劳动排除到社会必要劳动之外了。

当然，直接用于满足自己需要的那部分劳动由于其不需要经过交换就已经实现了其所满足的对象，由此从整个社会来看，其也是一个社会必要劳动的组成部分，不过是性质不同的一部分社会劳动而已。

由此可见，一定的劳动时间要从私人劳动向社会劳动进行转化，使得社会承认和接受这些劳动，进而转化为社会所需的劳动。如果一部分人所生产的商品不能被社会所接受，由此不能转化为社会产品，那么这部分劳动对于他人来说就不是社会必要劳动。

（4）社会总劳动时间中的三个组成部分

在社会总劳动时间中包括三个组成部分：直接用于满足自己需要的劳动、用于满足社会需要的并成为社会必要的劳动和既没有满足自己需要也没有满足社会需要的劳动（一种纯粹的浪费和劳动损失）。

不论劳动效率的高低，只要其符合社会需要并实际满足了社会再生产的劳动都属于社会必要劳动。

（5）一定的劳动时间向社会必要劳动时间的转化

当一定的劳动形成社会必要劳动，则除了其成为社会必要劳动的一个构成部分之外，其依然要同其他社会必要劳动进行劳动时间的比较和转化。也就是说，不仅要成为社会必要劳动的一个组成部分而且要成为一部分社会必要劳动时间。

这样一来，就迫切需要有一个统一计量社会必要劳动时间的尺度，这个尺度就是社会必要劳动时间，其必须是同一的和等一的一种计量尺度。也就是说，必须将每个生产商所消耗的各自的劳动时间转化为社会必要劳动时间，才能按照这个同一的社会劳动时间尺度得到计量。

在商品社会中，历史自然地产生出了货币这种特殊商品，生产货币的劳动时间承担了社会必要劳动时间的尺度。所有的商品都要通过货币来计量并转化为一定数量的货币与其对应。

尽管如此，生产货币的劳动时间并非就是绝对的社会必要劳动时间的准绳。生产货币的劳动时间其实也是对各个部门劳动时间的一种综合的完全消耗，由此并非是对单纯的一种劳动时间消耗。

生产货币的完全消耗劳动时间是可以计量和计算的（当然实际会比较困难，理论上是进行抽象分析的）。

如果一部分商品烂掉了，那么生产这部分商品所消耗的劳动在没有得到社会承认之前就报废或损失掉了。由此其变成了一种社会不必要劳动，进而成为社会不必要的劳动时间的一个组成部分。当然正常的运输、储藏中会损耗掉一部分劳动，是无法完全避免的，这种劳动损耗应当依然是社会必要劳动的组成部分。没有这种正常的损耗，这些商品就无法达到目的地，从而无法满足社会需要。因此这是一定的劳动时间向最终的社会有效劳动时间冲刺的过程中不断损耗的过程，当然会发生折减。

必须注意到一定的商品所消耗的劳动时间，即便其已经被购买走了，但是其到了买主手中之后，照样有可能会形成损失从而变成为社会不必要劳动时间的组成部分。也就是说并非卖得出去的商品所消耗的劳动时间都会完全转化为社会必要劳动时间。由此并不能仅仅以是否卖得出去作为唯一的衡量标准。还要看一定的劳动是否最终满足了社会的实际需要。交换不过是满足这种社会需要的一个中间环节而已。

这样一来，社会必要劳动所需要的劳动时间转化成社会必要劳动时间，周而复始，就变成了一种社会再生产的循环链条，其是动态地发生和变化的。即使这个时刻表现为社会必要劳动，到那个时刻也可能变成社会不必要的劳动。所以一定的劳动时间要成为社会必要劳动时间不仅要具有暂时的性质而且还要具有恒定的社会再生产所必要的性质。

（6）社会必要劳动时间的度量

前面已经指出可以用生产货币的劳动时间作为衡量各种其他商品的社会必要劳动时间的一个标准或尺度，使得所有其他商品的劳动时间都按照一定的比例折算为生产货币的这种类型的劳动时间。

简单地说，可以把一个社会的生产所消耗的劳动时间都看成为生产各种产品或商品及货币的不同种类的劳动时间。这样一来，社会要求所有的劳动时间都折合为一种同一的劳动时间，结果生产货币的劳动时间就成为一个社会所接受的基本标准的同一劳动时间的尺度。

但是生产货币的劳动时间并非就是社会必要劳动时间的唯一尺度标准，其不过是社会必要劳动时间的一个表现形式而已。

当货币从贵金属转化为纸币之后，生产纸币的劳动时间不再能够成为衡量其他商品的社会必要劳动时间的尺度和标准了，没有什么可比性了。一方是实实在在的大量的劳动消耗，另一方则是虚拟的劳动量的消耗，而实际仅仅消耗很少数量的劳动，甚至可以忽略不计。

由此可见，生产货币的劳动时间只能是社会必要劳动时间的一个表现形式，并非是唯一的表现形式和尺度。任何一种商品，只要把其作为一个参照标准，那么整个商品的交换体系都可以用其进行折算而大致计算出来整个社会的商品相当于该种商品的当量。

那么是否社会必要劳动时间就没有任何可以捉摸的实际标准和尺度了呢。一个是社会总劳动时间，这个总劳动时间是人们所消耗的实实在在的社会劳动时间。这种社会劳动时间的总量是客观的，是不容否定的，是一个社会中由一定的劳动者人数所共同提供的劳动时间构成的。扣除直接损失和浪费的劳动时间，就基本构成了社会必要劳动时间。

如果社会总劳动时间（包括直接和间接消耗）为2000万小时，假如不必要的劳动时间为120万小时，则社会必要劳动时间就为1880万小时。如果其中有280万小时是直接满足劳动生产者自己需要的劳动（如很多家务劳动就属于这个部分），那么剩下的1600万小时的劳动就是提供给社会的社会必要劳动时间。

货币符号化的结果，不是消灭了社会必要劳动时间，而是消灭了货币本身不能成为社会必要劳动时间度量唯一尺度的属性和表象而已。

整个社会中人们为社会提供的社会必要劳动时间基本就是1600万小时。那么，各个部门为社会提供的劳动时间并不能按照他们实际消耗的劳动时间直接折算为这个社会必要劳动时间。不同部门的劳动时间要经过相互比较、竞争和交换来进行折算。也就是要通过社会的迂回过程来实现个别劳动实现向社会必要劳动时间的转化。

这样的结果使所有部门的劳动时间都要按照一定的比例折算为社会必要劳动时间。由此，如果把社会总必要劳动时间看成一个总体并令其为 1 ，那么，所有的各个部门为社会提供的劳动时间就只能在这个 1 中占据一个百分比而已，没有任何一个部门或企业的劳动时间可以超过或达到100%。

实际的劳动比较及交换关系是动态进行的，不仅随着商品产量及劳动生产率的变化而变化，而且随着竞争的态势变化而变化，还随着自然资源的状态以及气候条件而发生变化。

把为社会提供的社会必要劳动时间总量1600万小时与社会必要劳动时间总体为1的关系看清楚了，那么，不同的劳动转化为社会必要劳动时间的关系也就大致明白了。

如果三个生产部门提供的社会必要劳动分别占社会总体必要劳动的百分比是：

生产部门A占40%，生产部门B占25%，生产部门C占35%，则它们相当于各自为这个社会总必要劳动时间1600万小时分别提供了640万小时、400万小时、560万小时。

由于1600万小时是采取直接加和的方式计算出来的，由此，这样的分析就出现了一个部门实际提供的社会劳动时间的直接加和量与经过比例折合的社会必要劳动时间量发生矛盾。

所以，完全可以以任何一种商品所耗费的时间作为社会必要劳动时间的一种表现形式。比如，如果生产A的部门实际提供给社会的劳动时间是600万小时，那么全部换算为用生产A的劳动时间计量的社会必要劳动时间，就可能成为1500万小时生产A的当量劳动时间。其余类推。

社会必要劳动时间问题包括三个方面的内容，一方面是一个社会必要劳动时间的总量，另一方面则是一种衡量社会劳动时间的尺度，再一方面就是不同劳动时间之间的转化比例关系。

3 社会必要劳动时间原理在工程招标中的应用

（1）工程招标理论假设

假设工程G需要建设，决定对外招标。那么，投标企业至少3家，设投标企业为T1，T2，T3。各自使用原材料价格、数量是不相同的，原材料分别为Y1，Y2，Y3；由于工程自动化水平不同，使用劳动力成本也不同，分别为L1，L2，L3；由于管理水平不同，管理成本分别为M1，M2，M3；企业希望获得的利润也不相同，分别为P1，P2，P3；工程投标价为BP，BP，BP。

则工程造价构成公式有：$BP=Y+L+M+P$

由于每家企业构成工程造价的各因素不相同，即企业个人劳动时间、生产要素不同，依照马克思主义政治经济学原理，在该工程建设中，则必然蕴含着一个社会必要的劳动时间、工程成本、合理利润。中标企业的工程造价，包括劳动时间、工程成本、合理利润等应当是围绕社会必要的劳动时间、工程成本、合理利润等上下波动，波动必然会在一定限度范围内，如果一旦超出了这个范围，则应被视为无效。

（2）工程招标的实践应用

在实践中，工程投标书是否有效是很难简单判断出来的，只能基于各个投标人和招标人的报价，建立招标项目成本计算模型。利用该成本模型计算投标人投标报价与成本的差值。当差值等于或小于投标人所报利润时，表明投标人报价合理，投标有效；当差值大于投标人所报利润时，表明投标人报价不合理，投标无效。

其实，工程的造价关键在于工程成本。工程成本即企业用于施工和管理的一切费用的总和，综合反映工程中的劳动消耗和物资消耗状况，属于检查施工企业经营管理成果的一个综合性指标。工程成本体现了企业的综合管理水平，是提高企业竞争力、应变力、开拓力的关键。

但是，在工程招标中，工程的真实成本也是无法计算的，这里所谓成本，不是个别投标人的真实成本，而是基于有效定额、市场价格、规定计算方法计算出的合理成本。准确估计投标人的企业个别成本是比较困难的，这是源于投标报价中建设成本的“测不准原理”[①]，因为项目的成本只有在竣工结算后才能很清楚的计算，评标中的评估由于要涉及投标人的施工技术、管理能力、材料采购渠道、财务状况等多方面因素，所以相对比较困难，而且在目前国家或各地区的相关法规中对于如何确定招投标中“低于成本”的报价只是模糊的定义，并没有明确的评判标准，评标专家在实际操作中很难衡量和把握，许多地区在实际操作中也多是处于探索过程中，甚至有部分投标人就利用这一点趁机浑水摸鱼，给评标工作带来了很多麻烦。

因此，建立一套评标的成本计算模型是实现工程招标科学评审的关键。

---

① “测不准原理”是量子力学的一个基本原理。这里指项目成本是一个变量，只有在项目结算时才能确定。

（三）有效最低价评审法流程（1000万元以下项目）

科学合理的流程是避免工程串通招标和投标的重要环节，为此，公安县公共资源管理局设计了有效最低价评审法流程。包括组建评标委员会、评审准备、标书报价修正、技术标评审、甄别无效投标、分部分项单价措施项目清单报价评审、总价措施项目清单报价评审、其他项目清单报价评审、总报价盈亏分析、推荐中标候选人或确定中标人。具体流程逻辑关系如图7-1所示：

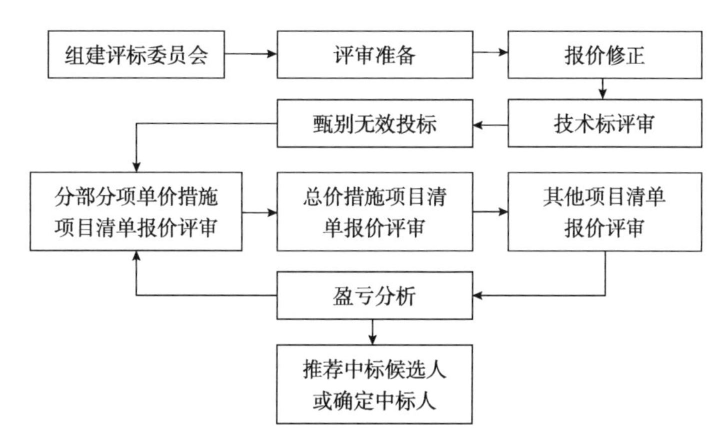

图7-1　1000万元以下工程有效最低价评审法流程图

1　组建评标委员会

评标委员会是承担评标工作的具体成员，必须吸纳相关领域专家，科学合理组建。评标委员会由招标人依法组建，成员为5人以上的单数。其中招标人代表不得少于1名，多于1/3；经济类专家不得少于2人。

2　评审准备

评标是否成功，评标专家熟悉评标规则是关键。为此，必须做好评标专家的培训工作。《公安县施工招标有效最低价评标方法》第6条规定：评标委员会在进入评审程序前，应当召开评审准备工作会议。由评标委员会主任主持，强调评标纪律，讲解评审方法和程序，了解招标项目基本情况和建设特征、施工特点，熟悉有关评审依据资料等。

经过这个程序以后专家充分理解了评标规则，就可以依据评标规则客观、公正地评选出应当中标的投标人，为保证工程质量、节约工程资金、降低工程造价打下了良好的基础。

3　标书报价修正

为了保证投标人标书格式的统一性，评标委员会对所有投标人的商务标报价按下列方式进行修正：

（1）如果用数字表示的数额与用文字表示的数额不一致时，以文字数额为准；

（2）当单价与工程量的乘积与合价之间不一致时，通常以标出的单价为准。评委认为有明显的小数点错误时，应当以标出的合价为准；

（3）当逐个单项金额相加与其合计金额不一致时，以各单项金额为准，并修改相应合计金额。

各投标人商务标报价经修正后，做到了大小写统一，分数字与合计数字统一，从而可以有效地避免不必要的歧义和麻烦，最后得出的工程总数简称报价。

4 技术标评审

工程技术是保证工程质量合格，顺利实施的重要因素。因此，只有技术合格才有可能承担工程建设。为此，评标委员会对所有投标人技术标均须进行评审。

（1）技术标评审采用百分制。评审内容和合格分数线由招标人根据项目特点在招标文件中确定。

（2）评委判定技术标不合格的，应书面说明评审理由。

（3）技术标存在《招标投标法实施条例》第四十条规定的串通投标情形的，须判定为不合格。

《招标投标法实施条例》第四十条规定：有下列情形之一的，视为投标人相互串通投标：

（1）不同投标人的投标文件由同一单位或者个人编制；

（2）不同投标人委托同一单位或者个人办理投标事宜；

（3）不同投标人的投标文件载明的项目管理成员为同一人；

（4）不同投标人的投标文件异常一致或者投标报价呈规律性差异；

（5）不同投标人的投标文件相互混装；

（6）不同投标人的投标保证金从同一单位或者个人的账户转出。

5 甄别无效投标

在评标前必须准确判明无效投标。投标人或投标文件存在下列情形之一的，作无效投标处理：

（1）不按招标文件要求提交投标文件电子文档；

（2）改变了招标文件中工程量清单子目的子目名称、子目特征描述、计量单位以及工程量，不按照工程量清单格式要求进行报价；

（3）投标文件中没有综合单价分析表或综合单价分析表不完整；

（4）降低安全文明施工费、规费、税金等不可竞争费用。改变招标文件中已明确的由招标单位自行采购的材料价格及已标明的暂列金、暂估价等；

（5）措施项目清单报价与技术标中载明的相关措施明显缺乏关联；

（6）同一清单子目报价异常一致或呈规律性差异的现象异常明显，2/3以上评委直观认为属于串通投标；

（7）总报价高于最高投标限价；

（8）清单子目报价高于相应子目最高投标限价；

（9）技术标被多数评委判定为不合格；

（10）拟派项目经理不能向评标委员会清楚陈述招标项目现场基本情况；

（11）法律、法规、招标文件规定的投标被否决的情形。

合格投标人。投标没有被判定为无效的投标人，为合格投标人。

合格投标人不足3家时，由评标委员会根据合格投标人报价是否具有竞争性和接近招标人期望值，决定是继续评标，还是重新招标。

6　分部分项单价措施项目清单报价评审

报价是否合理是初步判断承担工程的项目是否能够顺利完成的基础，为此，必须认真进行清单报价评审。

（1）评审范围

评审范围不能有遗漏，应当包括所有分部、分项工程和单价措施项目清单报价、总价措施项目清单报价、其他项目清单报价等。

（2）评审方法

① 评审样本的数量确定。按合格投标人总报价从低到高排序，取一般不超过7家作为评审样本。为了保证招标工作的公平公正性，招标文件中应载明评审样本的具体数量或具体数量的确定方法。在具体评审中，以评审样本的清单报价为评审基数，评审第一名。

② 评审样本数量的特殊处理。合格投标人不足7家时，按实有合格投标人作为评审样本。

③ 评审样本的特殊处理。经评审，第一名总报价低于成本时，应等额补选合格投标人进入评审样本范围进行第二轮评审。依此类推，直至样本中排名第一的总报价不低于成本为止。但是，合格投标人不足以补充评审样本时，或者最终评审样本不足3家时，则以实有样本进行评审。

（3）分部分项工程和单价措施项目清单报价评审

① 严重偏离阈值的计算

严重偏离阈值是指工程的某一个清单子目的报价严重不符合市场的客观实际。为了科学测算严重偏离阈值，一般以评审样本作为依据，参考招标人对该子目清单价格的理解。其计算公式如下：

$$严重偏离阈值=(a_1+a_2+a_3+\cdots+a_n+\eta_1)/(n+1)\times k_1$$

上式中：a_1，a_2，$a_3\cdots a_n$为评审样本中各投标人关于同一清单子目的报价，该报价为不含暂估价的合价；n为样本数量；η_1为招标人给出的该清单子目的最高投标限价，不含暂估价；k_1为下浮经验系数，一般取70%，招标人可以根据招标项目具体情况，在招标文件中调整该系数。

② 严重偏离报价

严重偏离报价是指清单子目报价过低，通过上述严重偏离阈值方法计算，属于低于成本价。这种报价明显属于不可能按照工程要求，保证工程质量和进度的报价。因此，低于严重偏离阈值的清单子目报价，为严重偏离报价，评标委员会应直接判定其为不合理报价。

③ 较大偏离阈值

$$较大偏离阈值=(a_1+a_2+a_3+\cdots+a_n-a_m+\eta_1)/(n-m+1)\times k_1'$$

上式中，a_m为严重偏离报价；k_1'为下浮经验系数，一般取90%，招标人可以根据招标项目具体情况，在招标文件中调整该系数。

④ 较大偏离报价

低于较大偏离阈值的清单子目报价，投标人不能向评标委员会提供相关证明材料予以书面澄清或者说明的，属较大偏离报价，评标委员会应判定其为不合理报价。

⑤ 分部分项工程和单价措施项目清单报价亏损额

分部分项工程和单价措施项目清单报价亏损额=∑（较大偏离阈值–严重偏离报价）+∑（较大偏离阈值–较大偏离报价）

7 总价措施项目清单报价评审

清单子目累计总金额是判断工程价格是否合理的重要指标，是决定其报价是否能在工程施工中运用的监测值。为此，必须对清单子目累计总金额进行评审。

投标人清单子目累计总金额低于下列偏离阈值时，除非投标人的书面澄清或说明能让评标委员会置信，应视为不合理报价。

$$偏离阈值=(b_1+b_2+b_3+\cdots+b_n+\eta_2)/(n+1)\times k_2$$

式中，b_1，b_2，$b_3\cdots b_n$为评审标本中各投标人总价措施项目清单子目累计总金额；η_2为招标人给出的总价措施项目最高投标限价；k_2为下浮经验系数，一般取70%，招标人可以根据招标项目具体情况，在招标文件中调整该系数。

总价措施项目清单报价亏损额=偏离阈值–清单子目累计总金额

8 其他项目清单报价评审

只对清单子目累计总金额进行评审。投标人清单子目累计总金额低于下列偏离阈值时，除非投标人的书面澄清或说明能让评标委员会置信，应视为不合理报价。

$$偏离阈值=（c_1+c_2+c_3+\cdots+c_n+\eta_3）/（n+1）\times k_3$$

式中，c_1，c_2，$c_3 \cdots c_n$为评审标本中各投标人其他项目清单子目累计总金额；η_3为其他项目最高投标限价；k_3为下浮经验系数，一般取70%，招标人可以根据招标项目具体情况，在招标文件中调整该系数。

其他项目清单报价亏损额=偏离阈值–清单子目累计总金额

9　总报价盈亏分析

（1）亏损总额

亏损总额=分部分项工程和单价措施项目清单报价亏损额+总价措施项目清单报价亏损额+其他项目清单报价亏损额

（2）利润总额

利润总额=投标人在投标文件中所报利润总和。

（3）总报价盈亏判定

若：利润总额＜亏损总额，则该投标人总报价低于成本。评审活动按7.2.2条规定，进入下一轮评审。

若：利润总额≥亏损总额，则该投标人总报价保本或盈利，评审活动按7.4条规定，确定中标人或中标候选人。

10　推荐中标候选人或确定中标人

评标委员会根据招标人授权，可以直接确定中标人；也可以确定1～3名中标候选人向招标人推荐。

评标结论属于推荐中标候选人的，排名第一的投标人报价经评审不低于成本后，应将总报价排名第二、第三的投标人依次确定为中标候选人。

（四）有效最低价评审法流程（2000万元以下项目）

对于1000万元以上2000万元以下的工程，由于工程更大，对于招标工作要求更高，希望评审办法更加科学，评审结果更加公平公正、客观实际。因而，必须制定更加严谨的招标评审办法。为了达到这一目的，该评审办法计量工作量更大，更加依赖量化评审。整个评审工作分为9个环节，具体包括：组建评标委员会、评审准备、初步评审、施工方案评审、价格折算、是否启动成本评审、投标报价合理性分析与修正、利润判断、推荐中标候选人或确定中标人。具体流程逻辑关系如图7–2所示。

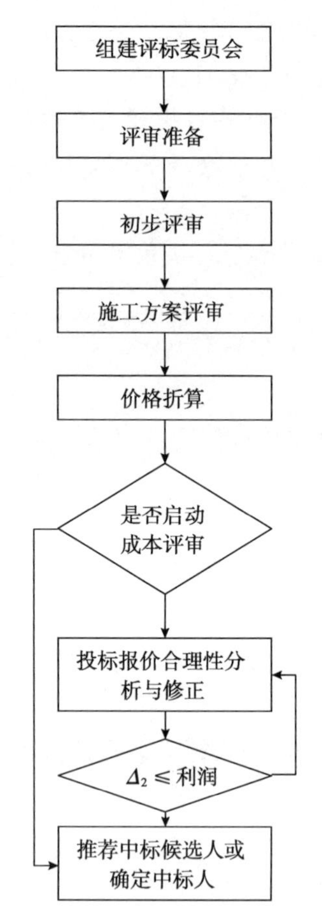

图7-2　2000万元以下工程有效最低价评审法流程图

1　价格折算的主要因素和评审标准

（1）单价遗漏

在完成了初步评审后，评标委员会将仅对在实质性上响应招标文件要求的投标文件进行详细评审。评标委员会将逐项列出各投标文件的全部细微偏差。所谓细微偏差是指投标文件在实质上响应招标文件要求，但在个别地方存在漏项或者提供了不完整的技术信息和数据等情况，并且补正这些遗漏或者不完整不会对其他投标人造成不公平的结果。细微偏差的补正不会影响投标文件的有效性。

评标委员会应当书面要求存在细微偏差的投标人在评标结束前予以补正。拒不补正的，在详细评审时可以对细微偏差作不利于该投标人的量化。当然，对于细微偏差的量化标准一定要在招标文件中明确，避免无法操作。对于投标文件中出现的计算错误、漏项和缺项不能一概予以调整，或者全部废标，而是应在分析其性质的基础上进行认定。

投标文件的计算错误有如下几种：工程量计算错误、单价填写明显错误、单价汇总与总价填写不一致和总价的数字表述与投标函中的文字表述不一致。

第一种情形最好在招标文件中约定修改工程量是否属于重大偏差，如果属于重大偏差则根本不能进入详细评审，更无从谈起计算错误的修正；

第二、三两种情形在七部委30号令第五十三条已有明确规定“评标委员会对实质上响应招标文件要求的投标文件进行报价评估，除专用条款另有规定，应当按照下述原则进行修正：①用数字表示的数额与用文字表示的数额不一致时，以文字数额为准；②单价与工程量的乘积与总价之间不一致时，以单价为准。若单价有明显的小数点错位，应以总价为准，并修改单价。”只是对于最后一种情形，按照单价与总价不一致，应当以单价为准，但是按照文字表述与数字不一致又以文字为准，那么到底是以数字的单价为准，还是以文字的总价为准？对于此种情形只能在招标文件中明确约定，以约定为准。

投标文件的漏项、缺项的情形包括：一是商务标的工程量清单漏项、缺项；二是技术标的漏项、缺项。在商务标的投标报价要求中，如果招标人出现对于工程量清单的漏项，应当调整。因为这种调整的补正并不影响排名，应当视为细微偏差。发现漏项、缺项之后，应当对投标人进行质询，只有投标人拒不补正时，才能进行不利于其的细化。

细化的标准是：在经评审的最低投标价中标的评标中，补上其漏项、缺项，计算出比原投标价高的评标价，但在签订合同时仍以其较低的投标价为准。

（2）不平衡报价

不平衡报价是相对通常的平衡报价而言的，是在工程项目的投标总价确定后，根据招标文件的付款条件，合理地调整投标文件中子项目的报价，在不抬高总价以免影响中标的前提下，使项目的实施更加合理的一种修正方法。

在工程项目招标评审中，应根据工程项目不同特点及施工条件等来修正不平衡报价。把存在不平衡报价的子项目单价逐一进行清理，并将修改前后的单价记录在表格上，记录清楚修正项目的工程量清单。这种修正强调量价分离，即工程量和单价分开，投标时承包商报的是单价而不是总价，总价款等于单价乘以招标文件中的工程量，最终结算量以实际发生量为准。而这个总价款是理念上的东西，或者说只是评标委员会在比较各家标价的高低时提供了一个总的大致参考值，实际上承包商拿回的总收入等于在履约过程中通过验收的工程量与相应单价的乘积。

（3）付款条件

在工程建设中，付款条件直接影响到工程的造价。投标方是否需要预付款及预付款的金额，工程进度款的付款方式和付款比例，保留金的扣留比例和返还时间等，都直接影响到工程造价。因此，应当按投标人承诺的对招标人更为有利的付款方式和比例调减评标价。

（4）工期

工期的长短也是直接关系到工程造价的因素，工期越长，工程造价越高。因此，应当按投标人承诺的对招标人更为有利的工期调减评标价。

（5）质量

质量是工程建设中的钢性要求，应当按投标人承诺的对招标人更为有利的质量标准调减评标价。

（6）投标人资质

资质是承担工程建设的重要条件，投标人应当符合招标人要求的资质条件。根据目前国内的法规、规章及有关规定，一般公开招标工程要进行资格预审。但在招标实际操作过程中，对于大型工程或技术复杂的工程，以及采用有效最低价评标法的工程，严格资格预审程序则尤为必要。通过资格预审可以真实了解投标申请人的企业素质、财务状况、技术力量、企业信誉以及有无类似的施工经验等情况，淘汰那些不能满足工程施工条件的投标申请人，减少招标人评标阶段的工作时间和招投标活动的费用，尽可能排除将工程合同授予不合格投标人的风险，避免签约后无理索赔的发生，有效防止工程增加额外费用及互相扯皮的局面。因此，对投标人主项资质不符合招标项目资格条件要求，评标价适度调增。

（7）投标人信誉

投标人信誉是投标人经过无数工程的实践累积起来的声誉，是投标人诚信、品质的综合体现。因此，对于获得国家级、省级优质工程、优秀企业、“重合同守信用”奖或称号，评标价适度调减。如果投标人有不足以导致废标的不良行为记录，评标价应当调增。

（8）项目经理部组成方案

项目经理部是直接负责和组织工程项目施工的组织机构，组成人员的能力、水平、办事风格等，直接涉及工程是否能顺利施工和完工，涉及工程的质量是否有保障、工程造价是否合理。因此，评标时应当高度重视投标人项目经理部的组成。投标人项目经理部组成在人员资格、工程业绩等方面优于招标文件要求且承诺中标后不变更的，评标价适度调减。

（9）其他

投标人的管理体制、进货渠道、成本核算等都与项目成本有重要关联，因此，是招标评审时必须予以考虑的因素。

2 成本评审

（1）评审程序

①启动成本评审工作的前提条件

在满足下列两项条件的前提下，评标委员会应当启动成本评审，判别投标人的投标报价是否低于其成本。

投标人的投标文件已经通过《标准文件》规定的初步评审，不存在应当废标的情形。如果存在废标的情形就应当立即将标书作废，而不能进入评审阶段。

投标人的投标报价低于但并不含等于成本警戒线。投标人的投标报价低于成本警戒线，说明该项工程根本无法实施，也应当终止评审。那么，如何判断投标人的投标报价是否低于成本呢？可以按下面公式进行计算。

成本警戒线=（标底或招标控制价或通过初步评审的投标人的报价的算术平均值–暂列金额–暂估价）$\times\beta$+暂列金额+暂估价

β为成本警戒线基准值下浮系数，由招标人根据实际情况在招标文件中明确数值或计算方式。

② 对投标价格的合理性进行评审

投标价格是否合理是影响投标中标后，工程是否能正常实施的关键因素。因此，必须进行投标价格的合理性评审。评标委员会结合清标成果，对各个投标价格和影响投标价格合理性的以下因素逐一进行分析，并修正其中任何可能存在的错误和不合理内容。

第一，算术性错误分析和修正；

第二，错漏项分析和修正；

第三，企业管理费合理性分析和修正；

第四，利润水平合理性分析和修正；

第五，分部分项工程和单价措施项目清单部分价格合理性分析和修正：

第六，总价措施项目和其他项目清单部分价格合理性分析和修正；

第七，法定税金和规费的完整性分析和修正；

第八，不平衡报价分析和修正。

③ 澄清、说明或补正

因为对科学技术掌握的情况有所区别，各个投标人的技术、管理必然会有差异，而这些差异并非评标专家都能理解和掌握。因此，在评标过程中，评标委员会汇总对投标报价的疑问，启动“澄清、说明或补正”程序，发出问题澄清通知并附上质疑问卷，要求投标人进行澄清和说明并提交有关证明材料。

④ 判断投标报价是否低于其成本

评标委员会根据投标人澄清和说明的结果，计算出对投标人投标报价进行合理化修正后所产生的最终差额，判断投标人的投标报价是否低于其成本。低于成本则进入无效标，不低于成本则进入正常评审程序。

（2）评审的依据

评标委员会判断投标人的投标报价是否低于其成本，所参考的评审依据包括：

第一，招标文件；

第二，标底或招标控制价；

第三，施工组织设计；

第四，投标人已标价的工程量清单；

第五，公安县工程造价管理部门颁布的工程造价信息；

第六，公安县市场价格水平；

第七，工程造价管理部门颁布的定额或投标人企业定额；

第八，经审计的企业近三年财务报表；

第九，投标人所附其他证明资料；

第十，法律法规允许的和招标文件规定的参考依据等。

（3）分析和修正的基本原则

评标委员会进行投标报价合理性评审时，应按下列排序的原则进行分析和修正：

第一，如果评标委员会认为投标人递交的投标文件中有相同的并且投标人已经给出合适报价的子目，则按该相同子目的价格或报价进行修正；

第二，如果评标委员会认为投标人递交的投标文件中有相似的并且投标人已经给出合适价格或报价的子目，则参考该相似子目的价格或报价进行修正；

第三，如果有标底，则按标底中的相应价格进行修正；

第四，如果有参考招标控制价，则按参考招标控制价中的相应价格进行修正；

第五，要求投标人在澄清和说明时给出相应的修正价格或报价。此时评标委员会应对此类价格或报价的合理性进行分析，评标委员会可以在分析的基础上要求投标人进一步澄清和说明，也可以按不利于该投标人的原则，以其他通过初步评审的投标人关于该项报价的最大值作为修正价格；

第六，对超出招标范围报价的子目，则直接删除该子目的价格或报价。

（4）算术性错误分析和修正

评标委员会对已标价工程量清单进行逐项分析，根据《标准文件》规定的原则，对投标报价中的算术性错误进行修正，按《算术错误分析及修正记录表》（表7–1）的格式记录分析和修正的结果。

表7–1　算术错误分析及修正记录表

投标人名称：

序号	子目名称	投标价格	算术正确投标价	差额（代数值）	有关事项备注
A值（代数值）					

评标委员会成员签名：　　　　　　　　　　　　日期：　　年　　月　　日

汇总修正结果，将经修正后产生的价格差额记入上表的差额即代数值（记为A值）。修正结果表明理论上应当增加投标人的投标报价或投标总价的修正差额记为正值，反之记为负值。同时整理需要投标人澄清和说明的事项。

（5）错漏项分析和修正

① 错漏项分析和修正的原则

评标委员会进行投标报价合理性评审时，应按下列排序的原则进行分析和修正：

第一，如果评标委员会认为投标人递交的投标文件中有相同的并且投标人已经给出合适报价的子目，则按该相同子目的价格或报价进行修正；

第二，如果评标委员会认为投标人递交的投标文件中有相似的并且投标人已经给出合适价格或报价的子目，则参考该相似子目的价格或报价进行修正；

第三，如果有标底，则按标底中的相应价格进行修正；

第四，如果有参考招标控制价，则按参考招标控制价中的相应价格进行修正；

第五，要求投标人在澄清和说明时给出相应的修正价格或报价。此时评标委员会应对此类价格或报价的合理性进行分析，评标委员会可以在分析的基础上要求投标人进一步澄清和说明，也可以按不利于该投标人的原则，以其他通过初步评审的投标人关于该项报价的最大值作为修正价格；

第六，对超出招标范围报价的子目，则直接删除该子目的价格或报价。

② 错漏项分析和修正的方法

根据错漏项分析和修正的原则，修正错报和补充漏报子目的价格；

填写《错项漏项分析及修正记录表》（表7–2），计算经修正或补充后产生的价格差额。汇总上述结果，将经修正后产生的价格差额记为B值，并明确需要投标人澄清和说明的事项。

表7–2 错项漏项分析及修正记录表

投标人名称:

编号	子目名称	投标价格	合理投标价	差额（代数值）	有关事项备注
	B值（代数值）				

评标委员会成员签名: 日期: 年 月 日

（6）企业管理费合理性分析和修正

① 企业管理费分析和修正的原则

企业管理费率明显不合理的，除去投标报价低于成本警戒线的投标人后，按其他通过初步评审的投标人的企业管理费率平均值进行修正。如果该平均值不存在，则参考标底或招标控制价中的企业管理费率进行修正；

分部分项工程量清单和单价措施项目清单综合单价分析表中的企业管理费率与费率报价表报出的企业管理费率不一致的，评标委员会可按不利于该投标人的原则决定是作废标处理还是进一步修正。

② 企业管理费分析和修正的方法

按《企业管理费利润及税金和规费完整性分析及修正记录表》（表7–3）的格式项进行分析和修正；汇总分析结果，将经修正后产生的价格差额记为C值，同时整理需要投标人澄清和说明的事项。

表7-3　企业管理费利润及税金和规费完整性分析及修正记录表

投标人名称:

项目	企业管理费		利润		税金和规费	
	投标价格	实际	投标价格	实际	投标价格	实际
比较栏						
差额	*C*值		*D*值		*G*值	
分析计算						
有关疑问事项备注						

评标委员会成员签名:　　　　　　　　　　　　　　日期:　　年　　月　　日

（7）利润水平合理性分析和修正

① 利润水平分析和修正的原则

对于利润率明显不合理的，除去投标报价低于成本警戒线的投标人外，按其他通过初步评审的投标人的利润率平均值进行修正。如果该平均值不存在，则参考标底或招标控制价中的利润率进行修正；

分部分项工程量清单和单价措施项目清单综合单价分析表中的利润率与费率报价表报出的利润率不一致的，评标委员会可按不利于投标人的原则决定是作废标处理还是进一步修正。

② 利润水平分析和修正的方法

按《企业管理费利润及税金和规费完整性分析及修正记录表》的格式进行分析和修正；汇总分析结果，将经修正后产生的价格差额记为*D*值，同时整理需要投标人澄清和说明的事项。

（8）分部分项工程和单价措施项目清单部分价格合理性分析和修正

① 分部分项工程和单价措施项目清单部分价格分析和修正的原则

按照前述见分析和修正的基本原则进行，并补充三点：

第一，单价措施项目清单报价中的资源投入数量不正确或不合理的，按照投标人递交的施工组织设计中明确的或者可以通过施工组织设计中给出的相关数据计算出来的计划投入的资源数量，如临时设施、拟派现场管理人员流量计划、施工机械设备投入计划等，修正措施项目清单报价中不合理的资源投入数量。

第二，单价措施项目清单报价中的资源和生产要素价格不合理的，评标委员会可以参考招标控制价中的相应价格对单价措施项目的不合理报价进行修正。

第三，不合理报价子目应当通过计算机辅助评标进行初步筛选，评标委员会对筛选结果进行分析确定。

② 分部分项工程和单价措施项目清单部分价格分析和修正的方法

按《分部分项工程量清单子目单价分析及修正记录表》(表7-4)的格式对与市场价格水平存在明显差异的子目进行逐项分析、修正；计算修正后的差额，汇总分析结果，将经修正后产生的价格差额记为E值，同时整理需要投标人澄清和说明的事项。

表7-4　分部分项工程量清单子目单价分析及修正记录表

投标人名称：

编号	子目名称	明显不合理的价格	修正后的价格	差额	证明情况及修正理由	有关疑问事项备注
E值（代数值）						

评标委员会成员签名：　　　　　　　　　　　　　日期：　　年　　月　　日

（9）总价措施项目清单和其他项目清单部分价格合理性分析和修正

① 总价措施项目清单和其他项目清单部分分析和修正的原则

第一，总价措施项目清单中的安全文明施工费、其他项目清单中的暂列金额、专业工程暂估价、计日工、总承包服务费等，不纳入分析和修正的范畴。

第二，总价措施项目清单其他子目金额明显不合理的，除开投标报价低于成本警戒线的投标人外，按其他通过初步评审的投标人的相应子目金额平均值进行修正。如果该平均值不存在，则参考标底或招标控制价中的相应值进行修正；

第三，材料暂估价不合理的，可依据相关清单子目工程量、现行消耗量定额、材料暂估单价等进行修正。

② 总价措施项目清单和其他项目清单部分分析和修正

按《措施项目和其他项目工程量清单价格分析及修正记录表》(表7-5)格式对措施项目清单和其他项目清单进行逐项分析、修正；计算修正后的差额，汇总分析结果，将经修正后产生的价格差额记为F值，同时整理需要投标人澄清和说明的事项。

表7-5　措施项目和其他项目工程量清单价格分析及修正记录表

投标人名称：

编号	子目名称	明显合理的价格	修正后的价格	差额	证明情况及修正理由	有关疑问事项备注
F值（代数值）						

评标委员会成员签名：　　　　　　　　　　　　　日期：　　年　　月　　日

（10）法定税金和规费的完整性分析和修正

根据投标价格分析出其中法定税金和规费的百分比，对照现行有关法律、法规规定的额度或比率，对投标报价进行分析和修正。

按《企业管理费利润及税金和规费完整性分析及修正记录表》的格式进行分析和修正将经修正后产生的价格差额记为*G*值，整理需要投标人澄清和说明的事项。

（11）不平衡报价分析和修正

评审各项单价的合理性以及是否存在不平衡报价的情况，对明显过高或过低的价格进行分析。按《不平衡报价分析及修正记录表》（表7–6）汇总分析结果，修正明显过高的价格产生的差额，首先用于填补修正过低的价格产生的差额，两者的余额记为*H*值，整理需要投标人澄清和说明的事项。

表7–6　不平衡报价分析及修正记录表

投标人名称：

序号	子目名称	存在不平衡的单价	修正后的平衡单价	单价差值（代数值）	工程量	差额	有关疑问事项备注
*H*值（代数值）							

评标委员会成员签名：　　　　　　　　　　　　　　日期：　　年　　月　　日

（12）对投标报价的澄清和说明

评标委员会对上述从《算术性错误分析和修正》到《不平衡报价分析和修正》的评审结果进行汇总和整理。以其各自的代数值汇总*A*值至*H*值，得出合计差额*Δ*1［见投标报价之修正差额汇总表（表7–7）］，并整理出需要投标人澄清和说明的全部事项。如果投标人存在需要补正的问题，评标委员会可以同时要求投标人进行补正。

表7–7　投标报价之修正差额汇总表

投标人名称：

序号	差值代号	差额代数值		修正理由及有关事项说明
		评审后	澄清后修正	
1	*A*			
2	*B*			
3	*C*			
4	*D*			
5	*E*			

续表

序号	差值代号	差额代数值		修正理由及有关事项说明
		评审后	澄清后修正	
6	F			
7	G			
8	H			
合计		ΔP☒	ΔQ☒	
备注	本表修正的计算应附详细分析计算表。			

评标委员会成员签名：　　　　　　　　　　　　日期：　　年　　月　　日

评标委员会应当根据《标准文件》或招标文件的规定，对需要投标人澄清、说明和提供进一步证明的事项向投标人发出书面问题澄清通知，并附上质疑问卷。问题澄清通知和质疑问卷应当包括：质疑问题、有关澄清要求、需要书面回复的内容、回复时间、递交方式等，并且应当给投标人留出足够的回复时间，让投标人回复。

投标人的澄清、说明、补正和提供进一步证明应当采取书面形式。如果评标委员会对投标人提交的质疑问题的澄清和说明依然存在疑问，评标委员会可以进一步要求澄清、说明或补正，投标人应当相应地进一步澄清、说明和提交相关证明材料，直至评标委员会认为全部疑问都得到澄清和说明，直到指投标人做出的澄清和说明已经合理地解释或说明了评标委员会提出的问题并且澄清结果令评标委员会信服。

根据澄清和说明结果，对于投标人已经有效澄清和说明的问题和子目应从上述A值至H值的计算中剔除或修正，按《投标报价之修正差额汇总表》的格式修正A值至H值并计算最终差额$\Delta 2$。

（13）判断投标报价是否低于成本

评标委员会应按照《成本评审结论记录表》的格式填写评审结论记录表，以最终差额$\Delta 2$与投标人投标价格中标明的利润额进行比较并得出结论。如果投标人标明的是利润率，则以利润率乘以其计取基数得出结论。

如果最终差额$\Delta 2$（代数值）小于或等于投标人的利润额，则表明该投标人的投标报价不低于成本。

如果最终差额$\Delta 2$是正值且大于且不含等于投标人报价中的利润额，则评标委员会将根据招标文件和相关法律、法规、标准文件的规定认定该投标人以低于其成本报价竞标，其投标作废标处理。

四、评审关键措施

工程招标评审是一个系列工程，并非完全由某一个环节能够保证做到公平公正，但是在整个招标评审中，仍然有一些关键环节需要把握。实践证明，工程量化招标评审即有效最低价招标法评审必须把握好三个关键环节。

（一）清单报价评审分析

清单报价评审是对清单子目累计总金额进行评审测定的关键，是判断不合理报价的重要措施。通过对分部分项工程和单价措施项目清单报价评审，测定出严重偏离阈值、严重偏离报价、较大偏离阈值、较大偏离报价、分部分项工程和单价措施项目清单报价亏损额等关键性指标，从而把不合理报价标书从投标者中剔除出来，使合理报价的标书能进入下一轮评审。并通过进一步对清单子目累计总金额进行评审，根据是否亏损，判断报价是否为不合理报价。最后保证中标者为合理报价，为工程正常施工打下基础。

（二）总报价盈亏分析

工程只有在盈利的情况下，才有可能正常施工。很多工程在招标中一味强调投标价格低，而导致投标人在工程施工中途，要么停工要求调价，要么粗制滥造，工程质量低劣。本研究通过对工程投标者报价亏损总额、利润总额的计算，判断工程总报价的盈亏。如果投标人的工程报价利润总额小于亏损总额，说明这个投标者根本不可能依照该报价开展工程施工。只有当利润总额大于或等于亏损总额时，才说明该投标人总报价保本或盈利，可以被确定为中标人或中标候选人。

（三）成本评审分析

工程成本分析是对投标人所投标书进行资格审查的一个重要环节，以通过定量评审确定投标单位是否具备足够的能力完成拟建项目的过程。工程招标量化评审办法采取的是有效最低价中标法，其最大的特点是经过一系列的计算，初步判断标书报价是否低于成本。低于成本则不能成为有效标书，被判定为标书无效。

当然，判断标书是否低于成本是一项非常复杂的工作，需要评审委员会分别对各个投标价格和影响投标价格合理性因素逐一进行分析，并修正其中任何可能存在的错误和不合理内容，并要求投标人加以说明的补正。通过一系列的分析和补正后，最终判断投标报价是否低于成本。最终计算出投标人以低于其成本报价竞标，其投标作废标处理。最终计算出投标人报价不低于其成本，且在所有不低于成本的投标者中价格最低，则可以被确定为中标者。

第八章

有效最低价评审办法剖析

现有工程招标评审较为典型的办法，可以概括为6种。传统的“最低投标报价评审方法”，国家交通运输部公路局制定的《公路工程标准施工招标文件》规定的“合理低价法”，《中华人民共和国招标投标法》规定招标方法之一“综合评估法”，被国际公认并广泛采用的“经评审的最低投标价法”，以及以安徽省合肥市为代表的“有效最低价评审方法”，以及上海市的“最低合理价评审方法”。纵观现有招标办法，各有特点（表8-1）。

表8-1 评标方法部分评审要素对照表

评审方法	初步评审	施工组织设计评审	价格（分值）折算	成本评审	总价评审
最低投标报价评审法	√				
有效最低价评审法	√	√		√	
最低合理价评审法	√	√		√	
合理低价法	√				√
经评审的最低投标价法	√	√	√	√	
综合评估法	√	√	√		√

纵观以上6种工程评审方法，各有优缺点：

最低投标报价评审只看了投标者的报价，缺乏对报价者各环节的成本预算、组织施工管理等方面的考察，仅仅是一种初步评审。存在的不足是因为缺乏对成本的评审，容易为后期的纠纷埋下隐患。

有效最低价评审法和最低合理价评审法是在初步评审的基础上，进一步对施工组织设计进行评审，对投标者的成本预算进行评审。评审的工作量有所增加，但对投标者的组织管理水平和成本控制能力进行评审，是一种相对科学的评审方法。

合理低价评审法在初步评审的基础上，侧重于工程总价的评审。忽略了投标者的管理能力、成本控制能力，对关系到工程质量的关键指标少有关注。

经评审的最低投标价法既进行了初步评审，同时对施工组织设计也进行评审，对工程价格进行折算，最后进行成本评审。是一种完善严谨的评审方法，但评审的工作量很大，所花费的时间也会很长，专家和组织者都难以承受。

综合评估法在初步评审的基础上，进行了施工组织设计评审，价格（分值）折算，以及工程总价的评审，但忽视了工程中最关键的因素，即工程成本的评审。

湖北省公安县根据湖北省工程建设招标实践，探索出了“有效最低价评审法”，与上述各种方法都有所不同，形成了自己的特点。

一、有效最低价评审办法特点

（一）立足工程成本评审

1　通过定量方法评审工程成本

工程招标评审的最大难题是如何判断企业的优劣，能把最好的企业选出来，能把最优的价格选出来。在评审中面临着三个难题。一是企业优劣难以判断。由于参与投标的每家企业都具有相应的资质等级，也承担着相应的工程，因而很难判断出企业的优劣。二是投入产出的性价比难以掌握。由于每个企业使用的原材料不同，施工的质量也存在差异，因而投标报价也不相同，而且每一个投标价高的企业都会强调自身质量的优秀，而每一个投标价低的企业则会强调自己的价格优势。由于工程尚未施工验收，工程的质量到底谁优谁劣，在评标时根本无法判断。那么，在招标评审中，到底是应该选择价高的投标者，还是应该选择价低的投标者呢？这是招标评审的重要难题。三是工程的综合评价难以衡量。工程招标评审既不能只看投标价格，也不能只看企业的自我宣传，必须综合权衡。那么，权衡的标准在哪里呢？这是传统招标评审难以解决的问题。

面对招标工作中的这些难题，全国众多招标机构都只能采取模糊评标方法、层次分析法等主观性较强的方法进行评标，由此引发出工程招标工作中的问题。一是因低价中标引发工程施工中因要求调标产生纠纷；二是因低价中标导致粗制滥造，工程质量不合格，造成工程隐患；三是虽然经过招标，但仍然是价高者中标，不仅增加了招标单位不应有的工程造价，而且可能引发工程腐败问题。

湖北省公安县探索出的有效最低价评审办法通过量化评审，较为准确地计算出工程的理论成本，通过严重偏离阈值=$(a_1+a_2+a_3+\cdots+a_n+\eta_1)/(n+1)\times k_1$，较大偏离阈值=$(a_1+a_2+a_3+\cdots+a_n-a_m+\eta_1)/(n-m+1)\times k_1'$，偏离阈值=$(b_1+b_2+b_3+\cdots+b_n+\eta_2)/(n+1)\times k_2$等的计算，判断出工程报价的合理性，从而评审出无效投标，筛选出合格的有效投标，准确地比较出最低投标价，并确定中标人。

2　通过社会成本评审工程成本

在工程招标中，招标评审的最大难题是工程成本的计算，在工程招标中关于成本计算面临着三个难题。一是原材料价格把握难。由于每家企业原材料进货渠道不同，原材料价格差别很大，而且原材料质量也不尽相同。二是劳动力成本计算难。由于劳动力来源不同，劳动力对工作的熟练程度不同，给劳动力发放的工作报酬也不同，导致招标方难以准确计算出劳动力成本。三是企业的管理成本难以计算。由于不同企业管理水平不一样，管理的层次不相同，管理人员的素质不一样，导致管理成本相差很大。

当然，解决工程社会成本的方法也有很多。至少有以下三种。一是局部抽样调查法。通过抽样调查原材料和劳动力的成本、管理成本。二是全面调查法。通过统计年鉴获取成本信息。三是个别调查法。通过对投标单位个别调查，获取与工程相关的各项成本。但这些调查仍然面临着难以克服的问题：一是局部抽样调查涉及面广、内容繁杂，基本难以实现；二是全面调查法得出的结论与当地实际不符合，而且统计年鉴只能是往年的数据，随着时间的发展变化，市场随时都在变化之中，获取的数据难以准确反映当年招投标时的市场价格；三是个别调查既不准确，也不能代表社会平均成本，因而对招标评审不具备意义。

湖北省公安县探索出的有效最低价评审办法通过量化评审，较好地解决了这一难题。一是利用全体投标人的报价计算社会平均成本，具有较好的准确性；二是加上招标者提供的价格起到了对价格的校正作用，使得参考价格更加准确；三是计算上实行加权平均加经验系数的方法，体现出紧随市场变化的科学性特点。

3 通过细分方法评审工程成本

建设工程是一个系统工程，涉及的项目颇多。如果仅仅评审工程的总价格，存在三个方面的问题。一是总体价格预算不能反映工程的真实造价。或许投标人把人工工资预算偏高，把材料预算造价偏低，势必带来两个问题，或因材料采购价偏低，材料质量难以保证；或因材料预算偏低，中途要求调整预算产生纠纷。二是总体价格预算不能全面反映工程资金安排。工程资金预算必须合理，具备科学性。否则有可能出现工程总体造价合理，而工程利润偏高，则材料和人工工资不足，不仅影响到工人工作的积极性，最终还影响到工程质量。三是总体价格预算不能反映投标企业的技术水平。企业技术水平体现在企业的自动化程度，管理的规范化程度等方面。如果仅有总体价格预算，就看不出投标企业的管理水平和自动化程度。仅仅依据投标企业的总体报价，就难以避免出现偏颇。

湖北省公安县探索出的有效最低价评审办法，在考察投标企业工程总体报价的同时，分别将投标企业标书涉及的各个方面的价格进行定量考察，科学地克服了仅依据总体报价来评审标书的缺点。一是可以全面考察和比较投标企业的管理水平，通过比较把管理水平相对高的企业挑选出来；二是可以全面考察和比较投标企业科学技术的应用水平，通过比较把科学技术应用水平相对高的企业挑选出来；三是可以促进投标企业提高施工技术，各投标企业为了中标必然会全面提升技术应用能力和管理水平，从而促进建筑施工企业成长进步。

（二）立足子目量化评审

1 针对子目单个计算成本偏差

建筑工程成本计算是工程招标工作中的难题，如何解决呢？全国各地都在进行探索，也都有各自的办法，特点各不相同。湖北省公安县探索出的有效最低价评审办法，以凝结在工程中的社会平均成本为参照，针对每一个子目计算成本偏差，可以把子目预算低于成本的标书挑选出来，对于工程的顺利实施可以起到保障作用。

2 针对子目单个进行合理评审

工程投标人在工程建设中，应当获得合理的利润。而合理利润的前提是合理的价格，那么，如何测算出投标人报价中利润是否合理呢？湖北省公安县探索出的有效最低价评审办法，以凝结在工程中的社会平均成本为参照，针对每一个子目单个进行合理评审，对投标企业而言，体现出了评审上的科学性和公平性。

3 针对子目单个计算盈亏评审

众所周知，任何企业都不会做亏损的工程。然而，企业在投标时，都声称取最低利润。那么，对于投标企业的利润到底应当怎么去测算呢？这是工程招标评审中的又一个难题。湖北省公安县探索出的有效最低价评审办法，同样针对每一个子目进行盈亏评审，可以在评审中把那些预算明显为亏损的投标人剔除在外，从而从理论上证实了中标人能将工程按照预算实施。

（三）适用性项目评审

1 由于实行子目分解，可以计算任何项目成本

在工程招标中，虽然评标办法很多，但每种办法都有其适用范围。比如，经评审的最低投标价法是国际上通行的招标评标方法，最大特点是投标报价竞争激烈。根据《评标委员会和评标方法暂行规定》，它一般适用于具有通用技术、性能标准或者招标人对其技术、性能没有特殊要求的招标项目。而湖北省公安县探索出的有效最低价评审办法，是针对施工组织设计进行的评审，无论是通用性能、技术标准，还是具有特殊技术要求的项目，都可以将其分解为每一个具体施工环节进行分别评审，因此，项目的成本计算可以更加准确，评审的内容虽然繁多，但评审的科学性更强。

2 由于实行子目分解，可以测算任何环节偏差

在工程招标中，采取合理低价法进行评审，忽视了工程的施工组织设计环节，忽视了工程子目的成本偏差，只能根据工程报价的总价款进行评审。而湖北省公安县探索出的有效最低价评审办法，可以将工程分解成不同的环节，利用严重偏离阈值、严重偏离报价、较大偏离阈值、较大偏离报价等指标，测算出任何环节的偏差，从而通过投标人子目报价偏差的比较，保证评审结果的科学性。

3 由于实行子目分解，可以评审任何项目盈亏

工程招标中的盈亏评审是判断工程投标人诚信水平的重要参考指标，也是工程承接是

否能够成立，以及后续是否能够顺利进行的重要判断依据。然而，工程盈亏评审也很难简单得出结论。为此，在招标中，就应该把预算为亏损的投标人剔除在外。湖北省公安县探索出的有效最低价评审办法，设计了“亏损总额=分部分项工程和单价措施项目清单报价亏损额+总价措施项目清单报价亏损额+其他项目清单报价亏损额”的评价办法，可以评审任何项目各个环节以及总的报价的真实盈亏，为最终评审确定中标人打下了良好的基础。

二、有效最低价评审理论特点

（一）马克思交换价值理论的具体应用

1 实行“供给与需求”相互满足的本质

马克思认为，任何物品要成为商品，必须具有价值和使用价值。价值是社会关系范畴，而不是物自身的不变的“实体”范畴或“属性”范畴。那么，什么是商品的价值呢？马克思认为，商品的价值是凝结在商品中的无差别的一般人类劳动。而商品交换就是依附在使用价值上的“人类劳动”。所有“供给与需求”其实质是劳动与劳动之间的相互交换。

交换讲究等价交换，不同商品的价值如何确定呢？马克思认为，商品的价值量不是由各个商品生产者耗费的个别劳动时间所决定的，而是由社会必要劳动时间所决定。因此，在商品交换中，是一种使用价值同另一种使用价值相交换的量的比例或关系。商品交换量的比例或关系用数值表示就是价值。

2 实行等价交换的实质表现形式

马克思认为，商品中包含劳动的两重性，即具体劳动和抽象劳动。具体劳动创造商品的使用价值，抽象劳动创造商品的价值。当商品进入交换阶段，必须将商家的具体劳动换算成抽象劳动，才能进行交换。如果两种具体劳动根本无法直接进行换算，因而也就无法进行交换。但是，如果将生产各种产品的具体劳动按照一个统一尺度换算成抽象劳动，各种产品中包含的劳动含量就可以进行比较、换算和交换了。这种包含在各种商品中的抽象劳动，就是它们的价值。

要实现这一过程，必须把各种具体劳动抽象化，也就是把各种劳动的具体属性舍掉，抽象成一般劳动，即如马克思所说的“把生产活动的特定性质撇开，从而把劳动的有用性质撇开，生产活动就只剩下一点：它是人类劳动力的耗费，就是人类劳动力在生理学意义上的耗费”。因为，只有把劳动的千差万别的具体属性舍掉，将它还原为一般劳动，即还原为一切具体劳动的共同属性，它才可能成为衡量商品价值的尺度。

3　实行工程项目评审的理论应用

湖北省公安县探索出的有效最低价评审办法，正是马克思交换价值理论的具体应用。那么，在工程招标中，用于交换的一般劳动怎么计算呢？公安县以马克思交换价值理论为指导，应用所有投标人关于工程子目报价，加上招标人调查制定的子目招标价，再加上俘动系数，计算出的严重偏离阈值，相当于马克思交换价值理论中的一般劳动价值。采用各投标人总价措施项目清单子目累计总金额加上招标人给出的总价措施项目最高投标限价，除以组成价格的总样本数，乘以下浮经验系数，得出偏离阈值。并将严重偏离阈值、偏离阈值用于衡量投标单位报价的合理性，以及是否低于成本价。通过利润总额和亏损总额的比较，判断投标人的诚实信用水平。马克思交换理论认为资本必然要获取利润。那么，在建设工程招标投标中，如果投标人的利润总额小于亏损总额，说明投标人的资本产生的利润为负数。试想，在市场经济条件下，没有任何企业愿意做亏损的交易。显然，低于成本的投标报价既不符合市场经济的规律，也不符合《中华人民共和国招标投标法》的规定，理论上必然是一种无效投标。

（二）工程成本管理理论的具体体现

21世纪以来，市场竞争更加激烈，企业经营环境发生了重大变化，已经由传统的人力资源管理、经营成本管理、营销管理等单项管理变成了企业集成管理。企业成本管理的重心也由事中的成本控制扩展到事前的成本预测、成本计划阶段，并与企业发展战略相匹配，形成了一种新型的成本管理模式——战略成本管理。成本管理理论就是运用管理学的理论和方法，对企业资源的耗费和使用进行预算和控制的理论、程序和方法的总称。

1　成本管理要求产品功能与生产成本相匹配

随着市场竞争的日益激烈，成本优势带来的竞争力将为企业带来更多的收入①。为此，企业在成本管理控制上不断开拓新的领域。首先，表现在企业设计理念的提升。在产品设计上，企业本着从消费者的需要出发，着力节约产品的成本，尽量采用新结构、新工艺、新材料以及通用件、标准件等，实现功能与成本的“匹配”，尽量以最少的单位成本获得最大的产品功能。其次，表现在管理空间的拓展。企业为了控制成本，将成本管理的空间范围扩展到企业的选址、产品原材料的采购、技术的应用、售后的服务等。全面考查产品成本水平，使事前成本控制得到进一步的发展。最后，表现在产品功能必须与成本匹配。要求在保持产品成本不变的情况下，不断丰富产品的功能，提高产品的使用价值。

基于成本管理的这一理论，在工程招标工作中，在保持工程质量达到设计标准的情况下，投标人基于不同的技术水平、设备水平和管理水平，就可以报出不同的投标价格，

① 万怀中. 中小建筑企业成本管理问题研究［J］. 时代金融，2015（12）：282-283.

同时获取不同的利润。基于此，工程招标评标不仅要考虑投标人的报价，更要考虑工程的质量和功能，以及投标人的报价在实践中是否能够实现。这正是湖北省公安县有效最低价评审办法的重要意义，体现出产品功能与生产成本相匹配的精神。

2 成本管理要求成本目标与管理过程相融合

现代组织理论认为，科学合理的管理组织职能，能有效地组织管理人员的劳动，提高管理的效率，降低管理费用水平[①]。面对全球性的竞争环境，企业要寻求更大的发展，必须适应快速变化的市场，在优质、高效的基础上，实施成本管理。成本管理贯穿于建筑企业建筑项目的整个运营过程，每个环节都是成本管理的可控环节，就成本管理工作来说，主要有成本的预算、成本的核算、成本的分析和成本的控制，是一个完整的控制过程[①]。也就是说成本管理目标的实现必须与成本管理过程相融合。成本管理要求以管理为核心，以经济核算为手段，以经济效益为目的，对成本进行事前测定、日常控制和事后考核，使成本由少数人核算到全员参与管理。在工程施工中，成本管理要求将工程成本由各环节分散管理到全过程的融合管理。企业的全体员工围绕企业成本目标，形成一个全企业、全过程、全员的多层次、多方位的成本体系，以达到投入少产出多获得最佳经济效益的目的。

工程投标企业，为了在竞争中获得成功，就必须对原材料采购、人员配置、工程施工等涉及成本形成的各个环节进行管理。但不同的企业原材料购进渠道可能并不相同，人员配置也不相同，管理水平和管理方式也不相同，从而形成不同的标价、不同的盈亏、不同的利润。基于此，工程招标评标必须细分到对子目的评审和核算。湖北省公安县有效最低价评审办法实行对工程子目核算和评审，正是成本管理理论成本目标与管理过程相融合的体现。

3 成本管理要求战略管理与源流管理相结合

现代企业经营的目的是为了在激烈的竞争中立于不败之地，而要达到这一目的，战略成本管理已成为企业取得竞争优势的有力武器[②]。随着高新技术的发展和应用，企业已经由过去的劳动密集型向资本密集型和技术密集型转变，产品的成本构成也发生了重大变化，企业的直接人工成本比例急剧下降，而原材料等间接成本的比例大幅度提升。因此，企业不得不将管理活动提高到战略化层次，对企业生存和发展进行全局谋划、统筹安排。于是，以寻求企业持久竞争力为核心的战略管理应运而生，成本管理快速上升到战略成本管理阶段，并日趋成熟。

战略成本管理是一种全方位、全环节、全过程和全员管理的集合体，是商品的使用价值和价值的完美结合，是资本和技术通过管理手段进行的融合。战略成本管理将管理置于影响企业成本的企业内部与外部环境之中，全面分析影响企业成本的企业内部与外部环境

---

① 孙喜平. 浅论企业成本战略管理［J］. 商业研究，2001（8）：47-48.

② 张丽萍. 浅析固定成本在成本战略管理中的价值［J］. 财会通讯，2010（1）：142-143.

因素，从而实现全环节的成本考察和管理监督，对企业长久生存和发展目标的实现有深远性和根本性的影响。战略成本管理的决策直接决定企业未来的成本发展方向、竞争优势、协同效应和经济效益等方面[①]。而且战略成本管理并非仅仅是一种理念，而是与源流管理的有机结合。战略成本管理与源流管理有机结合的方法很多，较为典型的有EVA（Economic Value Added，经济增加值）成本战略管理，即企业附加值成本战略管理。EVA成本战略管理引入了机会成本，强调企业经营的真实价值，对有效实现企业成本控制、风险控制、长期战略等方面具有重要优势[②]。战略成本管理强调成本管理要从成本发生的源流着手，成本管理的方法措施要与企业的基本战略、企业的发展阶段相适应，各种战略措施之间要相互配合。成本管理的具体措施必须融入管理过程的各个环节之中，才能真正发挥作用。

一项建设工程涉及的环节很多，最终的价格由成本和利润决定。但每一个环节的成本和利润既有主观的影响因素，更多的仍然受市场、原材料等客观因素的限制。湖北省公安县有效最低价评审办法，就是看准了工程施工的这些特点，在招标评标中，尊重工程施工的客观规律，结合工程战略成本管理与源流管理相结合的理论，进行了工程项目清单子目分解评审，通过社会平均成本计算子目偏离阈值、严重偏离阈值等衡量投标单位报价合理性的指标，使评审的方法更加符合成本战略管理的理论原理。

（三）马克思市场竞争理论在工程招标中的具体实践

1　公平竞争是提高效率的重要环境

竞争是市场充满活力的源泉。马克思在《政治经济学批判大纲》中明确阐述了竞争为推动资本主义经济发展作出了功绩，甚至把它写入《共产党宣言》。并且指明竞争是一个“永远起着调节作用”的规律[③]。马克思在指明竞争作用的同时，进一步指出，对劳动来说，竞争和分工具有同等重要的意义……要使平等到来，必须有竞争[①]。事实上，在激烈的市场竞争环境下，人们不得不积极设法引进先进设备、树立先进理念、改进生产技术、改善经营管理、增加生产投资，从而推动技术进步和生产发展。在现代市场经济条件下，必须建立保护公平竞争的政策和措施，消除一切阻碍公平竞争的潜规则。因为只有建立起以公平竞争为核心的市场体制，才能激励人的创造力，才能提升企业的管理能力。事实上，正是公平竞争的机制，造就了现代资本主义国家的强盛。只有坚持以公平竞争为导向，才能促进经济永不停歇的增长。

马克思的竞争理论告诉我们，无论是在生产领域，还是在建设领域，都必须坚持建立起优胜劣汰的竞争机制。当然，工程招标投标正是竞争的体现，关键的问题是在这种

① 许亚湖. 企业战略成本管理［J］. 中南财经政法大学学报，2004（6）：107-111.
② 冯毅，高尚纯. 基于EVA的企业战略成本管理研究［J］. 财政监督，2011（6）：15-16.
③ 吴炯. 马克思关于市场竞争的论述［J］. 法学杂志，1997（1）：32-33.

竞争中，如何做到公平公正？湖北省公安县有效最低价评审办法，正是本着建立公平公正竞争机制的良好愿望出发进行的有益探索。这种探索无论从主观出发点还是从客观效果，都朝着探索者的目标在发展。

2 公平竞争是创新发展的动力之源

马克思认为，只有通过充分的市场竞争不断采用新的生产方法、持续降低社会必要劳动时间、增加“一般智力”水平，才“足以促成和说明一个生产方式到另一个生产方式的过渡”。马克思市场竞争理论的继承者熊彼特在《经济发展理论》一书中认为市场竞争可以“不断地从内部使这个经济结构革命化，不断地破坏旧结构，不断地创造新结构。”[①]社会主义可以不断地创造和完善公平竞争的市场环境，这也正是社会主义的优势所在。而资本主义难以克服的顽疾就在于资本主义不断地从竞争走向垄断，从而使市场丧失应有的活力。我国正在逐步完善从源头上防止排除和限制市场竞争的政策措施，包括完善守信联合激励和失信联合惩戒制度在内的审查保障机制，形成褒扬公平竞争、惩戒不正当竞争的制度机制和社会风尚。

工程招标投标评审的过程，正是建筑企业充分竞争的过程。政府公共资源管理机关的重要职责，就是如何建立公平公正的竞争评价制度和机制，激励投标者展开充分的竞争。湖北省公安县有效最低价评审办法，采取分项目进行成本评审，采取社会平均劳动效率计算偏离阈值，可以有效地防止投标过程中出现的投标者之间的相互串通，以及招标评标者和投标者之间的串通。这样就建立起了公平、公正的市场竞争环境，必然成为激发建筑工程企业创新发展的动力之源。

3 公平竞争是激发潜能的决定因素

现代科学技术已经证明，人类具有无限的聪明才智。衡量社会规则科学性的重要标志，就是规则是否能不断激发人类无限的潜在才能。纵观我国改革开放的历程，无不证明了公平竞争激发人类潜能的道理。随着改革开放的深入，公平公正的市场竞争机制逐步建立和完善，人民群众的聪明才智不断被激发出来。改革开放初期，我国只是简单引进生产线和生产设备，随着公平的市场竞争环境的建立，公平市场机制的激发，我国政府和企业着力加大创新和研发人才的投资，将培养简单装配工人转变为培养研发生产设备的创新人才，人民群众的创造创新才能不断被激发出来，创造了无数人类奇迹。

从马克思政治经济学批判思想的视角来看，竞争性增长是马克思主义发展观的根本所在，也符合马克思对价值规律的研究。党的十八大以来出台的各项方针政策，也正是以马克思竞争观为指导，围绕着建立和完善公平公正的市场环境，激发人的创造潜能而展开。党中央指出要“把以人民为中心的发展思想体现在经济社会发展的各个环节”。不

---

① 鲁绍臣. 公平的市场竞争是马克思主义发展观的根本旨趣［OL］. 光明网，2016-04-19.

断废除一些与市场公平竞争不相适应的过时的市场规则和地方规定，形成全国统一的市场和公平竞争的环境，形成竞争性增长的发展模式。公平竞争也正是全社会的期盼和需求，只有基于公平的市场竞争的发展，才能真正培养企业和个人的核心竞争力，才能激发人民群众创新创业的热情，从而推动社会的进步和发展。湖北省公安县有效最低价评审办法，正是基于建立公平公正竞争环境和竞争规则，而探索出来的工程招标规则，是在马克思主义市场竞争理论指导下的有益实践和探索。

三、有效最低价评审办法优势

（一）社会成本评审具有深刻的科学性

1　社会成本体现了马克思经济学的精髓

商品的价格由商品的成本和利润所构成，准确地测算商品的成本是在众多商品中，选择成本相似而利润较低的商品，而获得较高性价比的重要手段。马克思主义经济学认为，生产成本价格是生产单位产品所消耗的不变资本和可变资本之和。成本价格作为生产耗费，同生产商品的实际生产费用是完全不同的两个概念。生产商品的实际生产费用是按照全部的劳动耗费计量的，它包括物化劳动耗费c和活劳动的耗费$v+m$。它同商品的价值是完全一致的，即等于$c+v+m$。成本价格同生产商品的实际生产费用的差额是剩余价值或利润。因此，成本价格是不包括利润的，利润是商品的销售价格扣除生产成本后的余额。在社会主义市场经济条件下，商品的成本价格是投入的生产资料价值和劳动力价值的总和，表现为产品价值中的$c+v$。但在实践中，真正的$c+v$是多少，基本上难以通过计算而准确得出。

湖北省公安县有效最低价评审办法，其核心优势在于通过全部投标单位对某一个具体工程的报价，加上招标单位的报价，进行几何平均，再根据经验系数进行校正，设计出了可以计算社会成本的计算办法。这种办法体现了马克思经济学的精髓，是马克思经济学原理的具体应用。

2　社会成本彰显了鼓励创新创造的思想

在同样的市场条件下，生产相同的商品，为什么不同的企业获得的利润不同呢？我们仍然用马克思主义经济学原理进行分析。不同企业生产同一商品所用物化劳动耗费c不完全相同，其原因是企业掌握的信息资源不同，购进原材料的渠道不同，导致了物化劳动耗费c的不同。但在市场充分竞争的条件下，这种差异是十分有限的，在经济学上不具备显著性。在活劳动耗费$v+m$中凝结着企业技术人员的智慧、管理人员的管理水平、工人的操作熟练程度、使用的设备的先进性，这些各不相同，从而导致了成本价格的不同。

假设在同等中标价格的条件下，成本价格越低，则企业获得的利润越高；反之，企业获得的利润越低。而且成本越低，企业越具有竞争优势。

在市场经济条件下，追逐相对较高的利润是企业和资本的本质。但如何才能追逐到相对较高的利润呢？在公平竞争的市场环境下，在物化劳动耗费c和竞争对手缺乏显著差异的条件下，唯一的办法就是降低活劳动耗费$v+m$。要想降低活劳动耗费$v+m$，就必须寻求创新创造。湖北省公安县有效最低价评审办法，正好从技术层面上创造出了公平公正的竞争条件，在评审中剔除了人为不公平的主观因素。那么，各个投标企业既要谋求生存，力争投标成功，在此基础上，又要追逐相对较高的利润，谋求发展。在这种既是压力又是动力的激励下，创新创造的潜力必然会被激发出来。这正是湖北省公安县有效最低价评审办法的优势所在。

3 社会成本建立了公平公正竞争的规则

在现代条件下，社会不公既是社会腐败的外在表现，也是阻碍人类进步的内在顽疾。社会的改革就在于建立公平公正的竞争秩序，追求公平公正的竞争环境是提升社会管理水平的永恒动力。公平公正并不只是一句口号，而是人类追求的最高目标。但公平公正的实现需要靠竞争规则的规范。湖北省公安县有效最低价评审办法不以某个企业的投标价格为标准，也不以招标单位提供的价格为标准，而是致力于通过计量模型计算出社会成本，坚持以社会成本作为评判的标准。这种做法充分体现出了湖北省公安县公共资源交易管理局作为政府公共资源行政管理部门，认真履行公平公正市场竞争规则制定者，公平公正市场秩序维护者科学的管理理念。

试想，投标企业都是抱着成功的希望参与投标。那么，他们对政府主管部门寄予什么希望呢？显然，是希望获得公平竞争的机会，能在公平竞争规则下通过公平公正的竞争充分展示自己的实力，纵然因实力不佳不能中标也无怨无悔。湖北省公安县有效最低价评审办法正好制定并执行这一规则，创造了公平公正的竞争环境，从而就具备了吸引优秀企业参与投标的充分条件。

（二）子目成本评审具有广泛的适应性

1 子目成本评审能适应通用工程

在工程招标中，按照建筑工程的特点，一般分为只需要通用技术的工程和需要特殊技术的工程。针对工程的不同特点，就要制定招标评标的方法和标准。为此，给招标评标工作带来了许多麻烦。湖北省公安县有效最低价评审办法，不是简单地从工程的整体预算出发进行招标评审，而是从工程的要素构成出发进行招标评审。既考察了投标者的组织设计能力，也考察了投标者的成本控制能力，完全适用于具有通用技术、性能标准，或者招标人对其技术、性能没有特殊要求的招标项目。

2 子目成本评审能适应特殊工程

随着人们欣赏水平的提升，以及建筑工程功能的丰富，工程设计和施工更加丰富多样。有些工程在设计上作了特殊要求和说明，在施工上需要特殊技术和特别工艺。对于这类工程，如果在招标过程中，仅按一般的招标方法很难进行评审。那么，该怎么评审呢？只能对工程进行分解，逐项进行评审。湖北省公安县有效最低价评审办法，最大的优势就在于通过对工程进行分解，分项目对原材料成本、管理水平进行评审，最后通过比较找出优秀的投标者。有效最低价评审办法的这种优势，使得该评审方法的应用领域得到了有效的拓展，不仅能应用于一般的建筑工程，也能应用于桥梁、铁路、隧道等特殊工程的招标评审工作之中。

3 子目成本评审能适应分解工程

任何一项工程，无论多么庞大还是细小，都是由许多分部所构成。每一个分部又都可以分解为原材料成本、人工成本、技术成本、管理成本等。既然可以分解为许多分部，那么，对每一个分部是否可以单独评审呢？回答是肯定的。湖北省公安县有效最低价评审办法，可以针对每一个分部组织单独评审。因此，可以说只要能分解的工程都可以应用湖北省公安县有效最低价评审办法进行招标评审。比较多种招标评审办法，各有其优点和缺点，有效最低价评审办法在应用范围上最突出的优点，就是只要能分解成子目成本的项目都可以适用。

（三）价格盈亏评审具有质量的保障性

1 价格盈亏评审是判断是否低于成本价的关键

众多周知，在工程建设中建设企业要维持企业的运转，不可能为了中标而以低于成本的价格承担工程施工。那么，在工程投标中确实存在着以低于成本价格投标的案例。分析投标企业的动机，无非就是为了排挤竞争对手。那么，这种行为会带来什么后果呢？从法律上看，是法律所不允许的一种不正当竞争手段。从工程施工结果来看，企业最终还是会以盈利而结束工程。那么，盈利从哪里来呢？盈利来自于建设单位和建设施工单位的纠纷。要么，施工企业以停工相要挟，要求调价；要么，以偷工减料的方式结束。这些结果显然背离了建设单位的初衷，必然会带来无穷无尽的麻烦。那么，如何避免这些麻烦呢？

湖北省公安县有效最低价评审办法通过成本、价格的计算，可以准确地判断投标者的报价是否低于成本价格。即通过评审的办法促进了投标企业遵守法律的规定，从而通过投标环节把可能发生的纠纷拒绝在外，为后期的顺利施工打下基础。

2 价格盈亏评审是预防工程粗制滥造的第一关

工程质量难以保证是市场经济条件下建设工程的一个重大难题。回顾以往的历史，重庆綦江彩虹桥跨越长江支流——綦河，连接城东城西，因形似“彩虹”气势雄俊而成为綦江县的形象工程。从1994年11月5日动工建设，耗时近1年半，至1996年2月16日竣工，耗资368万元，桥净空跨度120米，真可谓是长江上的一道彩虹。然而，竣工不过3年，1999年1月4日，彩虹桥整体垮塌，造成包括18名年轻武警战士在内的40人遇难[①]。究其原因，专家组认定是人为责任事故，其中违法设计、无证施工、管理混乱、未经验收等是主要原因。通过深入调查，工程层层转包，无证施工，粗制滥造，专家组调查认为“彩虹大桥建成即是一座危桥，垮塌势在必然”[②]。从招标投标的角度分析，重庆綦江彩虹桥由于层层转包，每一个层次都想从中获得利润。到真正的施工层，如果按照设计图纸、资质要求进行施工，必然是无利可图，甚至亏损。最终，是使用无资质人员施工，且偷工减料，粗制滥造。在招标中如何提前预防可能出现的工程粗制滥造行为呢？

除了严格地按照工程审批、招标投标、工程监理、验收检查外，很重要的一点就是工程只能直接对口符合资质等级要求的施工方，严禁转包分包，而且工程施工方肯定有利润可以赚取。湖北省公安县有效最低价评审办法，通过价格的盈亏评审，把低于成本价的投标者排除掉，使进入选择阶段的投标者都是报价中含有利润的投标者。这样，就可以达到初步预防工程粗制滥造的目的。

3 价格盈亏评审是工程质量保障的关键点

建设工程质量的保障是一个系统工程，每一个环节都很重要，都必须坚持按规范要求、法定程序办理。但是，如果一个明显亏损的工程，无论采取什么措施，工程质量都难以保障。因此，在招标评审中，就必须通过价格盈亏评审保证投标企业的报价是一个可以盈利的预算。

湖北省公安县有效最低价评审办法，在招标评审中，设计出了一套价格盈亏评审的流程和公式，就可以保证中标企业在可以盈利的条件下中标。这样，在工程质量保障的第一个防守点尽到了责任。

---

① 重庆彩虹桥垮塌事件追踪：“虹桥”设计者今受审［OL］. 重庆时报http://www.zjol.com.cn/05society/system/2004/12/13/004020199.shtml

② 重庆市纪委、监察局. 我们是如何查办虹桥垮塌案的［J］. 中国监察，2001（17）：18-20.

第九章

有效最低价评审办法的实施成效

有效最低价评审办法在构建公平公正的建筑交易市场，促进清政廉政建设，培养和引导各级干部健康成长，有效节约建设资金，优化招商引资环境，提升工程质量保障水平，提高政府部门形象，指导和带动湖北省各市州建筑工程招标体制和招标技术改革，促进湖北省经济建设全面发展中，发挥了重要的积极作用。

有效最低价发源于湖北省公安县，率先在湖北省公安县取得了显著成效。2002年，湖北省公安县成立招投标综合管理机构，试行招标投标综合管理。自2003年建立全县统一的招投标平台以来，共计进场交易项目1594个，交易额111亿元，涵盖房建、市政、水利、交通、农田治理、工程服务、土地出让、产权交易等范围。自2010年以来，工程建设项目进场交易率达到100%。2012年，开始试行有效最低价评审方法评标，取得了显著成效。

一、有效最低价评审办法应用概述

（一）有效最低价评审方法的回顾

1 有效最低价评审方法的提出

湖北省公安县地处江汉平原腹地荆州市，是传统的长江分洪区，城镇建设的发展长期受到一些影响和限制。随着三峡大坝防洪蓄水能力的有效发挥，公安县承担长江分洪的任务随之缓解，分洪的风险极大地下降，城镇化建设快速兴起。自21世纪以来，公安县城镇化建设快速发展，城镇化率由2000年的27%[①]提升到了2015年的44.2%[②]，建设面积发展很快，到2015年达到114.06万平方米。建设工程招标评标数量水平也不断提升。

回顾公安县工程招标发展的历程，也经历了一个学习、借鉴、探索、试验、推广的过程。自2006年开始，公安县开始实施工程招标投标。那么，该如何组织实施招标评标呢？湖北省公安县相关职能部门并没有闭门造车，而是积极走出去，向城镇建设较为发达的地区学习。

通过学习，公安县借鉴外地的先进做法，采取随机抽取评标法。随机抽取法是指招标人将已经由政府财政部门审核的工程合理价予以公布，投标人响应并按规定要求参加投标。评标委员会对投标文件评审合格后，招标人在通过评审的合格投标人中采用随机抽取方式确定中标候选人，并将工程合理价作为中标价的评标定标方法。这种方法虽然也有其合理性，但由于监管制度不配套，实践中出现了严重的借用资质围标的现象，个别县内重点项目中标后履约艰难，工期滞后，中标价大幅反弹。这些引起了社会的广泛关注和议论，公安县委、县政府高度重视。责令公安县公共资源交易管理局进行探索，依照国家相关法律、法规，制定出符合公安县实际的招标评标办法。

2 有效最低价评审方法的制定

公安县公共资源交易监督管理局认真研究了国家《招标投标法》对招标办法的规定，国家《招标投标法》对招标办法实行的列举式，并没有规定随机抽取法。因此，2012年下半年，公安县公共资源交易监督管理局探索了招标评标方法。为此，县政府专门分析外地关于招标评标的经验，结合公安县的实际，拟定了《公安县施工招标有效最低价评标方法》初稿。在此基础上，召集各方面专家先后进行了5次讨论，专家讨论吸引了部分建筑施工企业的负责人参加。会上大家充分发表对《公安县施工招标有效最低价评标方法》的

① 李厚禄. 公安县小城镇建设方略［J］. 长江建设，2000（5）：25-26.

② 湖北省统计局. 湖北省统计年鉴［OL］. http://www.stats-hb.gov.cn/.

意见和建议，对《公安县施工招标有效最低价评标方法》的修改起到了重要的作用。

3 有效最低价评审方法的形成

公安县公共资源交易监督管理局充分听取和吸收专家的意见，在各方面专家的建议和投标、招标方面负责人的积极参与下，经过反复修改，完成了《公安县施工招标有效最低价评标方法》。最后，提交县人大常委会审议通过。至此，《公安县施工招标有效最低价评标方法》成为公安县工程建设招标具有法律效应的制度性规范。

（二）有效最低价评审方法的应用

1 有效最低价评审方法的试应用

为了慎重起见，经县政府领导批准，决定先应用该办法对500万元及以下工程项目进行招标评审。2012年12月，当年尚有105个建设工程项目需要招标，便大胆地试用《公安县施工招标有效最低价评标方法》开展招标评标。2013年应用该评审办法组织了44个项目的评审，其中300万元及以下工程36个；300万～500万元工程8个。2013年底，公安县公共资源交易监督管理局制订了问卷调查表，就有效最低价评审办法应用的满意度进行调查。调查表面向招标单位、投标企业发放，共发放200份，回收有效问卷198份。结果显示：满意182份，占92%；基本满意12份，占6%；不满意4份，占2%。根据这一调查结果，可以得出以下结论：经过一年的实践，投标方、招标方均认为该方法具有评审方法科学，评审结果客观公正的效果。

2013年年底，公安县政府召开了关于招标投标的专题会议，研究《公安县施工招标有效最低价评标方法》的应用问题。经过广泛的民主讨论，最终决定将适用项目规模上推至1000万元及以下项目。2014年，公安县1000万元以下工程项目96个，应用《公安县施工招标有效最低价评标方法》招标66个，达到68.8%。

根据2014年的实践，公安县公共资源交易监督管理局现有招标评审办法仍然存在一些纰漏，主要表现为：评审中，缺乏对投标人错漏项的修正，缺乏对不平衡报价的修正，缺乏对投标企业信誉的考察等一些不足，需要进一步补充完善。为此，2015年初，又制定了《公安县施工招标经评审的最低投标价法补充文本》，并将适用范围从规模上推至2000万元以下项目。

2 有效最低价评审方法的全覆盖

随着城镇化建设的推进，工程建设项目逐年快速增加。为了使业已形成的公平公正的项目招标得到巩固和推广，公安县实行了有效最低价评审方法项目招标的全覆盖。

从应用项目的资金来源上分析，全县所有工程建设项目，首先实行了财政资金建设项目的应用。在此基础上，非财政资金建设项目，本着自愿原则进行应用。由于有效最低价评审方法，不仅公平公正，而且能保证工程质量，节约建设资金，很快在非财政资金建设项目上得到应用。2014年，进入县公共资源交易平台交易的项目共计178个，总交易金额22.74亿元，与2013年比，同比增长8.23%。公开招标项目通过招标，以预算价为基准，中标价综合下浮率为16.72%，节约资金约8626.35万元。以招标控制价为基准，中标价竞争下浮率为1.09%，节约资金约563.96万元。

2015年，公安县建设工程项目立项154项，其中财政资金建设项目63项，涉及建设资金90 098万元，全部应用有效最低价评审方法进行招标评审。非财政资金建设工程项目立项91项，涉及建设资金685 409万元，全部自愿应用有效最低价评审方法进行招标评审，节资增资率达到5.88%。

从应用项目的类别上分析，有效最低价评审方法不仅适用于工程建设项目招标评审，而且也适用于城市基础设施建设、公路建设和农田水利设施建设招标评审。为此，2015年，公安县城市基础设施建设、公路建设和农田水利设施建设招标评审，全部应用有效最低价评审方法进行招标评审。不仅规范了招标行为，而且促进了投标企业诚信建设水平的提升，促进了公平公正、诚实守信市场环境的形成。

3 有效最低价评审方法的大推广

有效最低价评审方法的成功应用，极大地鼓舞了公共资源交易监督管理部门，增强了工作信心。为此，公安县公共资源交易监督管理局专门向荆州市公共资源交易监督管理局、湖北省公共资源交易监督管理局进行了汇报，得到了省市两级部门领导的充分认可和高度评价。湖北省公共资源交易监督管理局希望公安县公共资源交易监督管理局将此评标办法进行提炼、总结、深化，以便于在全省范围内推广应用。

荆州市公共资源交易监督管理局率先在全市进行了推广。荆州市公共资源交易监督管理局组织全市公共资源交易监督管理部门人员研讨会，在研讨的基础上，开办了有效最低价评审方法操作应用培训班，由公安县公共资源交易监督管理局安排专家进行详细讲解，并进行了实例计算操作，使这一评审办法得到了广泛认同和快速推广。据统计，2015年荆州市建设工程进场交易项目2426项，涉及金额2 339 011万元，实施招标1327项，涉及金额1 378 384万元，分别占54.7%和58.9%，进场项目节资增资率达到5.08%。

（三）有效最低价评审方法的反响

1 招标单位的反响

有效最低价评审方法应用几年以来，得到招标单位的广泛好评。大家普遍反映有效最低价评审方法评审出来的中标企业和以前不一样了，主要表现有三点：

（1）保证了工程施工按期完工。工程建设最大的问题是不能按期完工，在所有拖延工期的纠纷中，施工方往往可以找出多种理由为自己进行辩解。自实行有效最低价评审方法以来，施工方基本上都可以按照合同约定的进度施工，工程也可以按照合同约定的工期完工。这是源于中标企业都是诚信度相对较高的企业，有较高的信誉度。加上在评审中，增加了对投标企业信誉的评审项，如果施工企业不能按期完工，则影响到该企业以后投标得分。因此，企业更加注重按期完工，信守合同。

（2）节省了工程建设预算资金。在以往的工程建设中，调整预算是常有的事。这样不仅增大了财政开支，而且给后续的工程建设带来了不良的影响。特别是调整工程预算，给世人增加了很多想象的空间。当然，也不排除调整预算中确实存在少数利益输送和腐败问题。自从实行有效最低价评审办法以来，大家严格按照招标评标时的工程造价进行结算监督，既增强了招标方和施工方的融洽气氛，又节省了工程建设预算资金。

（3）杜绝了招标托请说情烦恼。中国具有浓厚的人情社会传统，在湖北省也不例外。凡事都会托人情找关系。在这种长期的社会发展中，人们更相信关系，而不相信制度。自从实施有效最低价评审方法以来，湖北省公安县严格依照该方法制定的计算方法进行量化评审，而一个项目最终由谁中标不是某一个评审环节能决定的，以量化评审的最终结果确定中标人。在这种制度的规范下，人们逐步形成了打破传统陋习，养成尊重制度的习惯。在工程招标评审中，杜绝了招标托请说情的烦恼。政府部门领导和各机关负责人感觉人际关系处理简单了，心情放松了，思想轻松了。

2 投标企业的反映

（1）招标评标更加公平公正。公安县城镇化建设发展很快，每年工程建设不少，但工程招标投标仍然竞争非常激烈。过去采取随机抽取法评标，由于监管制度不配套等多种原因，实务中出现了借资质围标的严重现象，个别县内重点项目标后履约艰难，工期滞后，中标价大幅反弹。自从实行有效最低价评审方法以来，评审严格遵循制度规定，按照量化评审的办法进行，可以及时发现借用资质围标企业，也可以及时发现串标问题并予以剔除。因此，评审过程更加公平，评审结果客观公正。

（2）工程计算必须精细精准。在过去的投标中，工程建设企业往往只注重工程总的报价，而忽视各个环节的精细化计算，而且往往把企业利润报到不恰当的水平。寄希望于通过围标中标，通过找关系中标。自从实行有效最低价评审方法以来，企业深深地体会到了靠传统的一套办法已经行不通了，只能通过在标书的制定中，实行精细的计算，力求材料价格、人工薪酬、企业利润较为精准，能符合经济发展的规律，反映市场的实际状况。

（3）招标评标注重管理水平。在以往的工程招标中，无论招标人还是评审专家，主要看重投标人的总报价，以总报价接近招标价中标。这种招标评标办法表面上忽视了投标企业的科技水平，以及企业的利润率，实际上忽视了工程施工企业的管理水平。有效最低价评审方法不仅考察投标企业的总体报价，更看重投标企业每个环节的成本、利润和价格，充分体现出了管理水平越高的企业中标的可能性越大的特点。不仅有利于工程质量的提升，而且能有效地促进投标企业提高科技应用水平和管理水平，提升企业的综合管理能力。

3 政府部门的反映

（1）工程招标管理更加省心。长期以来，工程招标管理面临着纷繁复杂的人际关系的干扰，看似很有权力的岗位，其实并不能左右招标的局势。而且面临着难以处理的各种关系，让具体负责人员和承办人员身心疲惫。有效最低价评审方法制定有严格的程序、科学的计算办法和评审标准，投标企业是否能中标由过去以主观为主变成了以客观为主。因此，工程招标管理单位和人员都变得更加省事省心了。通过公开的评审资料和过程，既可以供招标单位监督，也可以向上级领导汇报，还可以向各种关系作出让人心悦诚服的说明，促进人们按规则办事习惯的养成。

（2）招标评标环境极大改善。工程招标评标既是一个很有权力的工作，也是一个很容易得罪领导和朋友的事情。因此，要做好工程招标评标工作不是一件简单的事情。有效最低价评审方法讲究的是科学量化评审，经过严格的评审实践，投标人已经习惯了这种评审规则，人们已经从习惯找关系转变到了习惯尊重规则。因此，减轻了招标评标工作的压力，极大地改善了招标评标环境。

（3）工程建设结算验收顺畅。过去由于在评标中过于注重投标企业的报价，而忽视了投标企业市场信誉的评审。因此，投标企业专注于投标中标，中标后忽视工程的按期完工和质量保证。从而导致拖延工期成为了业内的常态，而按期完工却是例外。实行有效最低价评审方法后，在招标评标指标中，加入了投标企业的信誉，促使投标企业更加注重诚实守信，必须按合同期限完工，并且还必须保证工程质量。因此，工程建设结算验收变得更加顺畅。

二、有效最低价评审方法应用的经济成效

（一）工程项目资金使用状况分析

1 工程项目资金预算节约成效

工程资金节约与否，需要经过计算。而工程一旦建成，也无法通过再建进行资金比较，因此，只能通过工程预算资金与工程实际资金的比较进行分析。纵观湖北省公安县有效最低价评审方法实施4年来的工程建设，在工程资金节约上取得了显著成效。从年节约资金来看，年节约资金最低的是2012年，年节约资金达到0.75亿元；年节约资金最高的是2013年，年节约资金达到1.44亿元；从资金节约率来看，资金节约率最低的是2014年，节约率为5.8%，节约率最高的是2013年，节约率达到7.96%。有效最低价评审方法实施4年来，共评审项目480项，以工程预算资金为参照，节约资金4.21亿元（表9–1）。

表9-1　公安县建设工程项目理论节约资金统计表

年份	2012	2013	2014	2015	合计
项目数量	134	103	119	124	480
项目预算（亿元）	10.24	18.08	18.27	16.34	62.93
中标金额（亿元）	9.49	16.64	17.21	15.38	58.72
节约金额（亿元）	0.75	1.44	1.06	0.96	4.21
节资增资率（%）	7.32	7.96	5.80	5.88	6.69

2　工程项目资金极值节约成效

工程资金到底节约了多少？从实际上看是一个无法回答和计算的命题。因为两种价格不可能同时在一个工程上出现。但从理论上看，是可以通过计算而获得的。一般以招标报价减去实际价格，等于节约资金。但有多种计算方法，采取不同的计算方法，获得的结果不同。以工程招标中报价最高的为标准进行计算，得出的是一种节约最多的，称为极值节约成效。以报价最低的为标准计算，如果报价低于成本则可能节约资金为负值。

以报价最高的为参照进行计算，可得出极值节约成效。纵观湖北省公安县有效最低价评审方法实施4年来工程建设，理论上工程资金节约的极值非常显著。节约资金最多的是2012年，年节约资金达到0.72亿元，节约率为7.05%；节约资金相对较少的是2014年，年节约资金达到0.47亿元，节约率为2.65%。有效最低价评审方法实施4年来，共评审项目480项，以工程标报价最高的为参照，理论上节约资金2.61亿元（表9-2）。

表9-2　公安县建设工程项目极值节约资金统计表

年份	2012	2013	2014	2015	合计
项目数量	134	103	119	124	480
项目投标最高（亿元）	10.21	17.57	17.68	15.87	61.33
中标金额（亿元）	9.49	16.64	17.21	15.38	57.72
节约金额（亿元）	0.72	0.93	0.47	0.49	2.61
节资增资率（%）	7.05	5.29	2.65	3.09	4.26

3　量化评审方法推广应用成效

研究成果的生命力在于推广应用。湖北省公安县有效最低价评审方法，自2014年开始，率先在湖北省荆州市进行了推广。统计结果显示，湖北省公安县有效最低价评审方法的推广取得了显著成效。2015年，荆州市应用有效最低价评审方法评审项目1327项，项目资金1 378 384亿元，节资增资率为5.08%。

（二）工程项目资金开支情况比较

1 工程项目资金开支纵向比较

比较工程招标中，有效最低价评审方法应用前后的情况，可以清楚地看出有效最低价评审方法应用的效果。2008～2011年，公安县招标评审采取的是随机抽取法，4年共评审工程建设项目563项，项目预算资金33.19亿元，实际中标资金30.27亿元，理论上节约资金2.92亿元。2012～2015年，公安县招标评审采取的是有效最低价评审方法，4年共评审工程建设项目480项，项目预算资金62.93亿元，实际中标资金58.72亿元，理论上节约资金4.21亿元（表9-3）。

表9-3 公安县建设工程项目资金开支比较

年份	2008～2011	2012～2015
项目数量	563	480
项目预算（亿元）	33.19	62.93
中标金额（亿元）	30.27	58.72
节约金额（亿元）	2.92	4.21
节约率（%）	8.8	6.69

2 工程项目资金开支横向比较

在同一个时间节点上进行比较，是更加公平的一种比较方法。将时间坐标放在2015年，就湖北省工程项目资金开支与公安县进行比较。结果显示，2015年公安县建设工程项目124个，项目预算资金16.34亿元，实际中标资金15.38亿元，理论上节约资金0.96亿元，节约率5.88%；这和周边孝感市、咸宁市、随州市、恩施州、仙桃市和天门市比较有显著提高，节资增资率提高0.16%～3.58%（表9-4）。

表9-4 2015年项目成果应用资金开支横向比较

单位	公安县	孝感市	黄冈市	咸宁市	随州市	恩施州	仙桃市	天门市
项目数量	124	1213	3318	984	307	917	338	173
项目资金（亿元）	16.34	158.2	206.3	57.2	64.6	11.1	25.1	29.0
实施招标项目（个）	98	1163	2571	973	307	588	337	173
实施招标金额（亿元）	6.7	141.7	191.9	57.1	64.6	68.3	25.0	29.0
节资增资率（%）	5.88	2.30	6	5.72	3.71	4.49	3.65	4.90

三、有效最低价评审办法应用的社会成效

（一）促进公平公正招标市场形成，破除交易潜规则

1 提升了企业遵守办法投标的自觉性

有效最低价评审办法实施以来，严格按照办法的规定组织项目评审。该办法刚刚开始实施的时候，一些投标企业试图通过找关系、打招呼等不正当途径中标，结果被招标制度中严谨、科学的评标环节所限制。

一是这种评标办法必须经过严格的计算程序，而且是多个评审专家同时计算。因此，谁也无法左右评审结果。

二是这种评审办法要经过许多计算程序，任何一个程序也无法左右中标结果，也不是个别人员能控制结果。

三是评标计算过程可以公开复查，任何评审专家也不可能在评审中有违规则。这样投标企业不得不屈服于招标规则的规定，着力提升企业的管理水平和技术应用水平。

有效最低价评审办法的实施，极大地提升了企业遵守招标评审办法投标的自觉性。

2 强化了领导遵守规则办事的养成性

荆州是春秋战国时期楚国的国都所在地，自古就有重情重义的传统。因而，无论大小领导都有帮助朋友、关心朋友的习惯。但这种习惯与现代法治思想格格不入，是一种典型的人治理念。有效最低价评审办法实施以后，领导们的行为、观念发生了巨大的改变。

一是人们由习惯说情变成了习惯按规则办事。在工程招标中，过去领导们关心很多，使招标监督管理机关无以适从。有效最低价评审办法实施后，领导们不再关心由谁中标的问题，而是关心制度制定的合理性和制度执行的严格性。

二是人们由习惯讲人情变成了习惯讲法治。荆州人素有交朋结友的传统，反事喜欢讲人情而不讲规则。在任何利益面前，都少不了领导人的关照和关心。有效最低价评审办法严谨的计算过程，让领导们变得有力无处使，只能遵守规则，在长期的实践中，无论是投标企业还是领导，都养成了遵守规则办事的习惯。

三是人们由习惯按传统办事变成了习惯按规则办事。传统有优秀和陋习之分，但荆州素有按传统办事的习惯。因此，按传统办事的习惯对改革形成了巨大的阻力。有效最低价评审办法顺应了法治化管理的时代精神，彻底改变了人们的办事习惯，养成了

按规则办事的习惯。按规则办事习惯的人多了，也就促进了法治化社会环境和氛围的形成。

3 培育了社会遵守制度规定的纪律性

纪律性是法治化的精髓，但纪律性又与人们的随意性相矛盾。因此，对于习惯了随意性的人们要严格遵守纪律是一个痛苦的过程。有效最低价评审办法的实施，使公安县的社会风气发生了三点改变。

一是人们习惯了找制度而不找关系。在工程评审中，制度已经深入人心，在找关系已经不起任何作用后，人们已经从过去习惯找关系的思维上转变到了习惯找制度。这是一种显著的进步，是从人治到法治的重要标志。

二是人们习惯了讲规矩而不讲人情。在工程评审中，只有公式化的计算依据和逐步计算的过程，这就是招标评审中的制度规矩。经过制度的多年执行，规矩已经固化在人们的思想和行为中，已经成为人们办事的重要导引。

三是人们习惯了用内功而不靠外力。在工程招标中，精细化的管理、精准化的计算、高科技手段的应用等企业的内在化因素，已经成为决定投标成败的关键要素。而人脉关系、领导关怀、朋友关心等外力因素已经被评审的制度挡在了评审的门外，成为对评审不起作用的非影响因素。因此，人们已经从传统的习惯依靠外力转向了依靠自身实力。

（二）建立公正透明招标评审机制，促进廉洁好风气

1 评审机制透明公正

有效最低价评审办法作为工程招标评审的依据，面向全社会公开。无论是招标单位还是投标企业，无论是评标专家还是社会公众，都只能依据规则进行计算，也只能依据计算结果作出判断。这种评审特点产生了三个方面的社会效果。

一是依照规则评审结果公平公正。有效最低价评审办法具有充分的科学性，是马克思政治经济学指导下的成果。依照该方法评审出来的结果，剔除了任何人为的因素，是完全忠实于客观的结果。因此，评审结果公平公正，能真实地反映投标企业的整体实力，能客观地反映投标企业的真实水平。

二是采用量化评审方法科学合理。有效最低价评审办法源于计算经济学，其实质是通过公式计算，量化比较投标企业的成本、利润和管理水平，是一种凭数据下结论的评审方法。因而，体现出现代科学的管理手段和管理特点。

三是投标评审过程公开客观透明。有效最低价评审办法不仅制度面向社会透明公开，而且评审计算的过程也透明公开。因此，有效最低价评审办法的应用过程就是将评审置于阳光下，让全社会监督的过程，是一项真正的阳光工程。

2 评标过程公正可查

社会上存在着各式各样的评审活动，共同的特点是评审结果公开，所不同的是评审过程的神秘程度各不相同。那么，有效最低价评审办法为什么科学呢？最关键点在于评审机制科学，评标的过程可供查询。

一是专家随机抽取。湖北省公安县为了做好有效最低价评审办法的应用，培训了一大批懂经济、懂法治、懂财务的专家队伍，建立起了专家库。每个项目的评审专家，全部从评审专家库抽取，保证了评审专家来源的公平。

二是允许复查复核。工程招标评审的过程允许有疑义的人员查询，这种查询赋予了投标人监督的权力，也保证了评审结果的公正性。

三是广泛接受监督。湖北省公安县有效最低价评审办法，面向社会广泛接受监督，既接受事前对评审专家产生的监督，也接受事中对评审过程的监督，同时，接受事后对评审结果的监督。

3 廉政风气已然形成

工程招标既是一个容易产生腐败的工作，也是可以建设廉政风气的工程。在传统的人治作用下，必然容易产生腐败。严格执行科学的量化评审，就可以建设起廉政风气的工程。总结有效最低价评审办法的应用成效，在廉政建设上产生了三个方面的成效。

一是形成了廉政机制。由于有效最低价评审办法采取的是量化评审，而量化评审的过程是一个严格按评审办法进行计算的过程。因而，评审结果具有严格的客观性。在这种客观性下，任何投标企业既没有必要找关系打招呼，找关系打招呼也不起任何作用。因而，形成了严格的廉政机制。

二是形成了廉政制度。按照有效最低价评审办法的规定，评审专家临时从专家库中随机抽取，抽取出来后现场通知。加上评审过程、评审结果完全公开，接受各方面的监督，而且规定必须严格按有效最低价评审办法的规定进行评审。因此，在工程招标上形成了廉政制度。

三是形成了责任追究。自实行有效最低价评审办法以来，湖北省公安县严格按照这一办法规定的程序、要求、标准组织评审，任何人都不敢也不能自行其是，违背评审的制度规定。如果有违背制度规定的行为必然要受到严肃的责任追究。

（三）引导投标企业提升管理水平，增强核心竞争力

1 促进投标企业提升管理水平

有效最低价评审办法的实施，促进企业加强了管理，企业普遍致力于提升管理水平。主表现在以下三个方面。

一是只有提升管理水平才有竞争能力。企业普遍认识到，在科学、客观的量化评审办法下，企业投标获得项目完全依靠企业的竞争力。为此，企业不得不通过各种管理手段提升竞争能力。

二是只有提升管理水平才有社会美誉。在有效最低价评审办法中，投标企业的社会美誉度是影响中标的重要因素。而社会美誉度在于企业一点一滴的管理，那么，投标企业要提升社会美誉度，就必然大力提升企业的管理水平。

三是只有提升管理水平才有市场份额。工程施工企业的竞争已经进入到非常激烈的程度，是否能获取市场份额，能获取多大的市场份额，关系到企业的生存与发展。因此，投标企业希望在有效最低价评审办法中获胜中标，获取更大的市场份额，就必然要提升管理水平。

2 引导企业打造精细管理模式

精细化管理模式是企业降低成本提升效益的重要措施。但在中小城市，精细化管理模式长期得不到重视。然而，在有效最低价评审办法中，投标企业的胜负往往取决于众多因素中个别因素的差异。因此，实行有效最低价评审办法，有效地引导企业打造精细管理模式。

一是精细化管理普遍为企业所接受。过去工程施工企业管理习惯于粗放式管理，但粗放式管理已经不能适应激烈竞争的市场环境，不能适应客观公正的评审办法。因此，工程施工企业普遍接受精细化管理办法。

二是精细化管理普遍为企业所应用。近年来，湖北省荆州市工程施工企业普遍应用精细化管理的原理、方法，制定了一系列管理措施。在工程施工中，采取走动管理、量化管理、监督反馈管理等，极大地提升了企业的管理水平。

三是精细化管理普遍为企业所受益。纵观工程投标取胜的企业，无一不是精细化管理的典范。这既使中标企业看到了希望，体验到了精细化管理的成就，也启发了其他企业精细化管理的积极性。

3 强化企业核心竞争力提升

企业的核心竞争力是企业长期存在并持续拥有的生存能力和盈利能力。在市场经济中，企业的竞争力来自企业所拥有的核心资源。而核心资源是那些不能轻易为其他企业所复制，也不能从市场上购买到的资源。[①]那么，如何提升企业的核心竞争力呢？提升企业的核心竞争力需要有充分的市场竞争。湖北省公安县实行有效最低价评审办法，为建筑施工企业创造了充分的市场竞争机会，有利于强化企业提升核心竞争力。

一是企业要想获胜必须提升核心竞争力。如果招标机制能促进投标企业充分竞争，

① 张维迎．企业的核心竞争力［OL］．http://blog.sina.com.cn/zhangweiyingblog.

投标企业迫于竞争取胜的需要，就必然要提升核心竞争力。企业的核心竞争力包括：企业的创新竞争力，企业的资源整合能力，企业的人才竞争力，企业的管理竞争力，企业的品牌竞争力等。有效最低价评审办法注重全面考察企业的能力，就可以全方位促进企业提升核心竞争力。

二是企业要想发展只能提升核心竞争力。企业的核心竞争力已经成为企业发展的重要支撑。企业在激烈的市场竞争中，发展能力取决于企业把握全局、审时度势的判断力，大胆突破、敢于竞争的创新力，博采众长、开拓进取的文化力，保证质量、诚实守信的亲和力。建筑招标评审已经成为企业展示自我的舞台，已经成为企业发展自我的契机。在评审规则已经没有任何漏洞可钻的情况下，企业要想发展必须也只能提升核心竞争力。

三是企业要想跃升普遍提升核心竞争力。湖北省公安县建设工程招标市场已经成为建筑施工企业提升核心竞争力的催生地，在公安县任何企业要想在招标中获胜，别无他途可走，只能通过提升核心竞争力。因此，凡是立足湖北省公安县从事建筑的企业都把提升核心竞争力作为企业发展的重要策略。

第十章

全书小结

湖北省公安县在工程招标工作中，勇于学习和借鉴国内外先进的招标办法，探索出了有效最低价评审办法。自2012年在全县普遍应用后，发挥了重要作用，显示出了巨大的经济效益和社会效益和强大的生命力。经过在荆州市部分县市推广应用，也显示出了评审方法的科学性、评审结果的公正性，对于节省建设工程资金，提高工程质量，保证工程按期完工具有重要的作用。

一、对有效最低价评审办法的评价

湖北省公安县探索实施的有效最低价评标法，是在认真学习借鉴国内外先进经验的基础上，结合多年工作的实践探索出来的一种工程项目评标方法。该方法是在马克思主义社会平均成本理论、市场竞争理论和工程管理理论指导下，制定出来的当前最为先进的评标方法之一。分析该方法的特点，可以得出以下基本结论。

（1）有效最低价评审办法是现有招标评审办法中最为科学的方法之一。《公安县施工招标有效最低价评标方法》的科学性表现在三个方面。

一是分段计算成本，剔除无效标书。在评价无效标书时，剔除了人为因素，采取的是分别按同一清单子目报价，取各投标人自己报价加上招标人给出的限定价进行平均，再乘以下浮经验系数，得出同一清单子目价标准，不在这一标准范围内的作为无效标书。

二是综合计算分段成本，是马克思主义社会平均成本理论的具体应用。在工程成本计算中，成本既考虑到了招标方提供的价格，又考虑了参与投标各方的报价，最后得出来的价格应当说一是个比较客观合理的价格。

三是立足标书定量甄辨，有利于克服人为主观因素干扰。利用科学的方法进行社会平均成本的计算，把有效标和无效标区分开来，在甄辨和剔除无效标的前提下，进行价格排序，从而能完全克服人为主观因素干扰，使招标评标更加公平公正客观合理。

（2）有效最低价评审办法有利于引导建筑工程价格竞争。2012～2015年，公安县采用有效最低价评标的项目共计200多个，招标下浮率平均为10.35%[①]。这充分激发了市场活力，达到了引导建筑企业有序开展价格竞争，实行优胜劣汰的目的。

（3）有效最低价评审办法有利于限制串通投标等违法行为。采用工程量清单计价，可以及时发现和辨别串通投标、围标行为，促进企业诚信投标。清单子目设控制价，并作为评标基准价计算参数，有利于限制不平衡报价。

（4）有效最低价评审办法有利于促进施工企业提升核心竞争力。有效最低价法评标，为诚信投标者提供了中标的机会。自2012年实行有效最低价评审办法以来，公安县建筑业企业“抱团”投标的现象基本消失了，市场竞争被“激活”了。企业的经营理念由陪标、挂靠收资质费转向了精心策划投标方案，提高施工技术水平，加强项目成本核算。因此，有效最低价评审办法有利于促进施工企业提升核心竞争力。

二、需要进一步研究的问题

工程项目评审、实施、监督和结算是一项非常复杂的综合性工作，需要政府各部门

① 公安县政务服务管理办公室. 2015年工作总结.

和项目业主等方面的配合和共同作用。有效最低价评审办法在实施的过程中也遇到了一些困难和问题，需要进一步研究和探索。

（1）如何打消业主顾虑，真正从思想上做到让优者中标。在招标实践中，确实存在个别中标企业诚信不够、中标后扯皮的问题。因此，有些项目业主对采用有效最低价法评审存在顾虑，担心中标后扯皮、索赔，施工方偷工减料，工期、质量得不到保障。有些项目业主招标前就有自己既定的意向合作人，虽然实行招标，但仍然希望自己的意向合作人中标，因此，担忧意向合作人在评标中不能中标。

（2）如何计算社会平均成本，真正做到让计算值接近市场理论值。计算社会平均成本是有效最低价评审办法的核心，那么，有效最低价法中评标基准值是采用二次平均法，还是采用一次平均下浮法，或其他数理统计分析方法，值得进一步探讨。下浮比例经验系数合理取值到底该设为多少，需要进一步统计、分析和论证。

（3）如何提高评标专家的计算水平，解决跨天评审的难题。在现有条件下，县级评标专家库造价类专家数量较少，有的专家就会经常参与评标，是否会影响有效最低价法评标的公正和公信力？而且县级评标专家相对知识面较窄，在澄清、说明、合理低价判定等自由裁量环节难以准确把控或达到应有的评标深度。而且有效最低价法评标计算工作量大，需要经过几天才能完成，评审专家应当集中食宿，而县级招标评审平台条件有限，会对评审效果有所影响。

（4）如何彻底根治围标现象，需要有相应的配套政策。有效最低价法对串通投标和围标有很强的抑制作用，但并不能取得“彻底根治”的效果。形成串通投标和围标的原因非常复杂，科学的评标方法只是解决串通投标和围标的重要措施之一。要想彻底根治串通投标和围标现象，还需要有相应的配套措施。

（5）如何提高法治化治理水平，杜绝中标后纠纷。实践证明，有个别企业标后以多种方式要求调价。一是个别企业中标后，认为价格太低，以停工等不良手段相要挟，要求增补调价；二是要求增补工程，补偿利润。面对这些情形，有些项目业主不能正确使用法治手段，加上政府部门担心引发群体事件，往往做出让步。这样既让有效最低价评审办法失去意义，又降低政府部门的权威，影响到招标评审的公信力。

三、进一步研究的建议

任何事物的成功都离不开天时、地利和人和三大因素。湖北省公安县有效最低价评审办法既取得了显著成效，也遇到了一些问题，如何坚定不移地把有效最低价评审办法应用推广下去，需要认真思考，并不断改革。为此，特提出以下建议。

（1）强化法治意识，坚持依法办事。必须加强法治教育宣传力度，无论是政府部门，还是项目业主、中标企业，都必须严格依法进行规范。政府部门必须坚持依法办事，对于个别企业的纠纷应当依法解决，不能做违法的迁就；项目业主必须坚持契约精神，一切按合同办事，对于工程中以停工相要挟的，必须依法追究其违约责任，同时建议列入全国联网的企业失信名单；投标企业应当坚持实事求是，做到诚实守信，一切依法办事。

（2）清除市场壁垒，激发市场活力。招标投标活动的本质特征是市场竞争，工程项目有效最低价方法充分体现了市场竞争中的优胜劣汰原则。然而，由于市场壁垒的存在，导致竞争主体数量不足，为串通投标和围标创造了有利条件。如果在完全串通投标情形下，则真正的竞争主体消失，任何科学的评标方法都无济于事。只有开放市场，打击建筑市场上的非法团伙、准黑社会组织，才能充分发挥有效最低价方法的作用。

（3）加强区域合作，共享评标专家。加强评标专家遴选，建立区域性评标专家库。同时，加强对评标专家的业务培训。通过建立区域性专家库，扩充专家数量，实现随机抽取的办法，以增强评标的公正性。同时，要加强评标专家职业道德建设，增强专家的责任感、正义感，提高他们应用有效最低价法评标的水平和能力。建设一支公正、专业的评标专家队伍，是推行有效最低价法的重要保障。

（4）采取综合措施，限制串标围标。对于串通投标和围标现象，必须综合治理，严厉打击。一是政府投资项目招标价实行“一编三审”[①]，标前压缩利润空间，防止串通抬价，也方便评标时甄别不合理报价；二是投标人拟派项目经理必须向评标委员会说明招标项目的基本情况和施工要点，否则作废标处理；三是对标书制作粗糙，名义上为投标，实际上为陪标的企业，在全国企业信用信息公示系统中列为违法失信企业名单。

（5）强化施工监督，坚持依法处理。政府部门应当加大对标后实际结算价格的监督管理，必须坚持按中标价格结算，防止以低价中标，施工中以各种理由要求调价，最后以高价结算现象的发生。一是中标价格必须写入施工合同，不能写入合同的，必须在中标通知书发出前，招投标双方在交易中心作出价格不超标的书面承诺，作为合同附件由政府公共资源交易监督管理局备案；二是项目实施过程中，政府城投公司、审计局、采购中心、公共资源交易监督管理局必须共同对增补项目、设计变更项目实施管理，未经这些部门共同签批的，审计中心一律不予审计，财政不予拨款；三是对于擅自调价的项目业主单位负责人，必须依法按渎职追究责任，对于在项目中接受中标方贿赂、吃请等好处的，依法依纪追究刑事责任或给予纪律处分。

（6）加强交流学习，不断探索完善。有效最低投标价法是最为科学的评审办法之一，其作用的发挥需要各种配套措施的跟进。各种配套措施如何跟进，需要相互交流，共同探讨，不断完善。湖北省公安县实行的有效最低价评标法和上海、合肥等地实行的有效最低价评标法，各有特点，应当相互学习，取长补短。湖北省公共资源交易监督管理局可以定期组织全省相关人员，总结各地经验，加强信息交流，强化理论探讨，不断完善有效最低价评标方法及其配套措施，最终形成全省统一的有效最低价评标方法文本。

---

① 指政府投资项目招标价格要经过咨询公司编制，造价管理部门、审计局、城投公司审核。

典型案例剖析

案例一

工程招标总价措施合理而清单子目报价不合理评审分析

——公安县****业务用房工程招标评审分析

随着《中华人民共和国招标法》和《中华人民共和国招标投标法实施条例》的贯彻执行，各地在工程建设中，严格执行招标法的规定，采取招标评审的办法确定中标人。但招标过程就是招标人和工程投标人的博弈过程，少数投标人或在子目清单上进行串通，或采取低于成本价的方法先行中标，工程实施中再以停工相要挟，要求调价。因此，应用量化评审的办法，识别清单子目报价不合理的投标商，评审出真正的低价中标人，具有重要的意义。

一、工程基本概况和招标要求

本案例工程名称为公安县****业务用房工程，本工程为框架结构，有业务用房和附属用房工程，规划建筑面积为2872m^2+556m^2。招标范围为桩基、建筑、装饰及安装工程施工。

本项目于2015年7月9日同时在中国采购与招标网（www.chinabidding.com.cn）、湖北省工程建设领域项目信息和信用信息公开共享专栏（gcjs.cnhudei.com）、公安县公共资源交易信息网（www.gonganztb.cn）上发布招标公告。

本次招标要求所有投标人必须符合《公安县公共资源交易中心交易当事人注册管理办法》公招标办发［2012］4号文件规定（须提供注册证书）。每个投标人只能选择其中一个标段投标，多投全部无效，且不接受联合体投标。

本项目于2015年8月3日开标，实行资格后审，网上下载招标文件、图纸、工程量清单，业主招标控制价明细（未下浮的，即在评标办法中固定控制价）全套，上述资料所有投标人均可从网上获取。无需报名，投标截止前递交投标文件，具体投标人名称和数量在开标前是不知道的。

本项目预算价由造价咨询公司编制后，送审计部门进行审计，审计后的控制价为5960659.84元+1130245.73元=7090905.57元，经城投下浮10%后（暂估价除外）的投标最高限价为5403635.08元+1014434.45元=6418069.53元。

本项目使用评标办法为公安县经评审最低投标价法（第三版）。即审计后的控制价为固定价格参与成本分析计算。

至投标截止时间共有15家投标单位参与竞标，其单位及报价如下：

A公司投标报价：6044295.65元；

B公司投标报价：5450291.72元；

C公司投标报价：5853590.76元；

D公司投标报价：5776176.52元；

E公司投标报价：5967894.84元；

F公司投标报价：5905411.02元；

G公司投标报价：5818258.22元；

H公司投标报价：6643870.75元；

I公司投标报价：6076445.34元；

J公司投标报价：4894719.64元；

K公司投标报价：5417359.39元；

L公司投标报价：5200219.68元；

M公司投标报价：5321701.61元；

N公司投标报价：6333071.12元；

O公司投标报价：6344805.01元。

二、工程招标评审

本案例评标程序包括合格性评审、清单报价评审、总报价盈亏分析、确定中标人或中标候选人四个程序。

（一）合格性评审

合格性评审包括商务标报价修正、技术标评审、无效投标、确定合格投标人四个方面内容，其中由于C公司、D公司、E公司、F公司、G公司5家公司未按招标文件要求编制投标文件，未按招标文件要求提供电子评标数据，对招标文件的实质性内容未作响应，其投标无效。A公司、B公司、I公司、J公司、K公司等5家公司工程量清单报价中的不可竞争的规费税金清单表内容不全，经评定为无效投标。造成废标的问题经过经济专家评标核查投标报价软件（神机妙算软件），是软件系统本身存在一个小的错误，不存在串通投标。H公司报价高于最高限价其投标无效，最终确定L，M，N，O四家公司进入清单报价评审。

（二）清单报价评审

清单报价评审包括所有分部分项工程和单价措施项目清单报价、总价措施项目清单报价、其他项目清单报价等。由于本案例中不涉及其他项目清单报价，因此在清单报价评审时主要考虑所有分部分项工程和单价措施项目清单报价、总价措施项目清单报价两个部分。

在进行所有分部分项工程和单价措施项目清单报价、总价措施项目清单报价评审前，首先在excel表格建立四个子表格，分别为分部分项计算过程表、分部分项成本计算表、总价措施表与低价判定表。如图案1–1所示。

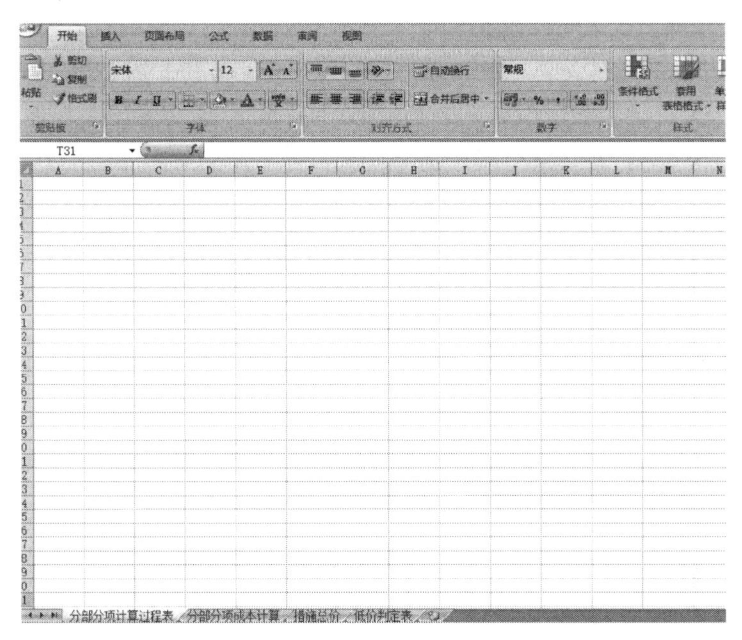

图案1–1　分部分项计算过程表、分部分项成本计算表、总价措施表与低价判定表

1　严重偏离阈值判定

分部分项计算过程表包括分部分项工程量清单投标报价基本情况、严重偏离判定、较大偏离阈值计算等内容。如图案1–2所示。

分部分项工程量清单和单价措施项目投标报价基本情况								严重偏离判定							较大偏离阈值的计算							
序号	项目编码（清单号）	项目名称	子目控制价（不含材料暂估价）	L公司 低价-1	M公司 低价-2	N公司 低价-3	O公司 低价-4	K1=0.7 K1'=0.9 合计	报价平均值	家数(S+1) 5 严重偏离阈值	L公司	M公司	N公司	O公司	合理范围报价较大偏离阈值的取值数据 L公司	M公司	N公司	O公司	读取家数	取值数合计	平均值	较大偏离阈值（平均值*0.9）
[illegible]	[illegible]	[illegible]	[illegible]	[illegible]	[illegible]	[illegible]	[illegible]	66757.32	13351.46	9346.02	0	0	0	0	12721	12516.2	13513.9	12043.5	4	51793.56	13351.46	12016.32
[illegible]	[illegible]	[illegible]	[illegible]	[illegible]	[illegible]	[illegible]	[illegible]	1222603.2	244520.64	171164.45	0	0	0	0	235099	230664	247363	237703	4	950829.6	244520.64	220068.55
[illegible]	[illegible]	[illegible]	[illegible]	[illegible]	[illegible]	[illegible]	[illegible]	8121.13	1624.23	1136.96	0	0	0	0	1384.28	1543.69	1719.87	1686.31	4	6334.15	1624.23	1461.80
[illegible]	[illegible]	[illegible]	[illegible]	[illegible]	[illegible]	[illegible]	[illegible]	55998.08	11199.62	7839.73	0	0	0	0	9706.89	10648.5	11770.1	11604	4	43729.46	11199.62	10079.65
[illegible]	[illegible]	[illegible]	[illegible]	[illegible]	[illegible]	[illegible]	[illegible]	42239.39	8447.58	5913.51	0	0	0	0	7306.12	8072.18	5862.69	5748.6	4	32989.56	8447.58	7603.09
[illegible]	[illegible]	[illegible]	[illegible]	[illegible]	[illegible]	[illegible]	[illegible]	5307.66	1061.53	743.07	0	0	0	0	916.76	1013.51	1114.92	1099.76	4	4144.95	1061.52	955.38
[illegible]	[illegible]	[illegible]	[illegible]	[illegible]	[illegible]	[illegible]	[illegible]	34014.59	6802.92	4762.04	0	0	0	0	5627.07	6083.6	7113.75	6896.85	4	25631.07	6802.92	6122.63
[illegible]	[illegible]	[illegible]	[illegible]	[illegible]	[illegible]	[illegible]	[illegible]	52503.09	10500.62	7350.43	0	0	0	0	5778.96	9224.56	11062.3	10767.7	4	39833.76	10500.62	9450.56
[illegible]	[illegible]	[illegible]	[illegible]	[illegible]	[illegible]	[illegible]	[illegible]	14854.99	2971.00	2079.70	0	0	0	0	2601.84	2696.21	3153.2	3008.96	4	11460.21	2971.00	2673.90
[illegible]	[illegible]	[illegible]	[illegible]	[illegible]	[illegible]	[illegible]	[illegible]	1179005.7	235801.14	165060.80	0	0	0	0	206736	214109	250383	238684	4	909892.4	235801.14	212221.03
[illegible]	[illegible]	[illegible]	[illegible]	[illegible]	[illegible]	[illegible]	[illegible]	34278.41	6855.68	4798.98	0	0	0	0	6010.66	6225.01	7279.62	6935.92	4	26454.21	6855.68	6170.11
[illegible]	[illegible]	[illegible]	[illegible]	[illegible]	[illegible]	[illegible]	[illegible]	61065.46	12213.09	8549.16	0	0	0	0	10388.8	11060.3	12010.9	12556.6	4	47006.53	12213.09	10991.78
[illegible]	[illegible]	[illegible]	[illegible]	[illegible]	[illegible]	[illegible]	[illegible]	80038.46	16007.69	11205.38	0	0	0	0	13939.6	14296.3	16823.8	16495.1	4	61553.81	16007.69	14406.92
[illegible]	[illegible]	[illegible]	[illegible]	[illegible]	[illegible]	[illegible]	[illegible]	8564.97	1705.99	1196.30	0	0	0	0	1490.21	1527.35	1795.62	1780.39	4	6573.57	1705.99	1538.09
[illegible]	[illegible]	[illegible]	[illegible]	[illegible]	[illegible]	[illegible]	[illegible]	264294.12	52856.82	37001.18	0	0	0	0	46021.6	47199.3	55554.9	54469.6	4	203245.6	52856.82	47572.94
[illegible]	[illegible]	[illegible]	[illegible]	[illegible]	[illegible]	[illegible]	[illegible]	410899.98	82140.00	57498.00	0	0	0	0	70553.2	72504.7	86545.3	84990.5	4	314923.7	82140.00	73926.00
[illegible]	[illegible]	[illegible]	[illegible]	[illegible]	[illegible]	[illegible]	[illegible]	56429.54	11285.91	7900.14	0	0	0	0	9443.45	10076	11862.6	11781.9	4	43163.95	11285.91	10157.32
[illegible]	[illegible]	[illegible]	[illegible]	[illegible]	[illegible]	[illegible]	[illegible]	5386.76	1077.35	754.15	0	0	0	0	926.75	955.48	1134.91	1114.4	4	4131.57	1077.35	969.62
[illegible]	[illegible]	[illegible]	[illegible]	[illegible]	[illegible]	[illegible]	[illegible]	60854.74	12170.95	8519.66	0	0	0	0	10631.4	10587.7	12783.2	12532	4	46534.33	12170.96	10953.86
[illegible]	[illegible]	[illegible]	[illegible]	[illegible]	[illegible]	[illegible]	[illegible]	15823.23	3164.65	2215.25	0	0	0	0	2745.75	2820.22	3328.15	3265.05	4	12159.27	3164.65	2848.19
[illegible]	[illegible]	[illegible]	[illegible]	[illegible]	[illegible]	[illegible]	[illegible]	21279.62	4255.92	2979.15	0	0	0	0	3577.42	3808.15	4469.26	4439.21	4	16295.04	4255.92	3830.33
[illegible]	[illegible]	[illegible]	[illegible]	[illegible]	[illegible]	[illegible]	[illegible]	9622.54	1924.51	1347.16	0	0	0	0	1617.3	1719.09	2031.97	1995.85	4	7364.21	1924.51	1732.06
[illegible]	[illegible]	[illegible]	[illegible]	[illegible]	[illegible]	[illegible]	[illegible]	30813.21	6162.64	4313.85	0	0	0	0	5149.45	5491.84	6480.96	6438.5	4	23560.75	6162.64	5546.38
[illegible]	[illegible]	[illegible]	[illegible]	[illegible]	[illegible]	[illegible]	[illegible]	972244.31	194448.86	136114.20	0	0	0	0	169404	173717	204321	200392	4	747833.6	194445.86	175003.96
[illegible]	[illegible]	[illegible]	[illegible]	[illegible]	[illegible]	[illegible]	[illegible]	5493.93	1098.79	769.15	0	0	0	0	937.09	993.85	1149.66	1141.55	4	4222.15	1098.79	985.91
[illegible]	[illegible]	[illegible]	[illegible]	[illegible]	[illegible]	[illegible]	[illegible]	4838.34	967.67	677.37	0	0	0	0	532.2	855.16	1019.38	[illegible]	[illegible]	[illegible]	[illegible]	870.90
[illegible]	[illegible]	[illegible]	[illegible]	[illegible]	[illegible]	[illegible]	[illegible]	7584.72	1516.94	1061.86	0	0	0	0	1259.67	1342.41	1665.46	[illegible]	[illegible]	[illegible]	[illegible]	1365.25
[illegible]	[illegible]	[illegible]	[illegible]	[illegible]	[illegible]	[illegible]	[illegible]	3295.01	659.00	461.30	0	0	0	0	555.15	589.56	695.4	[illegible]	[illegible]	[illegible]	[illegible]	593.10
[illegible]	[illegible]	[illegible]	[illegible]	[illegible]	[illegible]	[illegible]	[illegible]	164406.54	32881.31	23016.92	0	0	0	0	27936.9	28969	34713.5	34139.2	4	128757.5	32881.31	29593.18

图案1–2　分部分项计算过程表

分部分项工程量清单投标报价基本情况包含序号（A列）、项目编码（清单号）（B列）、项目名称（C列）、招标人子目控制价（不含材料暂估价）（D列）、投标人子目报价（不含材料暂估价）（E～H列）。B～H列数据均为招标人招标文件和投标人投标文件原始数据，并将这些数据在相应行列里依次录入。

严重偏离判定包含招标人子目控制价和投标人子目投标价合计数（I列）、平均数（J列）、严重偏离阈值（K列）、严重偏离判定（1为严重偏离，0为合理）（L～O列）。

本案例中利用D～H列原始数据，在I列第5行输入公式SUM（D5：H5），先计算出L，M，N，O四家公司的子目报价与招标人对子目控制价（不含材料暂估价）的合计值，其次在J列第5行输入公式I5/K$3，计算出报价平均值，最后在K列第五行输入公式J5*0.7，则可求出严重偏离阈值。

根据本书前述理论知识可知，当投标人子目报价低于严重偏离阈值时，为严重偏离报价，评标委员会应直接判定其为不合理报价。本案例中，在L，M，N，O列第5行分别输入公式IF（E5<$K5，1，0）、IF（F5<$K5，1，0）、IF（G5<$K5，1，0）、IF（H5<$K5，1，0），利用公式判定投标人子目报价是否低于严重偏离阈值。从excel表中判定结果可以看出4家公司部分子目报价低于严重偏离阈值，以序号业108为例，L、M公司序号业108的子目报价低于严重偏离阈值，而N，O两家公司序号业108的子目报价均为合理报价（如图案1–3所示）。

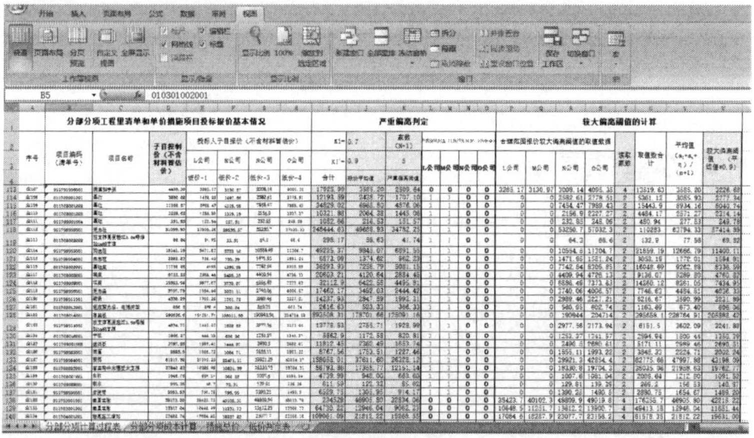

B5　010301002001

分部分项工程量清单和单价措施项目投标报价基本情况（A～H列：序号、项目编码（清单号）、项目名称、子目控制价（不含材料暂估价）、投标人子目报价（不含材料暂估价）L公司 报价-1、M公司 报价-2、N公司 报价-3、O公司 报价-4）[illegible]

行	I 合计	J 报价平均值	K 严重偏离阈值	L公司	M公司	N公司	O公司	P L公司	Q M公司	R N公司	S O公司	T 有效家数	U 取值数合计	V 平均值	W 较大偏离阈值
	K1=0.7		家数（N+1）	严重偏离判定				合理范围报价较大偏离阈值的取值数据						平均值（$a_1+a_2+a_n$）/（n+1）	较大偏离阈值（平均值×0.9）
	K1'=0.9		5												
113	17925.99	3585.20	2509.64	0	0	0	0	3285.17	3130.97	3009.14	4095.35	4	13519.63	3685.20	2226.68
114	12193.59	2438.72	1707.10	1	1	0	0	0	0	2582.61	2778.51	2	5361.12	3055.93	2777.34
115	34529.02	6965.62	4576.06	1	1	0	0	0	0	7454.47	7959.43	2	15443.9	8934.16	8040.74
116	10321.88	2064.38	1445.06	1	1	0	0	0	0	2156.9	2227.27	2	4484.17	2571.27	2314.14
117	1082.66	216.53	151.57	1	1	0	0	0	0	232.85	248.06	2	480.94	277.53	249.78
118	248444.63	49628.93	34782.25	1	1	0	0	0	0	53250.7	57032.3	2	110283	63794.33	57414.99
119	298.17	59.63	41.74	1	1	0	0	0	0	64.3	68.6	2	132.9	77.58	69.82
120	49225.37	9845.07	6891.55	1	1	0	0	0	0	10554.8	11204.7	2	21859.19	12666.79	11400.11
121	6872.09	1374.62	962.23	1	1	0	0	0	0	1471.65	1581.24	2	3053.15	1772.01	1594.81
122	36293.93	7258.79	5081.15	1	1	0	0	0	0	7742.84	8305.85	2	16048.69	9262.88	8336.59
123	20603.21	4120.64	2884.46	1	1	0	0	0	0	4409.94	4726.13	2	9136.07	5289.80	4760.82
124	32112.9	6422.58	4495.81	1	1	0	0	0	0	6886.49	7373.63	2	14260.12	8281.05	7434.95
125	17460.17	3492.03	2444.42	1	1	0	0	0	0	3740.06	4006.57	2	7746.63	4484.51	4036.33
126	14237.93	2847.59	1993.31	1	1	0	0	0	0	2989.46	3227.21	2	6216.67	3590.99	3231.89
127	2616.63	523.33	366.33	1	1	0	0	0	0	560.65	602.74	2	1163.69	673.40	606.06
128	892508.31	178701.66	125091.16	1	1	0	0	0	0	190944	204714	2	395658.1	228764.91	205882.42
129	13778.53	2755.71	1928.99	1	1	0	0	0	0	2977.56	2173.94	2	6151.5	3602.09	3241.88
130	5862.9	1172.58	820.81	1	1	0	0	0	0	1253.37	1241.57	2	2594.94	1500.44	1350.39
131	11812.45	2362.49	1653.74	1	1	0	0	0	0	2490.5	2680.61	2	5171.11	2989.46	2690.51
132	8767.56	1753.51	1227.46	1	1	0	0	0	0	1855.11	1993.22	2	3848.33	2224.71	2002.24
133	188058.01	37611.60	26328.12	1	1	0	0	0	0	39921.3	42854.4	2	82775.68	47997.88	43198.09
134	58793.86	[illegible]	[illegible]	1	1	0	0	0	0	18380.8	19704.3	2	38035.96	21968.63	19762.77
135	4729.99	946.00	662.60	1	1	0	0	0	0	1007.6	1081.04	2	2088.64	1212.80	1091.52
136	611.59	122.32	85.62	1	1	0	0	0	0	129.81	139.39	2	269.2	156.53	140.87
137	6529.75	1305.95	914.17	1	1	0	0	0	0	1390.25	1490.5	2	2880.75	1654.67	1489.20
138	234528	46905.60	32834.06	0	0	0	0	35423.7	40102.3	48809.9	49019.8	4	173355.7	46905.60	42215.22
139	64730.22	12946.04	9062.23	0	0	0	0	10648.5	11251.7	13812.2	13900.7	4	49413.18	12946.04	11651.44
140	109061.09	21812.22	15268.35	0	0	0	0	17084.6	18287.9	23077.7	23158.2	4	81578.35	21812.22	19631.00

图案1–3 分部分项计算过程表（业108子目判定）

同理，对于L，M，N，O四家公司其他子目报价均可依照上述方法判定是否低于严重偏离阈值，如低于则为严重偏离报价，可以判定为不合理报价。

在对投标人子目报价是否低于严重偏离阈值做出判定后，接着继续求出较大偏离阈值。较大偏离阈值计算过程包含合理范围报价的取值数据[①]（P ～S列）、合理范围报价的取值数据合计（U列）、平均值（V列）、较大偏离阈值（W列）四步。首先在P，Q，R，

① 合理范围报价的取值数据是指基于前面严重偏离的判定，如果投标人某子目报价低于严重偏离阈值，则取值数据为0，如果投标人某子目报价高于严重偏离阈值，则取值数据为该投标人该子目原始报价数据。

S列第一行分别输入公式IF（L5=0，E5，0）、IF（M5=0，F5，0）、IF（N5=0，G5，0）、IF（O5=0，G5，0），得到合理范围报价的取值数据。其次在U列第5行输入公式SUM（P5：S5），计算出合理范围报价的取值数据合计数，第三步在V列第5行输入公式（U5+D5）/（T5+1），计算出合理范围报价的取值数据的平均数，T5表示进入合理范围报价的投标人数量，最后在W列第5行输入公式V5*0.9，即可求出较大偏离阈值。

2 子目报价低于成本金额计算

分部分项成本计算表包含序号（A列）、项目名称（B列）、招标人子目控制价（不含材料暂估价）（C列）、投标人子目报价（不含材料暂估价）（D～G列）、较大偏离阈值（H列）、合理性判定（I～L列）、分部分项工程量清单低于成本额（M～P列）。其中序号、项目名称、招标人子目控制价（不含材料暂估价）、投标人子目报价（不含材料暂估价）、较大偏离阈值与分部分项计算过程表内容和数值相同。如图案1–4所示。

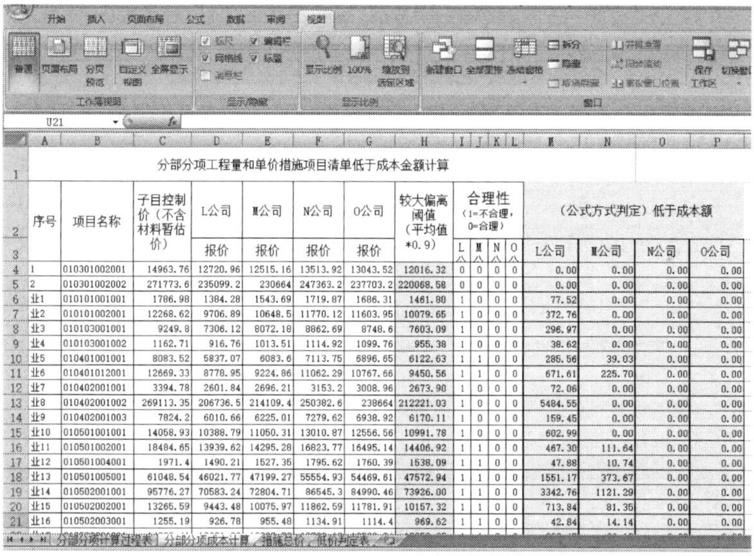

分部分项工程量和单价措施项目清单低于成本金额计算

序号	项目名称	子目控制价（不含材料暂估价）	L公司	M公司	N公司	O公司	较大偏离阈值（平均值*0.9）	合理性（1=不合理，0=合理）				（公式方式判定）低于成本额			
			报价	报价	报价	报价		L	M	N	O	L公司	M公司	N公司	O公司
1	010301002001	14963.76	12720.96	12515.16	13513.92	13043.52	12016.32	0	0	0	0	0.00	0.00	0.00	0.00
2	010301002002	271773.6	235099.2	230664	247363.2	237703.2	220068.58	0	0	0	0	0.00	0.00	0.00	0.00
业1	010101001001	1786.98	1384.28	1543.69	1719.87	1686.31	1461.80	1	0	0	0	77.52	0.00	0.00	0.00
业2	010101002001	12268.62	9706.89	10648.5	11770.12	11603.95	10079.65	1	0	0	0	372.76	0.00	0.00	0.00
业3	010103001001	9249.8	7306.12	8072.18	8862.69	8748.6	7603.09	1	0	0	0	296.97	0.00	0.00	0.00
业4	010103001002	1162.71	916.76	1013.51	1114.92	1099.76	955.38	1	0	0	0	38.62	0.00	0.00	0.00
业5	010401001001	8083.52	5837.07	6083.6	7113.75	6896.65	6122.63	1	1	0	0	285.56	39.03	0.00	0.00
业6	010401012001	12669.33	8778.95	9224.86	11062.29	10767.66	9450.56	1	1	0	0	671.61	225.70	0.00	0.00
业7	010402001001	3394.78	2601.84	2696.21	3153.2	3008.96	2673.90	1	0	0	0	72.06	0.00	0.00	0.00
业8	010402001002	269113.35	206736.5	214109.4	250382.6	238664	212221.03	1	0	0	0	5484.55	0.00	0.00	0.00
业9	010402001003	7824.2	6010.66	6225.01	7279.62	6938.92	6170.11	1	0	0	0	159.45	0.00	0.00	0.00
业10	010501001001	14058.93	10388.79	11050.31	13010.87	12556.56	10991.78	1	0	0	0	602.99	0.00	0.00	0.00
业11	010501002001	18484.65	13939.62	14295.28	16823.77	16495.14	14406.92	1	1	0	0	467.30	111.64	0.00	0.00
业12	010501004001	1971.4	1490.21	1527.35	1795.62	1760.39	1538.09	1	1	0	0	47.88	10.74	0.00	0.00
业13	010501005001	61048.54	46021.77	47199.27	55554.93	54469.61	47572.94	1	1	0	0	1551.17	373.67	0.00	0.00
业14	010502001001	95776.27	70583.24	72804.71	86545.3	84990.46	73926.00	1	1	0	0	3342.76	1121.29	0.00	0.00
业15	010502002001	13265.59	9443.48	10075.97	11862.59	11781.91	10157.32	1	1	0	0	713.84	81.35	0.00	0.00
业16	010502003001	1255.19	926.78	955.48	1134.91	1114.4	969.62	1	1	0	0	42.84	14.14	0.00	0.00

图案1–4 分部分项成本计算表

依据分部分项计算过程表中所求出的较大偏离阈值，在分部分项成本计算表中I、J、K、L列第四行分别输入公式IF（D4>=$H4，0，1）、IF（E4>=$H4，0，1）、IF（F4>=$H4，0，1）、IF（G4>=$H4，0，1），利用公式对投标人子目报价合理性进行判定（1=不合理，0=合理）。

根据本书前述理论知识，当投标人清单子目报价低于较大偏离阈值时，若投标人不能向评标委员会提供相关证明材料予以书面澄清或者说明的，属较大偏离报价，评标委员会应判定其为不合理报价。

在本案例中从excel表中判定结果可以看出，例如像L公司序号业1等一系列的子目报价合理性判定中计算结果为1的，就是报价不合理，而M、N、O三家公司像序号业1等一系列的子目报价合理性判定中计算结果为0的，均为合理报价。同理，对于L、M、N、O四家公司其他子目报价均可依照上述方法判定是否为合理报价（其他子目具体判定情况见图案1–4）。

同时，在M、N、O、P列第四行分别输入公式IF（I4=1，（$H4–D4），0）、IF（J4=1，（$H4–E4），0）、IF（K4=1，（$H4–F4），0）、IF（L4=1，（$H4–G4），0），可计算出分部分项工程量清单低于成本金额，该金额将会在低价判定表中被利用。

3 总价措施低于成本金额计算

总价措施表包括序号（A列）、单位名称（B列）、总价措施报价（C列）、投标人数量（D列）、合理性判定（E列）、措施项目总费用低于成本金额（F列），如图案1–5所示。

投标人的总价措施项目低于成本额计算表

工程名称： 标段：

序号	单位名称	报价q（元）	投标人数量	合理性判定	措施项目总费用低于成本金额（元）
1	L公司	137305.40	1	合理	0.00
2	M公司	145754.44	1	合理	0.00
3	N公司	177507.52	1	合理	0.00
4	O公司	183041.55	1	合理	0.00
	报价合计	643608.91	4.00	投标人家数+1	5.00
	招标控制价	195240.31		偏离阈值（元）	117438.89
	招标控制价+所有报价	838849.22		K2	0.70

图案1–5 总价措施表

总价措施表只对清单子目累计总金额进行评审，首先在C列第8行输入公式SUM（C4：C7），求出投标人总价措施报价合计数，其次在C列第10行输入公式C8+C9，求出投标人总价措施报价与招标人招标控制价合计数，接着在F列第九行输入公式C10/F8*0.7，求出总价措施偏离阈值，利用求出的总价措施偏离阈值，在F列第4行、第5行、第6行、第7行分别输入公式IF（C4<F$9，F$9–C4，0）、IF（C5<F$9，F$9–C5，0）、IF（C6<F$9，F$9–C6，0）、IF（C7<F$9，F$9–C7，0），计算出投标人措施项目总费用低于成本金额，该金额将会在低价判定表中被利用。

4 工程总价盈亏判定

低价判定表包括低价排序（A列）、单位名称（B列）、投标人总报价（C列）、投标人利润总额（D列）、分部分项清单报价低于成本金额（E列）、总价措施项目低于成本金额（F列）、其他项目低于成本金额（G列）、低于成本金额合计（H列）、利润总额低于成本总额（I列）、盈亏判定（J列）。其中分部分项低于成本金额与总价措施低于成本金额数值均来源于分部分项成本计算表和总价措施表。

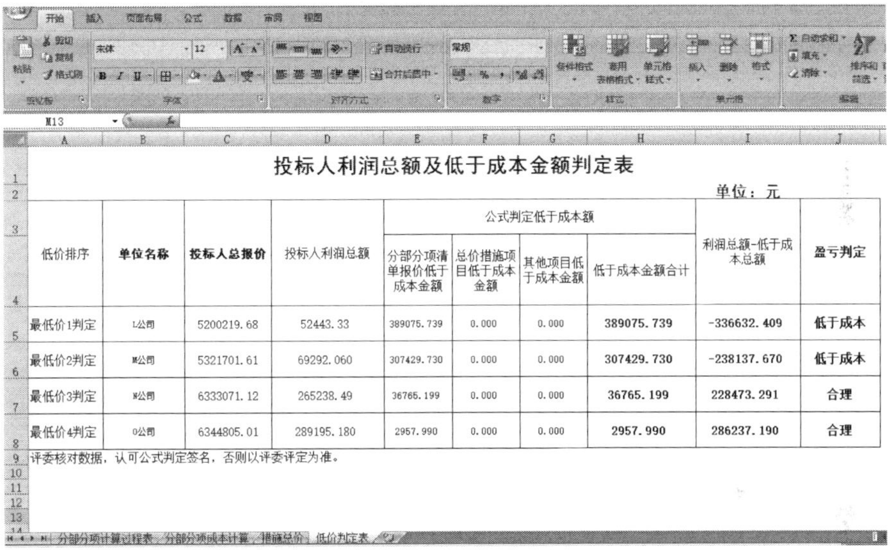

投标人利润总额及低于成本金额判定表

单位：元

低价排序	单位名称	投标人总报价	投标人利润总额	公式判定低于成本额				利润总额-低于成本总额	盈亏判定
				分部分项清单报价低于成本金额	总价措施项目低于成本金额	其他项目低于成本金额	低于成本金额合计		
最低价1判定	L公司	5200219.68	52443.33	389075.739	0.000	0.000	389075.739	-336632.409	低于成本
最低价2判定	M公司	5321701.61	69292.060	307429.730	0.000	0.000	307429.730	-238137.670	低于成本
最低价3判定	N公司	6333071.12	265238.49	36765.199	0.000	0.000	36765.199	228473.291	合理
最低价4判定	O公司	6344805.01	289195.180	2957.990	0.000	0.000	2957.990	286237.190	合理

评委核对数据，认可公式判定签名，否则以评委评定为准。

图案1-6 低价判定表（L、M、N、O公司）

其中，投标人总报价和投标人利润总额均来源于投标人投标文件，分部分项清单报价低于成本金额和总价措施项目低于成本金额来源于分部分项成本计算表和总价措施表。在H列第1行输入公式SUM（E5：G5），可求出分部分项清单报价和总价措施项目低于成本金额合计，在I列第1行输入公式D5-H5，可得到利润总额与低于成本总额的差值，根据差值来进行盈亏判定（图案1-6）。

（三）总报价盈亏分析及中标人确定

根据本书前述理论知识，当利润总额<亏损总额，则该投标人总报价低于成本，应等额补选合格投标人进入评审样本范围进行第二轮评审。依此类推，直至样本中排名第一的总报价不低于成本为止；当利润总额≥亏损总额，则该投标人总报价保本或盈利，确定为中标人。

在本案例中，计算投标总价最低的L公司分部分项工程和单价措施项目清单报价亏损额和总价措施项目清单报价亏损额总计额度为389075.739，而投标人总利润报价为52443.330，利润总额<亏损总额，L公司报价不合理，M、N、O重新进入新一轮评审。

第二轮评审程序与第一轮评审一致，从第二轮评审低价判定表可以看出，在M、N、O三家公司中投标总价最低的M公司分部分项工程和单价措施项目清单报价亏损额和总价措施项目清单报价亏损额总计额度为409151.323，而投标人总利润报价为69292.060，利润总额＜亏损总额，M公司报价也不合理，N，O两家公司重新进入第三轮评审（图案1–7）。

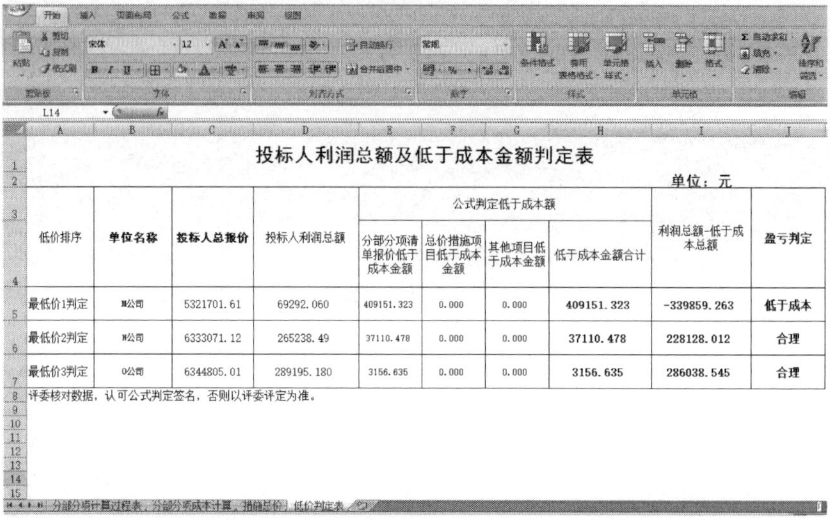

投标人利润总额及低于成本金额判定表

单位：元

低价排序	单位名称	投标人总报价	投标人利润总额	公式判定低于成本额				利润总额-低于成本总额	盈亏判定
				分部分项清单报价低于成本金额	总价措施项目低于成本金额	其他项目低于成本金额	低于成本金额合计		
最低价1判定	M公司	5321701.61	69292.060	409151.323	0.000	0.000	409151.323	-339859.263	低于成本
最低价2判定	N公司	6333071.12	265238.49	37110.478	0.000	0.000	37110.478	228128.012	合理
最低价3判定	O公司	6344805.01	289195.180	3156.635	0.000	0.000	3156.635	286038.545	合理

评委核对数据，认可公式判定签名，否则以评委评定为准。

图案1–7　低价判定表（M、N、O公司）

第三轮评审程序与第一轮、第二轮评审一致，最终在N，O两家投标公司中投标总价更低的N公司部分项工程和单价措施项目清单报价亏损额和总价措施项目清单报价亏损额总计额度为39943.394，而投标人总利润报价为265238.49，利润总额≥亏损总额，则N公司投标人总报价保本或盈利，确定为中标人（图案1–8）。

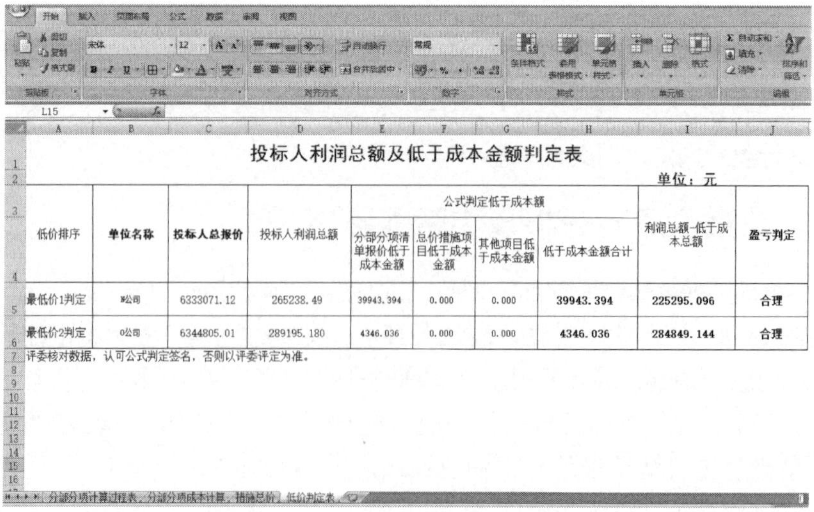

投标人利润总额及低于成本金额判定表

单位：元

低价排序	单位名称	投标人总报价	投标人利润总额	公式判定低于成本额				利润总额-低于成本总额	盈亏判定
				分部分项清单报价低于成本金额	总价措施项目低于成本金额	其他项目低于成本金额	低于成本金额合计		
最低价1判定	N公司	6333071.12	265238.49	39943.394	0.000	0.000	39943.394	225295.096	合理
最低价2判定	O公司	6344805.01	289195.180	4346.036	0.000	0.000	4346.036	284849.144	合理

评委核对数据，认可公式判定签名，否则以评委评定为准。

图案1–8　低价判定表（N、O公司）

三、工程评审理论分析

（一）合格性审查分析

在工程招标评审中，首先必须做好投标人资格是否合理的评审，主要包括：投标人的资质等级是否符合要求，投标人资料是否齐全有效，投标人报价是否超过最高限价。本案例中，15家工程建设单位参与投标，经过评审，其中5家公司未按招标文件要求编制投标文件，未按招标文件要求提供电子评标数据，对招标文件的实质性内容未作响应。因此，必然被评审为无效。

其余10家投标公司中，经过审查，又有5家公司工程量清单报价中的不可竞争的规费税金清单表内容不全，经评定为无效投标。从而还剩下5家投标公司。经过进一步评审，在5家资质等级、资料审查已经合格的公司中，H公司报价高于最高限价。而招标规则明确规定，报价高于最高限价则应为无效，因此，H公司投标无效。这样，最后尚有4家投标公司合格。

（二）清单报价评审

根据本书的理论，在合格性评审结束后，就进入严重偏离阈值评审阶段。经过严重偏离阈值计算，像L、M公司序号业108的一系列子目报价合理性判定计算结果为1的，低于严重偏离阈值，为不合格报价，该子目报价则不能进入较大偏离阈值计算。

（三）清单子目报价合理性分析

在剔除严重偏离阈值的基础上，最为关键的是必须对清单子目报价合理性分析。按照本书的理论，当投标人清单子目报价低于较大偏离阈值时，若投标人不能向评标委员会提供相关证明材料予以书面澄清或者说明的，属较大偏离报价，评标委员会应判定其为不合理报价。在本案例中从excel表中判定结果可以看出，四家公司均存在不同程度的不合理子目报价，并计算出了不合理子目的亏损总额，该亏损总额将会纳入盈亏总额判定。

（四）总报价评审

经过分部分项工程和单价措施项目清单报价评审，对通过的公司进行总报价评审。这也包括两个方面，一是总报价是否低于成本价，二是在不低于成本价的投标人中，选择确定最低价投标人作为中标人。因此，应当先进行总报价评审。如果总价低于成本价，则再对合格的投标人进行总报价的评审，如果总价不低于成本价则比较几个公司的报价，谁报价相对低则确定为中标单位。本案例中，由于M公司和L公司均在分部分项工程和单价措施项目清单报价亏损额和总价措施项目清单报价亏损评审中，利润总额＜亏损总额，故M公司和L公司报价均不合理。而计算结果显示，N公司在分部分项工程和单价措施项目清单报价亏损额和总价措施项目清单报价亏损评审中，利润总额≥亏损总额。那么，则说明N公司投标人总报价或保本或盈利，因此，将N公司确定为中标人。

案例二

工程报价总价措施和清单子目报价均不合理评审分析

——公安县*****绿化工程招标评审分析

在工程招标中，先采取低于成本价投标，中标后再以各种理由申请调价已成为一种新常态。在工程招标评审中，如何利用科学的评审办法，通过计量分析的方法，将低于成本价的投标人剔除出来，是工程招标工作的一大难题。因此，应用量化评审的办法，通过科学计算的方法，做好工程招标评审，将工程中可能发生的纠纷预防在前，把真正应该中标的公司挑选出来，确定为中标人，具有重要的意义。

一、工程基本概况和招标要求

本案例工程名称为公安县*****绿化工程，招标工程规模包括A、B两个标段，招标工程范围包括绿化工程施工，绿化苗木一年管养保活，管养期满，按实际存活数办理结算，工程总工期为30日历天，工程质量要求以符合城市绿化工程施工及验收规范合格标准为准。

本项目于2015年2月12日同时在中国采购与招标网（www.chinabidding.com.cn）、湖北省工程建设领域项目信息和信用信息公开共享专栏（gcjs.cnhudei.com）、公安县公共资源交易信息网（www.gonganztb.cn）上发布招标公告。

本次招标要求投标人须具备城市园林绿化工程施工三级及以上资质，并在人员、设备、资金等方面具有相应的施工能力。其中，投标人拟派项目经理须具备市政公用工程专业二级（含临时）及以上注册建造师资格或城市园林绿化专业三级及以上项目经理资格，且未担任其他在施建设工程项目的项目经理。所有投标人必须符合《公安县公共资源交易中心交易当事人注册管理办法》公招标办发［2012］4号文件规定（须提供注册证书）。每个投标人只能选择其中一个标段投标，多投全部无效，且不接受联合体投标。

本项目于2015年3月16日开标，实行资格后审，网上下载招标文件、图纸、工程量清单，业主招标控制价明细（未下浮的，即在评标办法中固定控制价），上述资料所有投标人均可从网上获取。无需报名，投标截止前递交投标文件，具体投标人名称和数量在开标前是不知道的。

本次工程咨询单位编制的价格为746728.40元作为招标控制价即投标报价最高限价。

使用的评标办法为公安县经评审的最低投标价法（第三版）。

开标时，有八家单位参与竞标，投标单位名称即报价如下：

A公司投标报价：681331.10元；

B公司投标报价：570006.20元；

C公司投标报价：646961.56元；

D公司投标报价：726634.34元；

E公司投标报价：598845.80元；

F公司投标报价：635495.15元；

G公司投标报价：641570.69元；

H公司投标报价：522604.31元。

二、工程招标评审

本案例评标程序包括合格性评审、清单报价评审、总报价盈亏分析、确定中标人或中标候选人四个程序。

（一）合格性评审

合格性评审包括商务标报价修正、技术标评审、无效投标、确定合格投标人四个方面内容，其中由于D公司、G公司、H公司未按招标文件要求编制投标文件且未按招标文件要求提供电子评标相关数据，经评委评审，其投标无效，最终确定A、B、C、E、F五家公司进入清单报价评审。

（二）清单报价评审

清单报价评审包括所有分部分项工程和单价措施项目清单报价、总价措施项目清单报价、其他项目清单报价等。由于本案例中不涉及其他项目清单报价，因此在清单报价评审时主要考虑所有分部分项工程和单价措施项目清单报价、总价措施项目清单报价两个部分。

在进行所有分部分项工程和单价措施项目清单报价、总价措施项目清单报价评审前，首先在excel表格建立四个子表格，分别为分部分项计算过程表、分部分项成本计算表、总价措施表与低价判定表。如图案2–1所示。

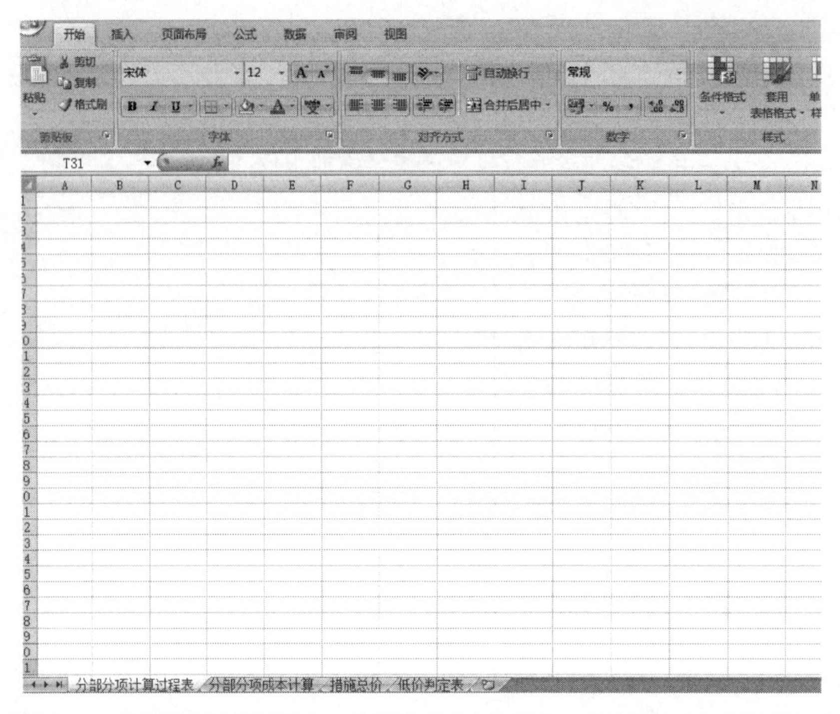

图案2-1　分部分项计算过程表、分部分项成本计算表、总价措施表与低价判定表

1　严重偏离阈值判定

分部分项计算过程表包括分部分项工程量清单投标报价基本情况、严重偏离判定、较大偏离阈值计算等内容。如图案2-2所示。

AC34

序号	项目编码（清单号）	项目名称	子目控制价（不含材料暂估价）	投标人子目报价（不含材料暂估价） B公司 低价-1	E公司 低价-2	F公司 低价-3	C公司 低价-4	A公司 低价-5	a%= 0.3 / 1-b%= 0.9 合计	报价平均值	家数（N+1） 6 平均值*0.7
1	050101006001	[illegible]	13890.51	12665.17	[illegible]	[illegible]	[illegible]	12665.17	70803.02	11767.17	8237.02
2	040103002001	外购种植土	19100.8	12151.28	[illegible]	[illegible]	[illegible]	17526.49	96195.32	16032.55	11222.79
3	050102001001	栽植广玉兰	3868.61	2630.75	[illegible]	[illegible]	[illegible]	3265.41	18823.26	3138.04	2196.63
4	050102001013	栽植广玉兰	24964.28	11881.5	[illegible]	[illegible]	[illegible]	21571.5	122080.29	20346.71	14242.70
5	050102001002	栽植朴树	17943.16	12171.1	[illegible]	[illegible]	[illegible]	15274.85	91016.76	15169.46	10618.62
6	050102001003	栽植朴树	11553.39	7922.04	[illegible]	[illegible]	[illegible]	9796.29	57700.68	9616.78	6731.75
7	050102001004	栽植榉树	24431.98	12751.5	[illegible]	[illegible]	[illegible]	21696	117581.98	19596.99	13717.89
8	050102001005	栽植柚子树	25124.92	23635.28	[illegible]	[illegible]	[illegible]	20843.28	127904.2	21317.37	14922.16
9	050102001007	栽植柚子树	53226.29	42445.92	[illegible]	[illegible]	[illegible]	44901.56	264125.21	44020.87	30814.61
10	050102001008	栽植三角枫	3798.22	2274.56	[illegible]	[illegible]	[illegible]	3416.16	19572.46	3262.08	2283.46
11	050102001009	栽植红玉兰	4513.2	3096.16	[illegible]	[illegible]	[illegible]	3856.16	23437.76	3906.29	2734.41
12	050102001010	栽植紫叶李	12851.06	8994.03	[illegible]	[illegible]	[illegible]	10168.62	65912.83	10985.47	7689.83
13	050102004001	栽植桂花	8321.6	3716.24	[illegible]	[illegible]	[illegible]	6770.98	40348.16	6724.69	4707.29
14	050102004002	栽植四季桂	21519.92	16366.79	[illegible]	[illegible]	[illegible]	17192.53	111418.98	18569.83	12998.88
15	050102001011	栽植紫薇	4403.91	2289.56	[illegible]	[illegible]	[illegible]	3475.36	21695.59	3615.93	2531.15
16	050102001012	栽植日本红枫	2776.33	1400.82	[illegible]	[illegible]	[illegible]	2284.04	13728.75	2288.13	1601.69
17	050102004003	栽植苏铁	4501.8	2998.96	[illegible]	[illegible]	[illegible]	3541.84	22118.52	3686.42	2580.49
18	050102004004	栽植红继木球	3436.78	2902.61	[illegible]	[illegible]	[illegible]	2700.77	17883.13	2980.52	2086.37
19	050102004005	栽植红叶石楠球	2449.97	1801.62	[illegible]	[illegible]	[illegible]	1973.24	12559.85	2093.31	1465.32
20	050102004006	栽植法国冬青	20933.26	6743.75	[illegible]	[illegible]	[illegible]	19305.8	99588.21	16598.04	11618.62
21	050102002001	栽植慈竹	2862.91	660.23	[illegible]	[illegible]	[illegible]	2314.41	12080.17	2013.36	1409.36
22	050102001015	栽植垂丝海棠	2848.67	1827.48	[illegible]	[illegible]	[illegible]	2562.12	14754.83	2459.14	1721.40
23	050102001014	栽植日本晚樱	10829.77	8900.4	[illegible]	[illegible]	[illegible]	9800.56	57339.73	9556.62	6689.64
24	050102007001	栽植毛鹃	7127.71	6402.48	[illegible]	[illegible]	[illegible]	6400.28	38359.78	6393.30	4475.31
25	050102007002	栽植红继木	24914.88	20963.04	[illegible]	[illegible]	[illegible]	22372.08	132689.64	22114.94	15480.46
26	050102007007	栽植南天竹	24655.02	20766.72	[illegible]	[illegible]	[illegible]	23358.72	132539.98	22089.83	15462.89
27	050102007003	栽植阔叶十大功劳	21525.54	15791.36	[illegible]	[illegible]	[illegible]	19149.36	111458.62	18576.44	13003.51
28	050102007008	栽植金森女贞	47197	39745.8	[illegible]	[illegible]	[illegible]	42380.1	251357.95	41892.99	29325.09
29	050102004007	栽植法国冬青	22586.93	4901.76	[illegible]	[illegible]	[illegible]	22170.4	104361.79	17393.63	12175.54
30	050102007004	栽植小叶栀子	49187.62	39667.68	[illegible]	[illegible]	[illegible]	44167.56	259201.84	43200.31	30240.21
31	050102007005	栽植瓜子黄杨	2311.69	1817.28	[illegible]	[illegible]	[illegible]	2075.76	12181.91	2030.30	1421.21
32	050102007006	栽植细叶麦冬	72992.3	44839.8	[illegible]	[illegible]	[illegible]	59090.4	350487.5	58414.59	40890.21

序号	[illegible]（1为严重偏离，[illegible]） B公司	E公司	F公司	C公司	A公司	合理范围报价较大偏离阈值的取值数据 B公司	E公司	F公司	C公司	A公司	选取家数	取值数合计	平均值 $(a_1+a_2+\cdots n)/(n+1)$	较大偏离阈值（平均值*0.9）
1	0	0	0	0	0	12665	8797	11854	10731	12665	5	56713	11767.17	10590.45
2	0	0	0	0	0	12151	14166	17139	16063	17526	5	77095	16032.55	14429.30
3	0	0	0	0	0	2630.8	2935.2	3099.8	3225.5	3265.4	5	15160	3138.04	2824.24
4	1	0	0	0	0	0	19426	20543	23695	21572	4	85235	22039.76	19835.78
5	0	0	0	0	0	12171	14355	15145	16129	15275	5	73074	15169.46	13652.51
6	0	0	0	0	0	7922	9251.8	9667.2	9510	9796.3	5	46147	9616.78	8655.10
7	1	0	0	0	0	0	18710	20757	19236	21696	4	80399	20966.05	18869.47
8	0	0	0	0	0	23635	19386	21296	17619	20843	5	1E+05	21317.37	19185.63
9	0	0	0	0	0	42446	42020	44669	36364	44902	5	2E+05	44020.87	39618.78
10	1	0	0	0	0	0	3039.6	3253.5	3790.4	3416.2	4	13500	3459.58	3113.62
11	0	0	0	0	0	3096.2	3607.6	3853.5	4511.1	3856.2	5	18925	3906.29	3515.66
12	0	0	0	0	0	8994	10290	10902	12707	10169	5	53062	10985.47	9886.92
13	1	0	0	0	0	0	6656.7	7047	7835.6	6771	4	28310	7326.38	6593.75
14	0	0	0	0	0	16367	17222	18096	21023	17193	5	89699	18569.83	16712.85
15	1	0	0	0	0	0	3622.4	3706.8	4297.6	3475.4	4	15002	3881.21	3493.09
16	1	0	0	0	0	0	2221.9	2343.4	2702.2	2284	4	9552	2465.59	2219.03
17	0	0	0	0	0	2999	3617.6	3804.1	3654.2	3541.8	5	17617	3686.42	3317.78
18	0	0	0	0	0	2902.6	2727.2	2981.5	3134.3	2700.8	5	14446	2980.52	2682.47
19	0	0	0	0	0	1801.6	1962.7	2030.8	2341.4	1973.2	5	10110	2093.31	1883.98
20	1	0	0	0	0	0	16878	17741	17986	19306	4	71911	18568.89	16712.00
21	1	0	0	0	0	0	2138.3	2294.8	2008.6	2314.4	4	8756	2283.99	2055.59
22	0	0	0	0	0	1827.5	2279.7	2410.1	2826.7	2562.1	5	11906	2459.14	2213.22
23	0	0	0	0	0	8900.4	8650.8	9147	10111	9800.6	5	46510	9556.62	8600.96
24	0	0	0	0	0	6402.5	5580	5936.3	6913.1	6400.3	5	31232	6393.30	5753.97
25	0	0	0	0	0	20963	19506	20750	24165	22372	5	1E+05	22114.94	19903.45
26	0	0	0	0	0	20767	19304	20536	23916	23359	5	1E+05	22089.83	19880.85
27	0	0	0	0	0	15791	17161	17078	20755	19149	5	89933	18576.44	16718.79
28	0	0	0	0	0	39746	36948	39308	45776	42380	5	2E+05	41892.99	37703.69
29	1	0	0	0	0	0	18328	17121	19252	22170	4	76871	19892.01	17902.81
30	0	0	0	0	0	39668	38507	40986	47706	44168	5	2E+05	43200.31	38880.28
31	0	0	0	0	0	1817.3	1809.7	1925.3	2242.1	2075.8	5	9870	2030.30	1827.27
32	0	0	0	0	0	44840	60065	57437	56063	59090	5	3E+05	58414.58	52573.13

分部分项计算过程表　分部分项成本计算　措施总价　低价判定表

图案2-2　分部分项计算过程表

分部分项工程量清单投标报价基本情况包含序号（A列）、项目编码（清单号）（B列）、项目名称（C列）、招标人子目控制价（不含材料暂估价）（D列）、投标人子目报价（不含材料暂估价）（E～I列）。B～I列数据均为招标人招标文件和投标人投标文件原始数据，并将这些数据在相应行列里依次录入。

严重偏离判定包含招标人子目控制价和投标人子目投标价合计数（J列）、平均数（K列）、严重偏离阈值（L列）、严重偏离判定（1为严重偏离，0为合理）（M～Q列）。

本案例中利用D～I列原始数据，在J列第五行输入公式SUM（D5：I5），先计算出A、B、C、E、F五家公司的子目报价与招标人对子目控制价（不含材料暂估价）的合计值，其次在K列第五行输入公式J5/L$3，计算出报价平均值，最后在L列第五行输入公式K5*0.7，则可求出严重偏离阈值。

根据本书前述理论知识可知，当投标人子目报价低于严重偏离阈值时，为严重偏离报价，评标委员会应直接判定其为不合理报价。本案例中，在M，N，O，P，Q列第五行分别输入公式IF（E5<$L5，1，0）、IF（F5<$L5，1，0）、IF（G5<$L5，1，0）、IF（H5<$L5，1，0），利用公式判定投标人子目报价是否低于严重偏离阈值。从excel表中判定结果可以看出B公司部分子目报价低于严重偏离阈值，以序号4为例，B公司序号4的子目报价低于严重偏离阈值，而A、C、E、F四家公司序号4的子目报价均为合理报价。

同理，对A、B、C、E、F五家公司其他子目报价均可依照上述方法判定是否低于严重偏离阈值，如低于则为严重偏离报价，可以判定为不合理报价（具体判定如图案2–2所示）。

在对投标人子目报价是否低于严重偏离阈值做出判定后，接着继续求出较大偏离阈值。较大偏离阈值计算过程包含合理范围报价的取值数据[①]（R～V列）、合理范围报价的取值数据合计（X列）、平均值（Y列）、较大偏离阈值（Z列）四步。首先在R、S、T、U、V列第五行分别输入公式IF（M5=0,E5,0）、IF（N5=0,F5,0）、IF（O5=0,G5,0）、IF（P5=0，G5，0）、IF（Q5=0，G5，0），得到合理范围报价的取值数据。其次在X列第五行输入公式SUM（R5：V5），计算出合理范围报价的取值数据合计数，第三步在Y列第五行输入公式（X5+D5）/（W5+1），计算出合理范围报价的取值数据的平均数，W5表示进入合理范围报价的投标人数量，最后在Z列第五行输入公式Y5*0.9，即可求出较大偏离阈值。

2 子目报价低于成本金额计算

分部分项成本计算表包含序号（A列）、项目名称（B列）、招标人子目控制价（不含材料暂估价）（C列）、投标人子目报价（不含材料暂估价）（D～H列）、较大偏离阈值（I列）、合理性判定（J～N列）、分部分项工程量清单低于成本额（O～S列）。其中序号、项目名称、招标人子目控制价（不含材料暂估价）、投标人子目报价（不含材料暂估价）、

① 合理范围报价的取值数据是指基于前面严重偏离的判定，如果投标人某子目报价低于严重偏离阈值，则取值数据为0，如果投标人某子目报价高于严重偏离阈值，则取值数据为该投标人该子目原始报价数据。

较大偏离阈值与分部分项计算过程表内容和数值相同。如图案2-3所示。

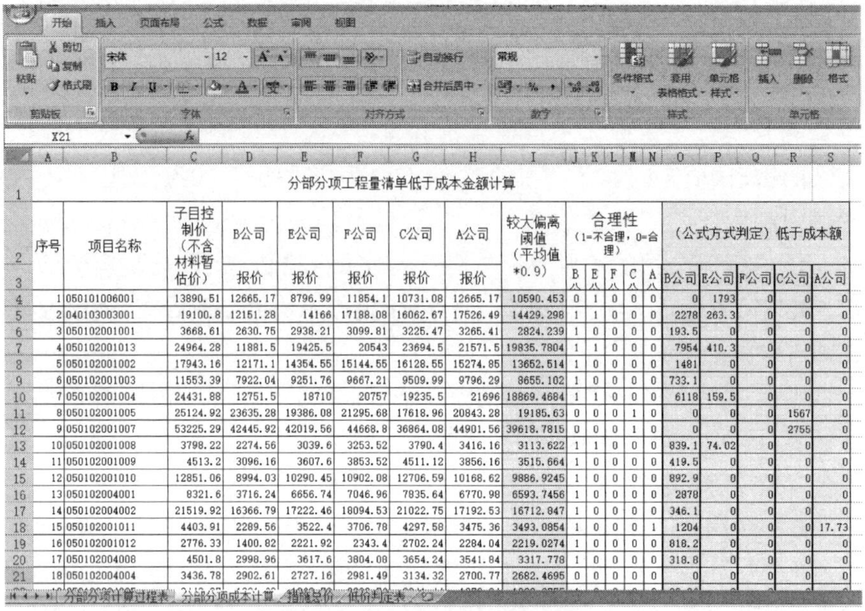

分部分项工程量清单低于成本金额计算

序号	项目名称	子目控制价（不含材料暂估价）	B公司	E公司	F公司	C公司	A公司	较大偏离阈值（平均值*0.9）	合理性（1=不合理，0=合理）					（公式方式判定）低于成本额				
			报价	报价	报价	报价	报价		B	E	F	C	A	B公司	E公司	F公司	C公司	A公司
1	050101006001	13890.51	12665.17	8796.99	11854.1	10731.08	12665.17	10590.453	0	1	0	0	0	0	1793	0	0	0
2	040103003001	19100.8	12151.28	14166	17188.08	16062.67	17526.49	14429.298	1	1	0	0	0	2278	263.3	0	0	0
3	050102001001	3668.61	2630.75	2938.21	3099.81	3225.47	3265.41	2824.239	1	0	0	0	0	193.5	0	0	0	0
4	050102001013	24964.28	11881.5	19425.5	20543	23694.5	21571.5	19835.7804	1	1	0	0	0	7954	410.3	0	0	0
5	050102001002	17943.16	12171.1	14354.55	15144.55	16128.55	15274.85	13652.514	1	0	0	0	0	1481	0	0	0	0
6	050102001003	11553.39	7922.04	9251.76	9667.21	9509.99	9796.29	8655.102	1	0	0	0	0	733.1	0	0	0	0
7	050102001004	24431.88	12751.5	18710	20757	19235.5	21696	18869.4684	1	1	0	0	0	6118	159.5	0	0	0
8	050102001005	25124.92	23635.28	19386.08	21295.68	17618.96	20843.28	19185.63	0	0	0	1	0	0	0	0	1567	0
9	050102001007	53225.29	42445.92	42019.56	44668.8	36864.08	44901.56	39618.7815	0	0	0	1	0	0	0	0	2755	0
10	050102001008	3798.22	2274.56	3039.6	3253.52	3790.4	3416.16	3113.622	1	1	0	0	0	839.1	74.02	0	0	0
11	050102001009	4513.2	3096.16	3607.6	3853.52	4511.12	3856.16	3515.664	1	0	0	0	0	419.5	0	0	0	0
12	050102001010	12851.06	8994.03	10290.45	10902.08	12706.59	10168.62	9886.9245	1	0	0	0	0	892.9	0	0	0	0
13	050102004001	8321.6	3716.24	6656.74	7046.96	7835.64	6770.98	6593.7456	1	0	0	0	0	2878	0	0	0	0
14	050102004002	21519.92	16366.79	17222.46	18094.53	21022.75	17192.53	16712.847	1	0	0	0	0	346.1	0	0	0	0
15	050102001011	4403.91	2289.56	3522.4	3706.78	4297.58	3475.36	3493.0854	1	0	0	0	1	1204	0	0	0	17.73
16	050102001012	2776.33	1400.82	2221.92	2343.4	2702.24	2284.04	2219.0274	1	0	0	0	0	818.2	0	0	0	0
17	050102004008	4501.8	2998.96	3617.6	3804.08	3654.24	3541.84	3317.778	1	0	0	0	0	318.8	0	0	0	0
18	050102004004	3436.78	2902.61	2727.16	2981.49	3134.32	2700.77	2682.4695	0	0	0	0	0	0	0	0	0	0

分部分项计算过程表　分部分项成本计算　措施总价　低价判定表

图案2-3　分部分项成本计算表

依据分部分项计算过程表中所求出的较大偏离阈值，在分部分项成本计算表中J、K、L、M、N列第四行分别输入公式IF（D4>=$I4，0，1）、IF（E4>=$I4，0，1）、IF（F4>=$I4，0，1）、IF（G4>=$I4，0，1）、IF（H4>=$I4，0，1），利用公式对投标人子目报价合理性进行判定（1=不合理，0=合理）。

根据本书前述理论知识，当投标人清单子目报价低于较大偏离阈值时，若投标人不能向评标委员会提供相关证明材料予以书面澄清或者说明的，属较大偏离报价，评标委员会应判定其为不合理报价。

在本案例中从excel表中判定结果可以看出，比如像E公司序号业1等一系列子目报价判定为1的均不合理，而像B、F、C、A四家公司序号业1的一系列子目报价判定为0的均为合理报价。同理，对于A、B、C、E、F五家公司其他子目报价均可依照上述方法判定是否为合理报价（其他子目具体判定情况见图案2-4）。

同时，在O、P、Q、R、S列第四行分别输入公式IF（J4=1,（$I4–D4），0）、IF（K4=1,（$I4–E4），0）、IF（L4=1,（$I4–F4），0）、IF（M4=1,（$I4–G4），0）、IF（N4=1,（$I4–H4），0），可计算出分部分项工程量清单低于成本金额，该金额将会在低价判定表中被利用。

3　总价措施低于成本金额计算

总价措施表包括序号（A列）、单位名称（B列）、总价措施报价（C列）、合理性判定

（D列）、措施项目总费用低于成本金额（E列），如图案2-4所示。

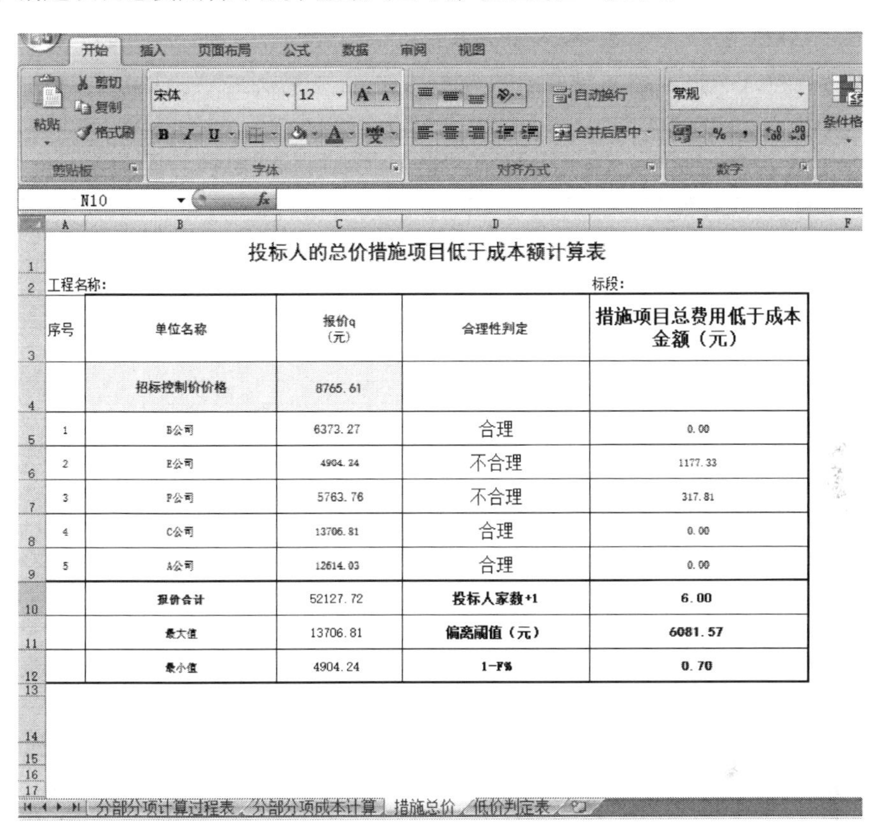

投标人的总价措施项目低于成本额计算表

工程名称：　　标段：

序号	单位名称	报价q（元）	合理性判定	措施项目总费用低于成本金额（元）
	招标控制价价格	8765.61		
1	B公司	6373.27	合理	0.00
2	E公司	4904.24	不合理	1177.33
3	F公司	5763.76	不合理	317.81
4	C公司	13706.81	合理	0.00
5	A公司	12614.03	合理	0.00
	报价合计	52127.72	投标人家数+1	6.00
	最大值	13706.81	偏离阈值（元）	6081.57
	最小值	4904.24	1-F%	0.70

图案2-4　总价措施表

总价措施表只对清单子目累计总金额进行评审，首先在C列第十行输入公式SUM（C4：C9），求出投标人总价措施报价与招标人招标控制价合计数，接着在E列第十一行输入公式C10/E10*0.7，求出总价措施偏离阈值，利用求出的总价措施偏离阈值，在E列第五行、第六行、第七行、第八行、第九行分别输入公式IF（C5<E$11，E$11-C5，0）、IF（C6<E$11，E$11-C6，0）、IF（C7<E$11，E$11-C7，0）、IF（C8<E$11，E$11-C8，0）、IF（C9<E$11，E$11-C9，0），计算出投标人措施项目总费用低于成本金额，该金额将会在低价判定表中被利用。

4　工程总价盈亏判定

低价判定表包括低价排序（A列）、单位名称（B列）、投标人总报价（C列）、投标人利润总额（D列）、分部分项清单报价低于成本金额（E列）、总价措施项目低于成本金额（F列）、其他项目低于成本金额（G列）、低于成本金额合计（H列）、利润总额低于成本总额（I列）、盈亏判定（J列）。其中分部分项低于成本金额与总价措施低于成本金额数值均来源于分部分项成本计算表和总价措施表。

其中，投标人总报价和投标人利润总额均来源于投标人投标文件，分部分项清单报价低于成本金额和总价措施项目低于成本金额来源于分部分项成本计算表和总价措施表。在H列第五行输入公式SUM（E5：G5），可求出分部分项清单报价和总价措施项目低于成本金额合计，在I列第五行输入公式D5–H5，可得到利润总额与低于成本总额的差值，根据差值来进行盈亏判定。

（三）总报价盈亏分析及中标人确定

根据本书前述理论知识，当利润总额＜亏损总额，则该投标人总报价低于成本，应等额补选合格投标人进入评审样本范围进行第二轮评审。依此类推，直至样本中排名第一的总报价不低于成本为止；当利润总额≥亏损总额，则该投标人总报价保本或盈利，确定为中标人。

在本案例中，计算投标总价最低的B公司分部分项工程和单价措施项目清单报价亏损额和总价措施项目清单报价亏损额总计额度为60189.911，而投标人总利润报价为7988.70，利润总额＜亏损总额，B公司报价不合理（如图案2–5所示），E、F、C、A重新进入新一轮评审。

I6 =D6-H6

投标人最低价利润总额及公式判定低于成本金额判定表

单位：元

低价排序	单位名称	投标人总报价	投标人利润总额	公式判定低于成本额				利润总额–低于成本总额	盈亏判定
				分部分项清单报价低于成本金额	总价措施项目低于成本金额	其他项目低于成本金额	低于成本金额合计		
最低价1判定	B公司	570006.2	7988.70	60189.911	0.000	0.000	60189.911	-52201.211	低于成本
最低价2判定	E公司	598845.8	13324.560	5616.102	1177.327	0.000	6793.429	6531.131	合理
最低价3判定	F公司	635495.15	7296.160	782.165	317.807	0.000	1099.973	6196.187	合理
最低价4判定	C公司	646961.56	46542.030	4419.036	0.000	0.000	4419.036	42122.994	合理
最低价5判定	A公司	681331.1	46944.870	17.725	0.000	0.000	17.725	46927.145	合理

评委核对数据，认可公式判定签名，否则以评委评定为准。

分部分项计算过程表　分部分项成本计算　措施总价　低价判定表

图案2–5　低价判定表（A、B、C、E、F公司）

第二轮评审程序与第一轮评审一致，从第二轮评审低价判定表可以看出，在E、F、C、A四家公司中投标总价最低的E公司分部分项工程和单价措施项目清单报价亏损额和总价措施项目清单报价亏损额总计额度为9522.084，而投标人总利润报价为13324.560，利润总额≥亏损总额，则E公司投标人总报价保本或盈利，确定为中标人（如图案2-6所示）。

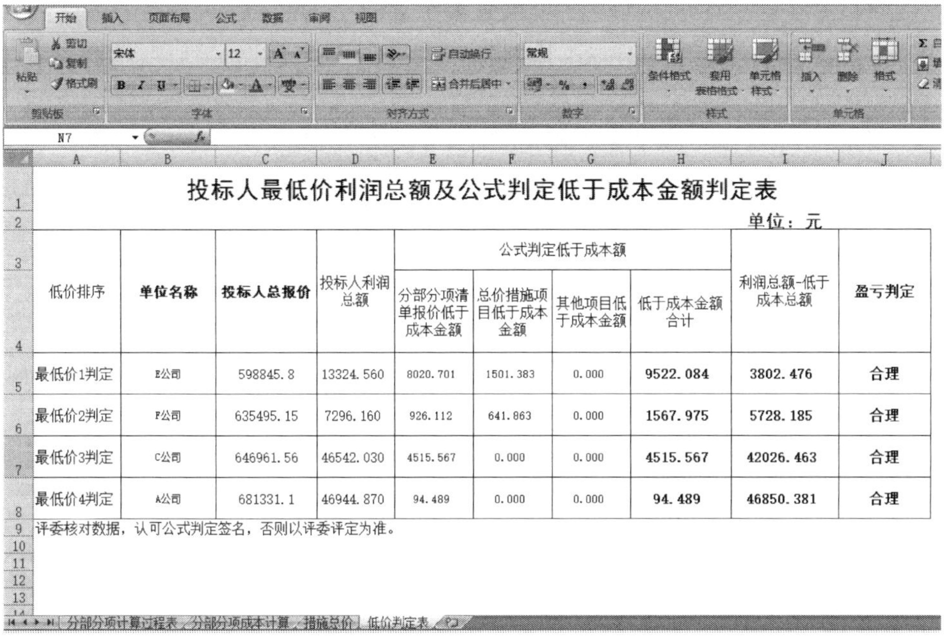

投标人最低价利润总额及公式判定低于成本金额判定表

单位：元

低价排序	单位名称	投标人总报价	投标人利润总额	公式判定低于成本额				利润总额-低于成本总额	盈亏判定
				分部分项清单报价低于成本金额	总价措施项目低于成本金额	其他项目低于成本金额	低于成本金额合计		
最低价1判定	E公司	598845.8	13324.560	8020.701	1501.383	0.000	9522.084	3802.476	合理
最低价2判定	F公司	635495.15	7296.160	926.112	641.863	0.000	1567.975	5728.185	合理
最低价3判定	C公司	646961.56	46542.030	4515.567	0.000	0.000	4515.567	42026.463	合理
最低价4判定	A公司	681331.1	46944.870	94.489	0.000	0.000	94.489	46850.381	合理

评委核对数据，认可公式判定签名，否则以评委评定为准。

图案2-6　低价判定表（E、F、C、A公司）

三、工程评审理论分析

（一）合格性评审

合格性评审是工程招标评审的第一步。在本案例中，有8家公司投标，经过评审，其中的D公司、G公司、H公司未按招标文件要求编制投标文件且未按招标文件要求提供电子评标相关数据。这就给未来量化评审造成了直接困难，而量化评审是现代招标评审中科学评审的关键措施。因此，未按招标文件要求编制投标文件且未按招标文件要求提供电子评标相关数据的投标人只能判定为投标无效，而合格的5家公司进入量化评审。

（二）清单子目报价评审

清单子目报价评审是评价工程中各个施工环节所涉及的项目成本是否合理的关键。为此，必须认真计算，为科学评价提供依据。本案例中，依据本书提供的计算公式，通过对分部分项的计算，计算出较大偏离阈值，判定子目报价是否合理。具体计算方法是，在分部分项成本计算表中J、K、L、M、N列第四行分别输入公式IF（D4>=$I4，0，1）、

IF（E4>=$I4，0，1）、IF（F4>=$I4，0，1）、IF（G4>=$I4，0，1）、IF（H4>=$I4，0，1），利用公式对投标人子目报价合理性进行判定，结果为1的，则为不合理。结果为0的则为合理。同时，计算出不合理报价子目的总亏损额度。

（三）总价措施评审

在工程施工中，由于安全生产和文明施工的需要，必然会产生如安全防护、文明施工等一系列费用。这部分费用由于不是直接用于工程生产的材料和人工工资，而是因为生产需要而采取的一些必要措施。因此，称为总价措施。总价措施的具体计算一般是通过计算基数乘以费率所得。但总价措施由于计算基数的取值不同，也有可能低于理论成本。为此，必须根据投标人的报价和招标人的最高限价，计算出偏离阈值，凡是报价高于偏离阈值的为合理，低于偏离阈值的为不合理。如果不合理，则计算出投标人措施项目总费用低于成本的金额，并纳入总价盈亏总额计算中。本案例中，E公司、F公司的总价措施报价分别为4904.24元、5763.76元，而偏离阈值为6081.57元。则可以计算出E公司、F公司的措施项目总费用低于成本的金额分别为1177.33元和317.81元。

（四）公司报价盈亏总额判定

在应用本理论进行工程招标评审中，分别对合格的投标人进行量化评审。评审工程盈亏总额由投标人利润总额报价与本评审方法所计算出的清单子目低于理论成本的总额和措施项目低于理论成本总额比较判定所得。当投标人利润总额报价大于清单子目低于理论成本总额和措施项目低于理论成本总额之和时，则该投标人的标书或保本或盈利，可确定为中标候选人。经过对中标候选人报价的比较，报价最低的投标则确定为中标人。

案例三

投标公司报价盈亏比较判定评审分析

——公安县******科研楼工程招标评审分析

在工程建设招标中，除按正规程序进行投标人合格评审外，必须通过量化评审进行理论成本和投标价格的比较分析。通过比较分析，判断是否低于成本价。为此，投标人是否低于成本价投标，是工程招标评审的关键。

一、工程基本概况和招标要求

（一）基本概况

本案例工程名称为公安县******科研楼工程。招标范围为土建及安装工程施工。本项目于2015年12月22日同时在中国采购与招标网（www.chinabidding.com.cn）、湖北省工程建设领域项目信息和信用信息公开共享专栏（gcjs.cnhudei.com）、公安县公共资源交易信息网（www.gonganztb.cn）上发布招标公告。

本项目工程咨询单位编制的价格为270万元，经下浮10%后招标控制价为250万元（暂估价不下浮），作为招标控制价即投标报价最高限价。

本项目招标工作于2016年1月15日开标，开标后进行资格审查。投标人直接从网上下载招标文件、图纸、工程量清单，无需提前报名。投标人编制投标文件后，在开标日直接投标。因此，至开标截止时间前不知道具体投标人及数量，开标当天投标人递交投标文件，现场开标，开标后立即评标。

（二）招标要求

本项目要求所有投标人必须符合《公安县公共资源交易中心交易当事人注册管理办法》公招标办发［2012］4号文件规定（须提供注册证书）。同时，本次招标要求投标人须具备建筑装修装饰工程专业承包二级及以上资质，并在人员、设备、资金等方面具有相应的施工能力。投标人拟派项目负责人须具备建筑工程专业贰级及以上注册建造师执业资格，具备有效的B类安全生产考核合格证书，且无在建项目，本项目技术负责人应具有建筑工程专业中级及以上职称。本次招标不接受联合体投标。如果投标人条件不能满足以上规定，则视为无效投标。

本项目使用的评标办法为公安县经评审的最低投标价法（第三版）。

经过初步筛选与统计，至投标截止时间有七家单位参与竞标。投标单位名称及报价如下：

开标时，有9家单位参与竞标，投标单位名称即报价如下：

A公司投标报价：1712583.17元；

B公司投标报价：2025701.87元；

C公司投标报价：2104872.23元；

D公司投标报价：2109496.21元；

E公司投标报价：2139965.65元；

F公司投标报价：2298886.15元；

G公司投标报价：2324292.98元；

H公司投标报价：2493221.27元；

I公司投标报价：2494497.31元。

二、工程招标评审

本案例评标程序按照一般工程建筑评标程序对投标人进行招标评审，主要包括合格性评审、清单报价评审、总报价盈亏分析、确定中标候选人或中标人等四个程序。

（一）合格性评审

合格性评审通过四个步骤确定投标人的合格情况，主要包括商务标报价修正、技术标评审、无效投标、确定合格投标人四个方面内容。

在本案例中，评委在对A公司进行初步评审时，发现其材料价格低于市场价格50%，且未按照招标文件要求编制投标文件。因此，判定其属于低于成本价竞标。在对B公司、F公司、G公司进行初步评审时，发现其均未按照招标文件要求编制投标文件，且未按照招标文件要求提供电子评标相关数据。因此，经评委评审，确定其投标无效。最终确定C、D、E、H、I五家投标人合格，进入下一步清单报价评审。

（二）清单报价评审

清单报价评审包括所有分部分项工程和单价措施项目清单报价、总价措施项目清单报价、其他项目清单报价等内容。由于公安县******科研楼工程中，没有涉及其他项目清单报价，因此在评审时主要考虑所有分部分项工程和单价措施项目清单报价、总价措施项目清单报价等两个部分。

依照本书理论，将清单报价评审分为四个重要步骤：第一步为严重偏离阈值判定，第二步为子目报价低于成本金额计算，第三步为总价措施低于成本金额计算，第四步为项目工程总价盈亏最后综合判定。在依次进行四个步骤实施前，在进行所有分部分项工程和单价措施项目清单报价、总价措施项目清单报价评审前，首先在办公软件WPS或者EXCEL表格中建立四个子表格，分别重新命名。具体为，表一：分部分项计算过程表；表二：分部分项成本计算表；表三：总价措施表；表四：低价判定表。这样就完成了量化评审的基础工作。

1 严重偏离阈值判定

阈值又叫临界值，是指一个效应能够产生的最低值或最高值。本书的严重偏离阈值判定，是根据分部分项计算过程表科学计算得来。而该表主要包括三个方面的内容，一是分部分项工程量清单投标报价基本情况数据录入；二是关于严重偏离判定；三是较大偏离阈值等数字的计算过程。如图案3–1内容所示。

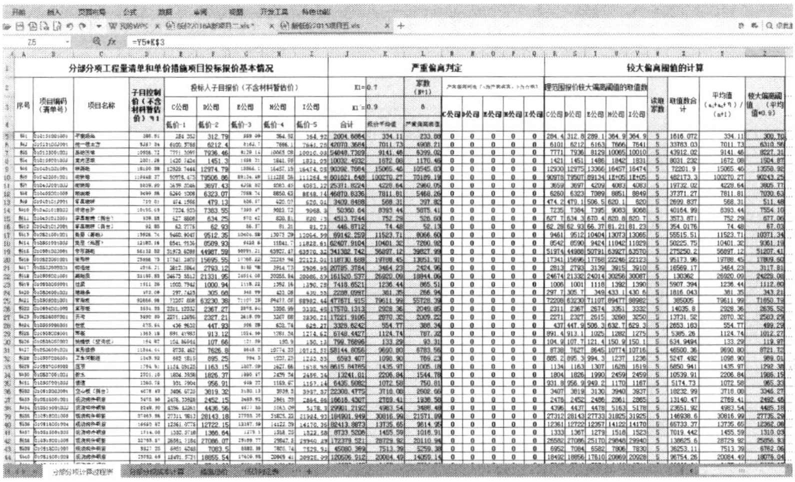

Z5 =Y5*K$3

分部分项工程量清单和单价措施项目投标报价基本情况									严重偏离判定	
序号	项目编码（清单号）	项目名称	子目控制价（不含材料暂估价）Y1	投标人子目报价（不含材料暂估价）					K1=0.7 / K1′=0.9	
				C公司 低价-1	D公司 低价-2	E公司 低价-3	H公司 低价-4	I公司 低价-5	合计	报价平均值
[illegible]	[illegible]	[illegible]	388.91	284.352	312.79	289.09	364.92	364.92	2004.6864	334.11
[illegible]	[illegible]	[illegible]	8267.34	6100.5768	6212.4	8162.7	7666.1	7641.26	42070.3684	7011.73
[illegible]	[illegible]	[illegible]	10956.72	7771.3097	7936.46	8129.16	10065.08	10010.08	54048.7389	9141.48
[illegible]	[illegible]	[illegible]	2001.26	1420.7424	1451.3	1486.21	1841.96	1831.09	10032.4932	1672.08
[illegible]	[illegible]	[illegible]	18100.88	12929.7444	12974.79	13866.1	16457.19	16474.05	90392.7684	15065.46
[illegible]	[illegible]	[illegible]	119448.37	90978.475	79506.86	89134.49	111238.56	111264.9	601621.648	100270.27
[illegible]	[illegible]	[illegible]	4839.89	3659.3046	3697.43	4206.82	4080.45	4083.12	25371.8224	4228.64
[illegible]	[illegible]	[illegible]	9499.88	6260.1308	6323.07	7088.74	8850.62	8848.14	46870.8336	7811.81
[illegible]	[illegible]	[illegible]	710.01	474.1566	479.13	506.57	620.07	620.01	3409.8488	568.31
[illegible]	[illegible]	[illegible]	10196.69	7234.955	7383.55	7395.47	9082.72	9068.3	50360.64	8393.44
[illegible]	[illegible]	[illegible]	939.88	627.8608	634.25	670.42	820.81	820.73	4513.7244	752.29
[illegible]	[illegible]	[illegible]	92.85	62.7776	62.93	66.37	81.21	81.23	446.8712	74.48
[illegible]	[illegible]	[illegible]	13928.74	9460.9047	9512.35	10404.88	13073.29	13064.59	69142.259	11523.71
[illegible]	[illegible]	[illegible]	12185.16	8541.9136	8509.93	9424.6	11841.7	11828.61	62407.9104	10401.32
[illegible]	[illegible]	[illegible]	68132.82	51973.6288	44987.59	50791.21	63927.47	63570.32	341382.742	56897.12
[illegible]	[illegible]	[illegible]	23988.73	17341.2809	15695.55	17788.22	22249.94	22123.01	118730.688	19788.45
[illegible]	[illegible]	[illegible]	4916.21	2812.5864	2793.12	3139.78	3914.73	3909.95	20785.3784	3464.23
[illegible]	[illegible]	[illegible]	31159.83	34673.5512	21331.95	24014.08	30256.84	30086.59	161520.537	26920.09
[illegible]	[illegible]	[illegible]	1511.26	1005.7942	1000.94	1118.22	1392.16	1390.29	7418.6521	1236.44
[illegible]	[illegible]	[illegible]	472.08	297.7425	305.66	348.99	433.08	430.53	2288.0997	381.35
[illegible]	[illegible]	[illegible]	92886.98	72207.808	63230.38	71107.29	89477.08	88982.44	477671.915	79611.99
[illegible]	[illegible]	[illegible]	3534.33	2311.12332	2367.27	2678.94	3356.99	3332.48	17570.1313	2928.36
[illegible]	[illegible]	[illegible]	3490.89	2271.12656	2327.21	2618.99	3267.88	3250.21	17221.9106	2870.32
[illegible]	[illegible]	[illegible]	675.64	436.9632	447.93	506.28	632.74	629.27	3328.6242	554.77
[illegible]	[illegible]	[illegible]	1363.18	891.41983	913.12	1024.99	1281.34	1274.62	6748.4427	1124.74
[illegible]	[illegible]	[illegible]	154.87	104.86944	107.66	121.59	150.9	150.13	799.76896	133.29
[illegible]	[illegible]	[illegible]	11844.64	8738.462	7626.8	8648.2	10774.33	10715.57	58144.8056	9690.80
[illegible]	[illegible]	[illegible]	1349.92	885.1815	895.25	994.3	1237.23	1233.53	6593.407	1098.90
[illegible]	[illegible]	[illegible]	1794.91	1134.09125	1163.15	1307.09	1627.66	1618.96	8615.84785	1435.97
[illegible]	[illegible]	[illegible]	2701.10	1804.3938	1826.37	1990.47	2459.34	2459.14	13241.01	2206.84
[illegible]	[illegible]	[illegible]	1280.78	931.7904	956.91	949.22	1169.67	1167.14	6435.5082	1072.58
[illegible]	[illegible]	[illegible]	4678.49	3406.6728	3819.32	3130.13	3939.5	3937.37	22308.4775	3718.08
[illegible]	[illegible]	[illegible]	3478.96	2476.33928	2452.15	2405.93	2861.39	2864.66	16618.4307	2769.41
[illegible]	[illegible]	[illegible]	6249.90	4396.42261	4436.56	4477.88	5163.09	5178.3	29901.2192	4983.54
[illegible]	[illegible]	[illegible]	37063.86	27311.9813	28143.18	27733.36	31825.22	31924.93	184901.949	30816.99
[illegible]	[illegible]	[illegible]	16660.87	12361.0778	12722.15	12367.39	14122.39	14170.36	82413.8873	13735.65
[illegible]	[illegible]	[illegible]	1714.06	1332.9718	1366.64	1279.1	1518.29	1522.58	8733.5206	1455.59
[illegible]	[illegible]	[illegible]	32763.87	26581.7184	27086.07	25169.77	29847.8	29940.29	172379.521	28729.92
[illegible]	[illegible]	[illegible]	9827.25	6951.6246	7083.5	6882.38	7805.74	7829.91	45080.369	7513.39
[illegible]	[illegible]	[illegible]	25782.65	18491.5721	18855.54	17609.96	20869.41	20925.99	120506.912	20084.49

图案3–1 分部分项计算过程表

量化评审具体步骤如下：

一是原始数据录入。如图案3–1所示，本案例中的分部分项工程量清单投标报价基本情况包括A～I列数据内容。分别对应本案例的含序号、项目编码（清单号）、项目名称、招标人子目控制价（不含材料暂估价）、投标人子目报价（不含材料暂估价）（C、D、E、H、I公司，也就是投标人）；由于A、B、F、G公司未通过合格性评审，未进入量化评审阶段。因此，图案3–1不含A、B、F、G公司。接下来，分别将A～I列原始数据一一对应录入，数据来源为招标人招标文件和投标人投标文件原始数据。

二是严重偏离判定。如图案3–1所示，严重偏离判定包含了J～Q列数据，主要解释了招标人子目控制价和投标人子目投标价合计数（J列）、报价平均数（K列）、严重偏离阈值（L列）、严重偏离判定（M～Q列，分别为本案例的五家投标人）。严重偏离阈值判定的方法为：如果投标人的子目报价（不含材料暂估价）小于按本书计算出的严重偏离阈值，对应M～Q列的数值为1，就判定该投标人子目报价为不合理；如果投标人的子目报价（不含材料暂估价）大于按本书计算出的严重偏离阈值，即对应M～Q列的数值为0，就判定该投标人子目报价处于合理范围。

三是较大偏离阈值计算。为简单起见，本案例中以每个公司的第一行数据，也就项目编号为：010101001001、名称为平整场地的数据为例进行分析。如图案3-1所示，较大偏离阈值计算包含了合理范围报价较大偏离阈值的取值数据、读取家数、取值数合计、平均值、较大偏离阈值等五项基本内容，涵盖了R列～Z列数据，最终科学计算出了每个投标人的每个项目的较大偏离阈值。

结合本案例给出的数据，根据上述量化评审的方法，具体的量化计算步骤和结果如下：

首先，结合本书理论给出本案例中所要计算的公式。A～I列为原始数据，直接录入，无需公式。为便于直观显示本案例其他列（J5～Z5单元格）的计算公式，其他各列各行公式依次类推，如表案3-1所示。

表案3-1　各列计算公式

列序	公式	列序	公式
J5	“=SUM（D5：I5）”	S5	“=IF（N5=0，F5，0）”
K5	“=J5/L$3”	T5	“=IF（O5=0，G5，0）”
L5	“=K5*K$2”	U5	“=IF（P5=0，H5，0）”
M5	“=IF（E5<$L5，1，0）”	V5	“=IF（Q5=0，I5，0）”
N5	“=IF（F5<$L5，1，0）”	W5	“=COUNTIF（R5：V5，“>0”）”
O5	“=IF（G5<$L5，1，0）”	X5	“=SUM（R5：V5）”
P5	“=IF（H5<$L5，1，0）”	Y5	“=（X5+D5）/（W5+1）”
Q5	“=IF（I5<$L5，1，0）”	Z5	“=Y5*K$3”
R5	“=IF（M5=0，E5，0）”		

其次，计算过程分析。本案例中，利用各原始数据，先计算出C、D、E、H、I五家公司的子目报价与招标人对子目控制价（不含材料暂估价）的合计值，本案例中五家公司项目编号分别为010101001001，其合计值为：2004.6864元；再通过“=J5/L$3”公式进行计算，得出报价平均值为334.11元。根据本书理论可知，当投标人子目报价低于严重偏离阈值时，评标委员会应直接判定其为不合理报价。本案例中，运用表案3-1中的L5单元格的公式“=K5*K$2”求出，五家公司项目编号为010101001001的严重偏离阈值为233.88元。在M5-Q5单元格利用表中公式判定投标人子目报价是否低于严重偏离阈值，可见五家公司项目编号为010101001001的值都在合理范围内。在对投标人子目报价是否低于严重偏离阈值做出判定后，接着继续求出较大偏离阈值。

较大偏离阈值计算过程包含以下五步。具体为：

第一步在R-V列求出合理范围报价的取值数据；

第二步在W列计算出求出读取家数，为5家；

第三步在X列合理范围报价的取值数据合计数，为1616.072元；

第四步在Y列计算出合理范围报价的取值数据的平均数，为334.11元；

第五步在第Z列按表1中公式求出较大偏离阈值，编号为010101001001的较大偏离阈值为300.70元。

最后，较大偏离阈值的求取为下一步子目报价低于成本金额计算做好准备。

2 子目报价低于成本金额计算

子目报价低于成本金额计算主要依靠分部分项成本计算表进行判断。如图案3-2所示。

=IF(J4=1,($I4-D4),0)

分部分项工程量和单价措施项目清单低于成本金额计算

序号	项目名称	子目控制价（不含材料暂估价）η1	C公司报价	D公司报价	E公司报价	H公司报价	I公司报价	较大偏离阈值（平均值*0.9）	合理性（1=不合理，0=合理）C	D	E	H	I	（公式方式判定）低于成本额 C公司	D公司	E公司	H公司	I公司
科1	010101001001	388.6144	284.352	312.79	289.09	364.92	364.92	300.70	1	0	1	0	0	16.35	0	11.61296	0	0
科2	010101002001	8287.3416	6100.5768	6212.4	6162.7	7666.1	7641.25	6310.56	1	1	1	0	0	209.98	98.15526	147.8553	0	0
科3	010103001001	10936.7192	7771.3097	7936.46	8129.14	10065.08	10010.03	8227.31	1	1	1	0	0	456.00	290.8508	98.17083	0	0
科4	010103001002	2001.2608	1420.7424	1451.3	1486.21	1841.95	1831.03	1504.87	1	1	1	0	0	84.13	53.57398	18.66398	0	0
科5	010401001001	18190.884	12929.744	12974.79	13366.1	16457.19	16474.08	13558.92	1	1	1	0	0	629.17	584.1283	192.8183	0	0
科6	010402001001	119448.375	90978.473	79506.86	89134.49	111288.56	111264.89	90243.25	0	1	1	0	0	0.00	10736.39	1108.757	0	0
科7	010402001002	5639.7978	3659.3046	3697.43	4208.52	4083.45	4083.32	3805.77	1	1	0	0	0	146.47	108.3434	0	0	0
科8	010402001003	9499.5628	6260.1008	6323.07	7088.74	8850.62	8848.74	7030.63	1	1	0	0	0	770.52	707.555	0	0	0
科9	010401012001	710.012	474.1568	479.13	506.47	620.07	620.01	511.48	1	1	1	0	0	37.32	32.34732	5.00732	0	0
科10	010401012002	10195.647	7234.953	7383.55	7395.47	9082.72	9068.3	7554.10	1	1	1	0	0	319.14	170.546	158.626	0	0
科11	010401012001	939.8536	627.6608	634.25	670.42	820.81	820.73	677.06	1	1	1	0	0	49.40	42.80866	6.63866	0	0
科12	010401012001	92.8536	62.2776	62.93	66.37	81.21	81.23	67.03	1	1	1	0	0	4.75	4.10068	0.66068	0	0
科13	010501001001	13626.7443	9460.9047	9512.35	10404.38	13073.29	13064.59	10371.34	1	1	0	0	0	910.43	858.9889	0	0	0
科14	010501001002	12182.1568	8541.9136	8589.93	9423.6	11841.7	11828.61	9361.19	1	1	0	0	0	819.27	771.2566	0	0	0
科15	010501002001	66132.5232	51973.629	44987.59	50791.21	63927.47	63570.32	51207.41	0	1	1	0	0	0.00	6219.821	416.2013	0	0
科16	010502001001	23556.7276	17341.24	15695.55	17768.22	22245.94	22123.01	17809.60	1	1	1	0	0	468.36	2114.053	41.38317	0	0
科17	010502002001	4216.212	2812.5864	2793.12	3138.78	3914.73	3909.95	3117.81	1	1	0	0	0	305.22	324.6868	0	0	0
科18	010503001001	31158.5256	24673.551	21331.95	24014.08	30255.84	30086.59	24228.08	0	1	1	0	0	0.00	2896.131	214.0005	0	0
科19	010503005001	1511.2579	1005.7942	1000.94	1118.22	1392.16	1390.28	1112.80	1	1	0	0	0	107.00	111.8578	0	0	0
科20	010504001001	472.0572	297.7425	305.68	348.99	433.08	430.55	343.21	1	1	0	0	0	45.47	37.53496	0	0	0
科21	010505001001	92666.9568	72207.808	63230.38	71107.25	89477.08	88982.44	71650.79	0	1	1	0	0	0.00	8420.407	543.5372	0	0
科22	010504001002	3534.32799	2311.1233	2367.27	2673.94	3350.99	3332.48	2635.52	1	1	0	0	0	324.40	268.2497	0	0	0
科23	010505007001	3490.39368	2271.127	2327.21	2615.09	3267.88	3250.21	2583.29	1	1	0	0	0	312.16	256.0766	0	0	0
科24	010505006001	675.441	436.9632	447.93	506.28	632.74	629.27	499.29	1	1	0	0	0	62.33	51.36363	0	0	0
科25	010505008001	1363.18287	891.41983	913.12	1024.56	1281.54	1274.62	1012.27	1	1	0	0	0	120.85	99.14641	0	0	0
科26	010505007002	164.81952	104.86944	107.66	121.39	150.9	150.13	119.97	1	1	0	0	0	15.10	12.30534	0	0	0
科27	010506001001	11644.4436	8738.462	7626.8	8645.2	10774.33	10715.57	8721.72	0	1	1	0	0	0.00	1094.921	76.52084	0	0
科28	010507005001	1345.9155	885.1815	895.25	994.3	1237.23	1235.53	989.01	1	1	0	0	0	103.83	93.76105	0	0	0

分部分项计算过程表　分部分项成本计算　措施总价　低价判定表

图案3-2　分部分项成本计算表

本案例该表主要包含表示序号（A列）、项目名称（B列）、招标人子目控制价（不含材料暂估价）（C列）、C、D、E、H、I五家公司的报价（不含材料暂估价）、较大偏离阈值（前文已求出，I列）、合理性判定（J～N列）以及分部分项工程量清单低于成本额（O～Y列）。具体计算步骤如下：

一是原始数据录入。如图案3-2所示，A～H列数据为原始数据，无需公式计算。其中，I列较大偏离阈值的数据前文已经计算出来，可以直接复制。再结合本书理论给出本案例中J～O列计算的公式，其中V、W、X、Y可参照O列公式变换写出，专列如表案3-2所示。

二是计算过程分析。首先，依据分部分项计算过程表中所求出的较大偏离阈值，按照表案3-2给出的对应公式，即利用公式对投标人子目报价合理性进行判定，如果投标人子目报价小于较大偏离阈值，即图案3-2中J、K、L、M、N列中的数值为1，则该投标人子目报价不合理；如果投标人子目报价大于较大偏离阈值，即图案3-2中J、K、L、M、N列中的数值为0，则该投标人子目报价合理。比如，C、D、E、H、I五家公司编号为010101001001的合理性判断分别为：不合理、合理、不合理、合理、合理。

表案3-2　各列计算公式

列序	公式	列序	公式
J	“=IF（D4>=$I4，0，1）”	M	“=IF（G4>=$I4，0，1）”
K	“=IF（E4>=$I4，0，1）”	N	“=IF（H4>=$I4，0，1）”
L	“=IF（F4>=$I4，0，1）”	0	“=IF（J4=1，（$I4−D4），0）”

三是低于成本金额额度计算。从图案3-2即分部分项成本表中可知，C公司的1号项目（编号为：010101001001）不合理，低于较大偏离阈值为16.35元。同理，E公司的1号项目（编号为：010101001001）经过判断不合理，低于较大偏离阈值为11.61296元。反之，D、H、I公司的1号项目都合理。其他清单子目的判断依次类推。这样可计算出分部分项工程量清单低于成本金额额度，该金额将会在低价判定表中被利用。

3　总价措施低于成本金额计算

在本案例中，还要对C、D、E、H、I投标人的总价措施表进行计算，以判断投标人的总价措施项目报价的合理性。主要包括序号（A列）、单位名称（B列）、总价措施报价（C列）、合理性判定（D列）、措施项目总费用低于成本金额（E列）等方面的内容，如图案3-3所示。

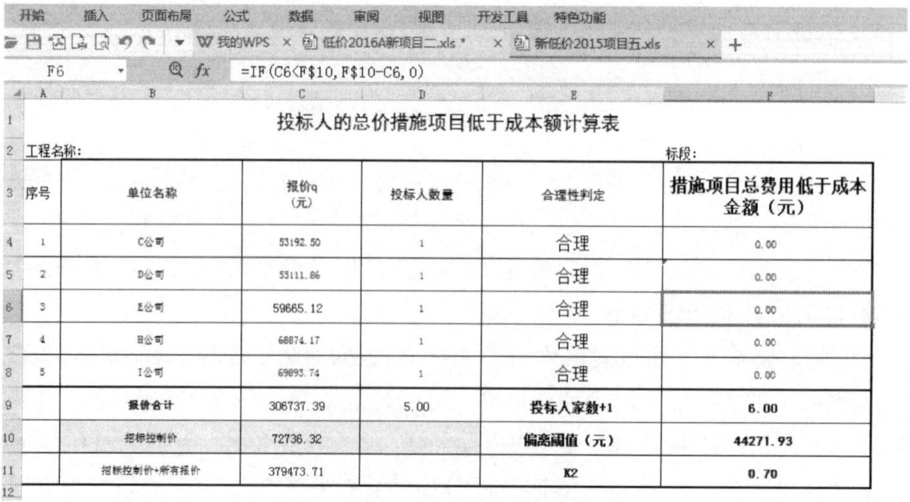

F6　=IF(C6<F$10,F$10-C6,0)

投标人的总价措施项目低于成本额计算表

工程名称:　　　　标段:

序号	单位名称	报价q（元）	投标人数量	合理性判定	措施项目总费用低于成本金额（元）
1	C公司	53192.50	1	合理	0.00
2	D公司	55111.86	1	合理	0.00
3	E公司	59665.12	1	合理	0.00
4	H公司	68874.17	1	合理	0.00
5	I公司	69893.74	1	合理	0.00
	报价合计	306737.39	5.00	投标人家数+1	6.00
	招标控制价	72736.32		偏离阈值（元）	44271.93
	招标控制价+所有报价	379473.71		K2	0.70

图案3-3　总价措施表

一是计算数据录入。投标人的总价措施项目低于成本额计算表由A～F等6列构成，其中A列为投标人的序号，直接填写；B列为投标人名称，分别记为C、D、E、H、I公司；C列为投标人原始报价，来源于投标人文件；D列为合理性判断；E列为计算出措施项目总费用低于成本金额（元）的值；第9、10、11行对应的单元格分别为C9、C10、C11与F4～11等需要编写的公式如表案3-3所示。

表案3-3　各行列计算公式

列序	公式	列序	公式
C9	=SUM（C4：C8）	F6	=IF（C6<E$10，E$10-C6，0）
C10	招标人给定	F7	=IF（C7<E$10，E$10-C9，0）
C11	=C9+C10	F8	=IF（C7<E$11，E$10-C8，0）
F4	=IF（C4<F$10，F$10-C4，0）	F9	=N+1
F5	=IF（C5<F$10，F$10-C5，0）	F10	=C11/F9*F11

二是计算过程分析。总价措施表只对安全生产、环境保护、文明施工等不直接参与工程建设的项目报价进行评审。

首先，在C9按照表中公式求出招标人总价措施报价与投标人总价措施项目最高投标限价合计数，为306737.39元；

其次，在F9单元格中输入投标人家数，取N+1的值，本案例为6家；再在F10单元格中按照公式，求出总价措施偏离阈值，为44271.93元；

最后，再利用求出的总价措施偏离阈值，同C、D、E、H、I公司的报价进行比较，得出总价措施项目报价是否合理的结论，并分别录入F4～F8。本案例中，由计算结果可知，以上所有公司投标人总价措施项目总费用高于成本金额，均为合理。

三是总价措施项目低于成本金额额度计算。通过比较总价措施偏离阈值与C、D、E、H、I公司的报价，可以得出本案例中所有公司措施项目总费用低于成本金额（元）均为0。那么，依照量化评审的程序进入工程总价盈亏比较判定。

4　工程总价盈亏比较判定

工程总价盈亏比较判定依赖于低价判定表，其主要内容包括低价排序（A列）、单位名称（B列）、投标人总报价（C列）、投标人利润总额（D列）、分部分项清单报价低于成本金额（E列）、总价措施项目低于成本金额（F列）、其他项目低于成本金额（G列）、低于成本金额合计（H列）、利润总额低于成本总额（I列）、盈亏判定（J列）。其中分部分项低于成本金额与总价措施低于成本金额数值均来源于分部分项成本计算表和总价措施表。如图案3-4所示。

投标人利润总额及低于成本金额判定表

单位：元

低价排序	单位名称	投标人总报价	投标人利润总额	公式判定低于成本额				利润总额-低于成本总额	盈亏判定
				分部分项工程量和单价措施项目	总价措施项目	其他项目	低于成本金额　合计		
最低价判定	C公司	2104872.23	39171.780	25064.683	0.000	0.000	25064.683	14107.097	合理
根据评标办法7.4款规定“排名第一的投标人报价经评审不低于成本后，应将总报价排名第二、第三的投标人依次确定为中标候选人”，若最低报价经评审低于成本，需重新选取样本分析，确定中标候选人。									

评委核对数据，认可公式判定签名，否则以评委评定为准。

日期：2016/11/12

图案3-4　低价判定表

由于C公司是五家公司中报价最低的，故只列出C公司。如图案3-4，其中，投标人总报价和投标人利润总额均来源于投标人投标文件，分部分项清单报价低于成本金额和总价措施项目低于成本金额来源于分部分项成本计算表和总价措施表。在H5单元格中输入公式“=SUM（E5：G5）”，可求出分部分项清单报价和总价措施项目低于成本金额合计，在I5单元格中输入公式“=D5-H5”，可得到利润总额与低于成本总额的差值，根据差值来进行盈亏判定。

（三）总报价盈亏分析及中标人确定

根据本书理论，当利润总额＜亏损总额，则该投标人总报价低于成本，应等额补选合格投标人进入评审样本范围进行第二轮评审。依此类推，直至样本中排名第一的总报价不低于成本为止；当利润总额≥亏损总额，则该投标人总报价保本或盈利，确定为中标人。在本案例中，计算C、D、E、H、I等5个投标人的利润总额减去低于成本总额的计算结果为正，均为盈利。此时，根据本书理论以及成本最小法则，比较C、D、E、H、I等5个投标人的总报价，其中C公司的最小，值为2104872.43元，因此，应该选取C公司为最后中标人。

三、工程评审理论分析

在现有条件下，任何一项工程价格，通常由清单子目报价、总价措施项目报价和其他项目报价所组成。本案例中，由于没有涉及其他项目，因此，在招标评审中，关键是要做好三个方面的评审工作。

首先，是要判断清单子目报价是否处于合理范围。而对清单子目报价合理性的判断必须基于投标人和招标人的报价进行计算。这种计算方法是基于理论平均社会成本的理论而产生的，而产生理论社会平均成本的依据主要来自于投标人和招标人的报价。为此，投标人和招标人都必须做好市场调查，使各自的报价处于合理范围内。否则，投标人就可能被判定为低于社会平均成本。

其次，是要判断总价措施项目报价是否处于合理范围。随着社会对文明施工、安全施工和环境保护要求的提升，在工程施工中，已经不仅仅是做好工程质量保证，而在施工中，还必须采取防护网的安装、施工时间的选择、施工垃圾的及时清运与处理等一系列措施。因此，这些措施所产生的费用必须进入生产成本。而不同公司在这方面的生产成本是有区别的，招标就是要在区别中选择既不低于成本，而又是相对较低的公司作为中标人。

最后，是要比较各个投标人整个工程的总报价，确定中标人。工程质量虽然受多方面因素影响，但在相同的时代背景下，公司之间的科技应用程度虽然有差异，管理水平也有不同，但这些差异仍然也是有限的。众所周知，工程质量无不与价格相关。如果工程报价明显低于理论成本，则可以断定工程的顺利实施和工程质量难以保障。因此，必须较为准确地做好工程总价的比较分析。最终从既不低于理论成本，又报价相对较低的投标人中确定中标人。

案例四

工程招标中投标人公平竞争权的保护

——公安县******综合楼工程招标评审分析

随着市场竞争的激烈，投标人报价已经趋向于精准化。投标人的价格往往趋于接近。那么，在投标人价格接近，且构成工程造价成本的各因素都合理的情况下，应当如何做好比较判断，确定中标人呢？关键是保护投标人公平参与竞争的权利。本案例重点分析各投标人子目清单报价和总价措施项目报价均合理的情况下，评标人保证投标人公平公正参与投标的权利。

一、工程基本概况和招标要求

为了进一步说明有效最低投标法的科学性，选取代表性较强的公安县******综合楼工程为案例进行分析，以进一步说明有效最低投标法的科学性和先进性，以及有效最低投标法的具体应用。

（一）基本概况

本案例工程名称为公安县******综合楼工程。项目招标基本建设主体为框架结构，共五层，地下一层（坡地），规划总体建筑面积为2460m^2，招标范围为土建及安装工程。工程建设总工期为1年，历时360天。建筑标准按照我国建设部于2006年11月29日发布，并于2006年5月1日实施的《办公建筑设计规范》公告的相关要求进行建设，工程质量要求以符合城市建筑工程施工及验收规范合格标准为准。

本项目于2015年1月19日进行公告，同时在中国采购与招标网（www.chinabidding.com.cn）、湖北省工程建设领域项目信息和信用信息公开共享专栏（gcjs.cnhudei.com）、公安县公共资源交易信息网（www.gonganztb.cn）上发布招标公告。

本项目于2015年2月2日开标，实行资格后审，网上直接下载招标文件、图纸、工程量清单，无需报名，投标人编制投标文件后直接投标的方式进行招标。至开标截止时间前不知道具体投标人及数量，开标当天投标人递交投标文件，现场开标，开标后立即评标。

（二）招标要求

本项目要求所有投标人必须符合《公安县公共资源交易中心交易当事人注册管理办法》

公招标办发［2012］4号文件规定（须提供注册证书）。同时，本次招标要求投标人须具备建筑装修装饰工程专业承包二级及以上资质，并在人员、设备、资金等方面具有相应的施工能力。投标人拟派项目负责人须具备建筑工程专业贰级及以上注册建造师执业资格，具备有效的B类安全生产考核合格证书，且无在建建项目，本项目技术负责人具有建筑工程专业中级及以上职称。本次招标不接受联合体投标，不满足以上规定者视为无效投标人。

使用的评标办法为公安县经评审最低投标价法（第三版）。

本项目审计核实造价为3794474.24元（含暂估价468472.51元），经业主下浮10%后（暂估价不下浮）招标的最高限价为3486978.27元。经过初步筛选与统计，至投标截止时间有七家单位参与竞标。投标单位名称及报价如下：

A公司投标报价：3483382.88元；

B公司投标报价：3486221.37元；

C公司投标报价：3281394.08元；

D公司投标报价：3265255.46元；

E公司投标报价：3302643.08元；

F公司投标报价：3488384.29元；

G公司投标报价：3479790.12元。

二、工程招标评审

本案例评标程序按照一般工程建筑评标程序对投标人进行招标评审，主要包括合格性评审、清单报价评审、总报价盈亏分析、确定中标候选人或中标人四个程序。

（一）合格性评审

合格性评审通过四个步骤确定投标人的合格情况，主要包括商务标报价修正、技术标评审、无效投标、确定合格投标人等四个方面内容。在本案例中，因为C公司的投标报价未按工程量清单要求报价，并将“投标报价书”编制成“招标控制价”。经评委评审，评委评定其投标无效。E公司，对工期、质量、技术标准的承诺对象为公安县国土资源局，承诺主体与投标单位不符，评标委员会评定其投标无效。因此，最终确定A、B、D、F、G五家投标人合格，进入下一步清单报价评审。

（二）清单报价评审

清单报价是建设工程招投标工作中，由招标人按国家统一的工程量计算规则提供工程数量，由投标人自主报价，并按照经评审低价中标的工程造价计价模式。清单报价评审包括所有分部分项工程和单价措施项目清单报价、总价措施项目清单报价、其他项目清单报价等内容。由于公安县******综合楼工程建设中，没有涉及其他项目清单报价，因此在评审时主要考虑所有分部分项工程和单价措施项目清单报价、总价措施项目清单报价等两个部分。

公安县的清单报价评审从大量的实践中总结了四个重要步骤：第一步为严重偏离阈值判定，第二步为子目报价低于成本金额计算，第三步为总价措施低于成本金额计算，第四步为项目工程总价盈亏最后综合判定。

在依次进行四个步骤实施前，在进行所有分部分项工程和单价措施项目清单报价、总价措施项目清单报价评审前，首先在办公软件WPS或者EXCELL表格中建立四个子表格，分别重命名为分部分项计算过程表、分部分项成本计算表、总价措施表与低价判定表，完成基础工作。如图案4-1中四个红色椭圆所示。

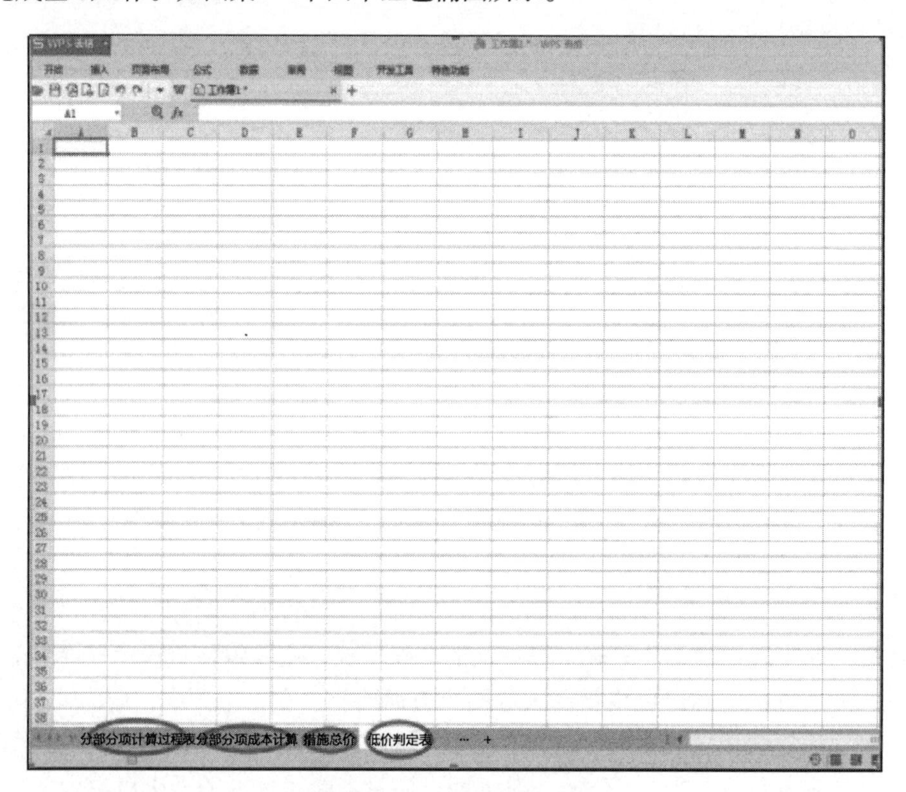

图案4-1　四个表格的建立

1　严重偏离阈值判定

阈值又叫临界值，是指一个效应能够产生的最低值或最高值。本书的严重偏离阈值判定，是根据分部分项计算过程表科学计算得来。而该表主要包括四个方面的内容：一是分部分项工程量清单投标报价基本情况数据录入，二是关于严重偏离判定，三是较大偏离阈值等数字的计算过程，四是分析计算结果。如图案4-2所示。

C2　项目名称

序号	项目编码（清单号）	项目名称	子目控制价（不含材料暂估价）	D公司	A公司	B公司	F公司	G公司
		分部分项工程量清单投标报价基本情况		投标人子目报价（不含材料暂估价）				
1	010101001232	平整场地	1885.6668	1328.71	1138.90	1162.62	1186.35	1191.10
2	010101002232	挖一般土方	37116.06493	36040.48	33740.37	33972.04	34187.16	34253.35
3	010103001232	回填方	6826.3247	6261.71	5499.49	5594.40	5695.07	5712.33
4	换010401001232	砖基础	1545.6159	1163.91	1422.47	1422.64	1424.32	1424.12
5	010401012232	零星砌砖	8289.722	6726.39	7284.07	7285.68	7300.51	7298.70
6	010402001232	砌块墙	178516.0884	149467.20	164834.61	164852.93	165012.32	164996.86
7	010501001232	垫层	16616.9865	13965.59	14981.31	14993.11	15033.89	15039.79
8	010501002232	带形基础	128431.098	108910.44	116587.52	116662.34	116925.83	116961.62
9	010401003232	满堂基础	2859.6358	2467.35	2641.44	2643.07	2648.87	2649.76
10	010504001232	直形墙	1181.0864	997.28	1064.72	1065.70	1069.09	1069.55
11	010504001233	直形墙	15445.3268	13078.88	14055.25	14064.87	14101.47	14107.03
12	010502001232	矩形柱	41424.1216	34845.09	37420.50	37448.70	37554.46	37570.57
13	010502002232	构造柱	1449.966	1207.60	1294.89	1296.03	1300.13	1300.72
14	010503002232	矩形梁	1818.5875	1374.32	1477.85	1478.79	1482.44	1483.00
15	010505001232	有梁板	169927.4028	142124.64	152662.76	152764.58	153163.37	153222.76
16	010505008232	雨篷、悬挑板、阳台	582.0168	467.74	507.26	507.58	508.99	509.22
17	010506001232	直形楼梯	21828.0462	17951.47	19219.52	19238.09	19306.78	19316.07
18	010507005232	扶手、压顶	1712.4848	1428.72	1529.34	1530.47	1535.22	1535.94
19	010507001232	散水、坡道	4404.9425	3866.83	3947.10	3955.94	3967.51	3960.71
20	010507001233	散水、坡道	6742.7766	6026.23	6127.72	6145.10	6165.13	6155.11
21	010510003232	过梁	10489.8458	10149.43	10204.26	10204.26	10207.33	10207.18
22	010515001232	现浇构件钢筋	19728.99992	16708.44	17529.86	17532.98	17560.10	17558.55
23	010515001233	现浇构件钢筋	25289.92872	20255.43	21203.97	21181.88	21170.00	21149.99
24	010515001234	现浇构件钢筋	192882.0647	170765.19	179065.95	178916.49	178848.56	178733.83
25	010515001235	现浇构件钢筋	28126.99086	25365.29	26599.19	26581.36	26573.36	26560.14
26	010515001236	现浇构件钢筋	1561.79924	1388.46	1459.17	1458.02	1457.61	1457.07
27	010515001237	现浇构件钢筋	2318.78889	2045.77	2205.45	2204.14	2203.82	2202.51
28	010515001238	现浇构件钢筋	48713.14883	44709.94	46277.59	46241.48	46229.76	46214.46
29	010515001239	现浇构件钢筋	36382.11215	33604.83	34539.15	34512.87	34504.28	34492.93
30	010515001240	现浇构件钢筋	49729.96131	46476.68	47430.25	47395.86	47385.37	47371.55
31	010515001241	现浇构件钢筋	14388.2112	13478.18	13675.41	13666.34	13663.67	13660.20
32	010515001242	现浇构件钢筋	20214.38638	19148.40	19422.43	19410.11	19406.53	19402.16
33	010515001243	现浇构件钢筋	19534.0848	18445.73	18643.12	18632.40	18629.38	18625.49
34	010515001244	现浇构件钢筋	74831.8824	71568.75	72433.27	72396.43	72386.54	72373.40
35	010515001245	现浇构件钢筋	5882.8925	5105.66	5246.96	5243.83	5242.16	5239.40
36	010801001232	木质门	7700	7700.00	7490.00	7525.00	7560.00	7420.00
37	010801001233	木质门	36400	36400.00	35620.00	35750.00	35880.00	35360.00
38	010801004232	木质防火门	14400	14400.00	14130.00	14175.00	14220.00	14040.00
39	010801004233	木质防火门	1100	1100.00	1070.00	1075.00	1080.00	1060.00
40	010802001232	金属（塑钢）门	7800	7500.00	7230.00	7245.00	7275.00	7125.00
41	010803001232	金属卷帘（闸）门	14491.274	14491.22	14072.62	14159.62	14252.37	13980.69

序号	严重偏离判定：a%=0.3；1-b%=0.9；合计	报价平均值	家数（N+1）5；平均值*0.7	D公司	A公司	B公司	F公司	G公司	较大偏离阈值的计算：合理范围报价较大偏离阈值的取值 D公司	A公司	B公司	F公司	G公司	读取家数	取值数合计	平均值（a_1+a_2+…）/（n+1）	较大偏离阈值（平均值*0.9）
1	7393.3332	1478.67	1035.07	0	0	0	0	0	1329	1139	1163	1186	1191	5	6007.68	1232.22	1109.00
2	209309.45	41861.89	29303.32	0	0	0	0	0	36040	33740	33972	34187	34253	5	172193	34884.91	31396.42
3	35289.325	7057.86	4940.51	0	0	0	0	0	6262	5499	5594	5695	5712	5	28763	5881.55	5293.40
4	8402.7717	1680.55	1176.39	1	0	0	0	0	0	1422	1423	1424	1424	4	5693.54	1447.77	1302.99
5	44164.882	8832.98	6183.08	0	0	0	0	0	6726	7284	7286	7300	7299	5	35895.2	7360.81	6624.73
6	984681.01	196936.20	137855.34	0	0	0	0	0	1E+05	2E+05	2E+05	2E+05	2E+05	5	809165	164113.50	147702.15
7	90530.622	18106.12	12674.29	0	0	0	0	0	13966	14981	14993	15034	15040	5	74013.7	15088.44	13579.59
8	702478.84	140495.77	98347.04	0	0	0	0	0	1E+05	1E+05	1E+05	1E+05	1E+05	5	578048	117079.81	105371.83
9	15909.933	3181.99	2227.39	0	0	0	0	0	2467	2641	2643	2649	2650	5	13050.5	2651.66	2386.49
10	6457.4215	1291.48	904.04	0	0	0	0	0	997.3	1065	1066	1069	1070	5	5266.34	1076.24	968.61
11	84852.805	16970.56	11879.39	0	0	0	0	0	13079	14055	14065	14101	14107	5	69407.5	14142.13	12727.92
12	226283.45	45252.69	31676.88	0	0	0	0	0	34845	37421	37449	37554	37571	5	184839	37710.58	33939.52
13	7849.3365	1569.87	1098.91	0	0	0	0	0	1208	1295	1296	1300	1301	5	6399.37	1308.22	1177.40
14	8915.2675	1783.05	1248.14	0	0	0	0	0	1374	1478	1479	1482	1483	5	7296.4	1485.88	1337.29
15	921775.94	184355.19	129048.63	0	0	0	0	0	1E+05	2E+05	2E+05	2E+05	2E+05	5	753938	153629.32	138266.39
16	3063.6018	612.72	428.90	0	0	0	0	0	467.7	507.3	507.6	509	509.2	5	2500.79	510.60	459.54
17	116859.97	23371.99	16360.40	0	0	0	0	0	17951	19220	19238	19307	19316	5	95031.9	19476.66	17529.00
18	9272.1642	1854.43	1298.10	0	0	0	0	0	1429	1529	1530	1535	1536	5	7559.68	1545.36	1390.82
19	24103.029	4820.61	3374.42	0	0	0	0	0	3867	3947	3956	3968	3961	5	19698.1	4017.17	3615.45
20	37362.074	7472.41	5230.69	0	0	0	0	0	6026	6128	6145	6165	6155	5	30619.3	6227.01	5604.31
21	61382.016	12276.40	8593.48	0	0	0	0	0	10149	10204	10204	10207	10207	5	50972.5	10230.34	9207.30
22	106118.93	21223.79	14856.65	0	0	0	0	0	16708	17530	17533	17560	17559	5	86889.9	17686.49	15917.84
23	128231.06	25646.21	17952.35	0	0	0	0	0	20255	21204	21182	21170	21150	5	104961	21371.84	19234.66
24	1078412.1	215682.42	150977.69	0	0	0	0	0	2E+05	2E+05	2E+05	2E+05	2E+05	5	886330	179735.35	161761.81
25	159805.93	31961.19	22372.83	0	0	0	0	0	25365	26599	26581	26573	26560	5	131679	26634.32	23970.89
26	8762.1304	1752.43	1226.70	0	0	0	0	0	1388	1459	1458	1458	1457	5	7220.33	1460.36	1314.32
27	13180.15	2636.03	1845.22	0	0	0	0	0	2046	2205	2204	2204	2203	5	10861.4	2196.69	1977.02
28	278386.35	55677.27	38974.09	0	0	0	0	0	44710	46278	46241	46230	46214	5	229673	46397.72	41757.95
29	207986.27	41597.25	29118.08	0	0	0	0	0	33605	34539	34513	34504	34493	5	171654	34664.38	31197.94
30	285789.65	57157.93	40010.55	0	0	0	0	0	46477	47430	47396	47385	47372	5	236060	47631.61	42868.45
31	82412.022	16482.40	11537.68	0	0	0	0	0	13478	13675	13666	13664	13660	5	68143.8	13735.34	12361.80
32	117003.99	23400.80	16380.56	0	0	0	0	0	19148	19422	19410	19407	19402	5	96789.6	19500.66	17550.60
33	112310.15	22462.03	15723.42	0	0	0	0	0	18446	18643	18632	18629	18625	5	92976.1	18718.36	16846.52
34	435990.27	87198.05	61038.64	0	0	0	0	0	71569	72433	72396	72387	72373	5	361158	72665.04	65398.54
35	31610.597	6322.12	4425.48	0	0	0	0	0	5106	5247	5244	5242	5239	5	26078	5268.43	4741.59
36	45395	9079.00	6355.30	0	0	0	0	0	7700	7490	7525	7560	7420	5	37695	7565.83	6809.25
37	215410	43082.00	30157.40	0	0	0	0	0	36400	35620	35750	35880	35360	5	179010	35901.67	32311.50
38	85385	17073.00	11951.10	0	0	0	0	0	14400	14130	14175	14220	14040	5	70965	14227.50	12804.75
39	6485	1297.00	907.90	0	0	0	0	0	1100	1070	1075	1080	1060	5	5385	1080.83	972.75
40	43875	8775.00	6142.50	0	0	0	0	0	7500	7230	7245	7275	7125	5	36375	7312.50	6581.25
41	85447.742	17089.55	11962.68	0	0	0	0	0	14491	14073	14160	14252	13981	5	70956.5	14241.29	12817.16

分部分项计算过程表　分部分项成本计算　措施单价　报价对比表

图案4-2　分部分项计算过程表

一是原始数据录入。如图案4-2所示，本案例中的分部分项工程量清单投标报价基本情况包括了A～I列数据内容。分别对应本案例的含序号、项目编码（清单号）、项目名称、招标人子目控制价（不含材料暂估价）、投标人子目报价（不含材料暂估价）（A、B、D、F、G公司，也就是投标人）；不含C、E公司的原因是该投标人未通过合格性评审。接下来，分别将A～I列原始数据一一对应录入，数据来源为招标人招标文件和投标人投标文件原始数据。

二是严重偏离判定。如图案4-2所示，严重偏离判定包含了J～Q列数据，主要解释了招标人子目控制价和投标人子目投标价合计数（J列）、报价平均数（K列）、权重平均值（L列）、严重偏离阈值（M～Q列，分别为本案例的五家投标人）。严重偏离阈值判定的公式为：如果投标人的子目报价（不含材料暂估价）小于按本书计算出的严重偏离阈值，对应M～Q列的数值为1，就判定该投标人子目报价为不合理；如果投标人的子目报价（不含材料暂估价）大于按本书计算出的严重偏离阈值，即对应M～Q列的数值为为0，就判定该投标人子目报价处于合理范围。

三是较大偏离阈值计算。如图案4-2中所示，较大偏离阈值计算包含了合理范围报价较大偏离阈值的取值数据、读取家数、取值数合计、平均值、较大偏离阈值等五项基本内容，涵盖了R～Z列数据，最终科学计算出每个投标人的每个项目的较大偏离阈值。

四是分析计算过程结果。结合本案例给出的数据，根据上述量化评审的方法，具体的量化计算步骤和结果如下：

首先，结合本书前文理论给出本案例中所要计算的公式。A～I列为原始数据，直接录入，无需公式。为便于直观显示本案例其他列（J～Z）的计算公式，专列如表案4-1所示。

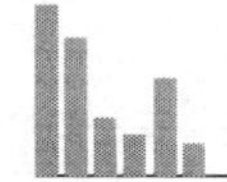

表案4–1　各列计算公式

列序	公式	列序	公式
J	“=SUM（D5：I5）”	S	“=IF（N5=0，F5，0）”
K	“=J5/L$3”	T	“=IF（O5=0，G5，0）”
L	“=K5*0.7”	U	“=IF（P5=0，H5，0）”
M	“=IF（E5<$L5，1，0）”	V	“=IF（Q5=0，I5，0）”
N	“=IF（F5<$L5，1，0）”	W	“=COUNTIF（R5：V5，“>0”）”
O	“=IF（G5<$L5，1，0）”	X	“=SUM（R5：V5）”
P	“=IF（H5<$L5，1，0）”	Y	“=（X5+D5）/（W5+1）”
Q	“=IF（I5<$L5，1，0）”	Z	“=Y5*K$3”
R	“=IF（M5=0，E5，0）”		

其次，计算过程分析。本案例中，利用各原始数据，先计算出A、B、D、F、G五家公司的子目报价与招标人对子目控制价（不含材料暂估价）的合计值，再计算出报价平均值，最后在L列则求出严重偏离阈值。根据本书理论知识可知，当投标人子目报价低于严重偏离阈值时，为严重偏离报价，评标委员会应直接判定其为不合理报价。本案例中，在M～Q列利用公式进行计算，判定投标人子目报价是否低于严重偏离阈值。在对投标人子目报价是否低于严重偏离阈值做出判定后，接着继续求出较大偏离阈值。较大偏离阈值计算过程包含以下五步。具体为：第一步在R～V列求出合理范围报价的取值数据，第二步在W列计算出读取家数，第三步在X列合理范围报价的取值数据合计数，第四步在Y列计算出合理范围报价的取值数据的平均数，第五步在第Z列按表案4–1中公式求出较大偏离阈值。最后，求出了较大偏离阈值为子目报价低于成本金额计算打下基础。

2　子目报价低于成本金额计算

子目报价低于成本金额计算主要依靠于分部分项成本计算表进行判断。本案例该表主要包含A～O列数据，分别表示序号、项目名称、招标人子目控制价（不含材料暂估价）、A、B、D、F、G五家公司的报价（不含材料暂估价）、较大偏离阈值（前文已求出）、合理性判定以及分部分项工程量清单低于成本额。如图案4–3所示。

一是原始数据录入。如图案4–3所示，A～H列数据为原始数据，无需公式计算。其中，I列较大偏离阈值的数据前文已经计算出，可以直接复制。再结合本书理论给出本案例中所要J～S列计算的公式，专列为表案4–2所示。

二是计算过程分析。首先，依据分部分项计算过程表中所求出的较大偏离阈值，在分部分项成本计算依据表案4–2中给出的对应公式分别求出J、K、L、M、N中的数值，也即是利用公式对投标人子目报价合理性进行判定（1=不合理，0=合理）。根据本书前述理论知识，当投标人清单子目报价低于较大偏离阈值时，若投标人不能向评标委员会提供相关证明材料予以书面澄清或者说明的，属较大偏离报价，评标委员会应判定其为不合理报价。

A104 =分部分项计算过程表!A105

分部分项工程量清单低于成本金额计算

序号	项目名称	子目控制价（不含材料暂估价）	D公司	A公司	B公司	F公司	G公司	较大偏离阈值（平均值*0.9）	合理性（1=不合理，0=合理）					（公式方式判定）低于成本额				
			报价	报价	报价	报价	报价		D	A	B	F	G	D公司	A公司	B公司	F公司	G公司
1	010101001232	1385.6568	1328.712	1138.896	1162.623	1186.35	1191.0954	1108.99998	0	0	0	0	0	-219.71202	0	0	0	0
2	010101002232	37116.065	36040.47678	33740.373	33972.038	34187.156	34253.346	31396.4181	0	0	0	0	0	0	0	0	0	0
3	010103001232	6526.3247	6261.7051	5499.4856	5594.4035	5695.074	5712.3318	5293.39871	0	0	0	0	0	0	0	0	0	0
4	换010401001232	1545.3189	1163.9109	1422.471	1422.6354	1424.3205	1424.115	1302.99494	1	0	0	0	0	139.084044	0	0	0	0
5	010401012232	8269.732	6726.3936	7284.072	7285.6776	7300.3064	7298.7008	6624.73236	0	0	0	0	0	0	0	0	0	0
6	010402001232	175516.09	149467.2021	164834.61	164853.93	165012.32	164996.86	147702.152	0	0	0	0	0	0	0	0	0	0
7	010501001232	16516.937	13965.588	14981.312	14993.105	15033.892	15039.788	13579.5933	0	0	0	0	0	0	0	0	0	0
8	010501002232	126431.1	108910.44	116587.52	116662.34	116925.83	116961.62	105371.827	0	0	0	0	0	0	0	0	0	0
9	010401003232	2859.4355	2467.3544	2641.4393	2643.0739	2648.8693	2649.7609	2386.49	0	0	0	0	0	0	0	0	0	0
10	010504001232	1191.0804	997.2753	1064.7211	1065.701	1069.0948	1069.5489	968.613225	0	0	0	0	0	0	0	0	0	0
11	010504001233	15445.327	13078.8769	14055.255	14064.867	14101.467	14107.013	12727.9207	0	0	0	0	0	0	0	0	0	0
12	010502001232	41424.122	34845.0912	37420.502	37448.703	37554.459	37570.574	33939.5177	0	0	0	0	0	0	0	0	0	0
13	010502002232	1449.966	1207.6035	1294.8885	1296.027	1300.1325	1300.719	1177.40048	0	0	0	0	0	0	0	0	0	0
14	010503002232	1618.8675	1374.3225	1477.8525	1478.7875	1482.4425	1482.995	1337.29013	0	0	0	0	0	0	0	0	0	0
15	010505001232	167837.83	142124.6424	152662.76	152764.58	153163.37	153222.76	138266.392	0	0	0	0	0	0	0	0	0	0
16	010505008232	562.8168	467.7372	507.2634	507.5784	508.9896	509.2164	459.54027	0	0	0	0	0	0	0	0	0	0
17	010506001232	21828.046	17951.4654	19219.523	19238.089	19306.783	19316.066	17528.9961	0	0	0	0	0	0	0	0	0	0
18	010507005232	1712.4848	1428.7169	1529.3382	1530.4692	1535.2194	1535.9357	1390.82463	0	0	0	0	0	0	0	0	0	0
19	010507001232	4404.9425	3866.8252	3947.1006	3955.9445	3967.5096	3960.7066	3615.45435	0	0	0	0	0	0	0	0	0	0
20	010507001233	6742.7766	6026.2272	6127.7328	6145.0956	6165.1296	6155.1126	5604.31116	0	0	0	0	0	0	0	0	0	0
21	010510003232	10409.549	10149.4272	10204.262	10204.262	10207.334	10207.181	9207.3024	0	0	0	0	0	0	0	0	0	0
22	010515001232	19229	16708.44448	17529.855	17532.982	17560.096	17558.549	15917.8391	0	0	0	0	0	0	0	0	0	0
23	010515001233	23269.824	20255.42975	21203.972	21181.846	21169.999	21149.991	19234.6593	0	0	0	0	0	0	0	0	0	0
24	010515001234	192082.06	170765.1931	179065.95	178916.49	178848.56	178733.83	161761.813	0	0	0	0	0	0	0	0	0	0
25	010515001235	28126.591	25365.28752	26599.19	26581.362	26573.358	26560.138	23970.8889	0	0	0	0	0	0	0	0	0	0
26	010515001236	1541.7992	1388.46	1459.17	1458.0193	1457.6104	1457.0715	1314.31956	0	0	0	0	0	0	0	0	0	0
27	010515001237	2318.7586	2045.76964	2205.45	2204.1384	2203.5215	2202.5115	1977.02244	0	0	0	0	0	0	0	0	0	0
28	010515001238	48713.149	44709.94499	46277.594	46241.447	46229.756	46214.459	41757.9524	0	0	0	0	0	0	0	0	0	0

分部分项计算过程表　分部分项成本计算

图案4-3　分部分项成本计算表

表案4-2　各列计算公式

列序	公式	列序	公式
J	“=IF（D4>=$I4，0，1）”	O	“=IF（J4=1，（$I4-D4），0）”
K	“=IF（E4>=$I4，0，1）”	P	“=IF（K4=1，（$I4-E4），0）”
L	“=IF（F4>=$I4，0，1）”	Q	“=IF（L4=1，（$I4-F4），0）”
M	“=IF（G4>=$I4，0，1）”	R	“=IF（M4=1，（$I4-G4），0）”
N	“=IF（H4>=$I4，0，1）”	S	“=IF（N4=1，（$I4-H4），0）”

三是低于成本金额的额度计算。从分部分项成本表中可知，D公司的4号项目（编号为：010401001232）不合理，低于成本额为139.084044元。而A、B、F、G公司的4号项目都合理。其他清单子目低于成本金额的计算依次类推。这样可计算出分部分项工程量清单低于成本总金额，该金额将会在低价判定表中被利用。

3 总价措施项目报价低于成本金额计算

在本案例中，还要对A、B、D、F、G公司的总价措施表进行计算，以合理判断投标人的总价措施的合理性。主要包括序号（A列）、单位名称（B列）、总价措施报价（C列）、合理性判定（D列）、措施项目总费用低于成本金额（E列）等方面的内容，如图案4-4所示。

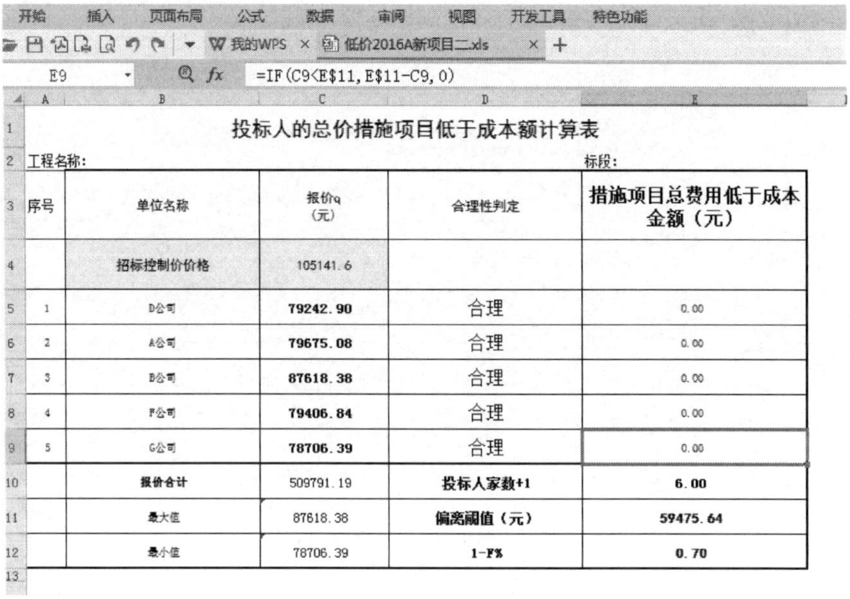

开始 插入 页面布局 公式 数据 审阅 视图 开发工具 特色功能

我的WPS × 低价2016A新项目二.xls × +

E9 fx =IF(C9<E$11,E$11-C9,0)

投标人的总价措施项目低于成本额计算表

工程名称: 标段:

序号	单位名称	报价q（元）	合理性判定	措施项目总费用低于成本金额（元）
	招标控制价价格	105141.6		
1	D公司	79242.90	合理	0.00
2	A公司	79675.08	合理	0.00
3	B公司	87618.38	合理	0.00
4	F公司	79406.84	合理	0.00
5	G公司	78706.39	合理	0.00
	报价合计	509791.19	投标人家数+1	6.00
	最大值	87618.38	偏离阈值（元）	59475.64
	最小值	78706.39	1-F%	0.70

图案4-4　总价措施表

一是计算数据录入。投标人的总价措施项目低于成本额计算表由A～E等五列构成，其中A列为投标人的序号，直接填写；B列为投标人名称，分别记为A、B、D、F、G公司，与前文一致；C列为投标人原始报价；D列为合理性判断；E列为计算出措施项目总费用低于成本金额（元）的值；第10、11、12行对应的单元格分别为C10、C11、C12与E10、E11、E12等需要编写的公式如表案4-3所示。

表案4-3　各行列计算公式

列序	公式	列序	公式
C10	=SUM（C4：C9）	E7	=IF（C7<E$11，E$11-C7，0）
C11	=MAX（C5：C9）	E8	=IF（C8<E$11，E$11-C8，0）
C12	=MIN（C5：C9）	E9	=IF（C9<E$11，E$11-C9，0）
E5	=IF（C5<E$11，E$11-C5，0）	E10	=COUNTIF（C4：C9，“>0”）
E6	=IF（C6<E$11，E$11-C6，0）	E11	=C10/E10*E12

二是计算过程分析。总价措施表只对安全生产、环境保护、文明施工等不直接参与工程建设的项目报价进行评审。

首先，在C10按照表中公式求出招标人总价措施报价与投标人总价措施项目最高投标限价合计数，为509791.19元；

其次，在E10单元格中输入投标人家数，取*N*+1的值，本案例为6家；再在E11单元格中按照公式，求出总价措施偏离阈值，为59475.64元；

最后，再利用求出的总价措施偏离阈值，同A、B、D、F、G公司的报价进行比较，得出总价措施项目报价是否合理的结论，分别在E5～E9中输出结果。本案例中，由计算结果可知，以上所有公司投标人总价措施项目总费用高于成本金额，均为合理。

三是总价措施项目低于成本金额额度计算。通过比较总价措施偏离阈值与A、B、D、F、G公司的报价，可以得出本案例中所有公司措施项目总费用低于成本金额（元）均为0。那么，依照量化评审的程序进入工程总价盈亏比较判定。

4 工程总价盈亏比较判定

工程总价盈亏比较判定依赖于低价判定表，其主要内容包括低价排序（A列）、单位名称（B列）、投标人总报价（C列）、投标人利润总额（D列）、分部分项清单报价低于成本金额（E列）、总价措施项目低于成本金额（F列）、其他项目低于成本金额（G列）、低于成本金额合计（H列）、利润总额低于成本总额（I列）、盈亏判定（J列）。其中分布分项低于成本金额与总价措施低于成本金额数值均来源于分布分项成本计算表和总价措施表。如图案4–5所示。

H8 421.993916

投标人最低价利润总额及公式判定低于成本金额判定表

单位：元

低价排序	单位名称	投标人总报价	投标人利润总额	公式判定低于成本额				利润总额-低于成本总额	盈亏判定
				分部分项清单报价低于成本金额	总价措施项目低于成本金额	其他项目低于成本金额	低于成本金额合计		
最低价判定	D公司	3265255.46	58158.39	44290.379	0.000	0.000	44290.379	13868.011	合理
最低价判定	A	3483382.88	111850.62	421.994	0.000	0.000	421.994	111428.626	合理
最低价判定	B	3486221.37	110000.01	421.994	0.000	0.000	421.994	109578.016	合理
最低价判定	F	3488384.29	112435.34	421.994	0.000	0.000	421.994	112013.346	合理
最低价判定	G	3479790.12	112872.44	421.994	0.000	0.000	421.994	112450.446	合理

根据评标办法7.4款规定“排名第一的投标人报价经评审不低于成本后，应将总报价排名第二、第三的投标人依次确定为中标候选人”，若最低报价经评审低于成本，需重新选取样本分析，确定中标候选人。

评委核对数据，认可公式判定签名，否则以评委评定为准。

图案4–5 低价判定表

其中，投标人总报价和投标人利润总额均来源于投标人投标文件，分部分项清单报价低于成本金额和总价措施项目低于成本金额来源于分部分项成本计算表和总价措施表。在H5单元格中输入公式“=SUM（E5：G5）”，可求出分部分项清单报价和总价措施项目低于成本金额合计，在I5单元格中输入公式“=D5–H5”，可得到利润总额与低于成本总额的差值，根据差值来进行盈亏判定。

（三）总报价盈亏分析及中标人确定

根据本书理论，当利润总额＜亏损总额，则该投标人总报价低于成本，应等额补选合格投标人进入评审样本范围进行第二轮评审。依此类推，直至样本中排名第一的总报价不低于成本为止；当利润总额≥亏损总额，则该投标人总报价保本或盈利，确定为中标人。

在本案例中，计算A、B、D、F、G投标人的利润总额减去低于成本总额都计算结果为正，分别为13868.011元、111428.626元、109578.016元、112013.346元、112450.446元，均为盈利。此时，根据本书理论以及成本最小法则，比较A、B、D、F、G投标人的总报价，其中D公司的最小，值为3265255.46元，应该确定D公司为最后中标人。

三、工程评审理论分析

工程招标评审的宗旨是为了通过公平公正的程序和科学的评价方法，评选出较低利润的公司中标。因此，在评审方法确定的情况下，保证每个投标人公平公正参与投标的权利成为程序公正的关键。本案例中，评标委员会通过三项措施保证每个投标人公平公正的权利。

首先，在公告的发布上实行公开。该项目招标工作启动时，于2015年1月19日同时在中国采购与招标网（www.chinabidding.com.cn）、湖北省工程建设领域项目信息和信用信息公开共享专栏（gcjs.cnhudei.com）、公安县公共资源交易信息网（www.gonganztb.cn）上发布招标公告。让每一个投标人可以公平地享受招标信息。

其次，在资格审查上严格依照规定审查。第一，评标委员会对所有投标人的商务标报价按规定进行修正。本案例中因为投标人商务报价均合格，没有涉及修正问题；第二，评标委员会对所有投标人技术标公平地进行评审。本案例中，由于评标委员会未能发现串通投标情形，故未涉及技术标不合格问题；第三，进行无效投标审查。C公司由于违反了《公安县施工招标有效最低价评标方法》7.1.3b项的规定，被评委评判定为投标无效。E公司由于承诺主体与投标单位不符，违反了《中华人民共和国合同法》和《中华人民共和国公司法》的相关规定，被评标委员会判定为投标无效。

最后，在量化评审上完全按评审办法进行操作。对于经过资格审查合格的5家投标人一并进入量化评审环节，并依次按照量化评审方法对投标人的清单子目报价合理性进行判断，对于清单子目报价合理的投标人进行总价措施项目报价合理性判断，在总价措施项目报价判断合理的情况下，对投标人整个工程的总报价进行量化比较，确定中标人。整个评审过程严格依照《公安县施工招标有效最低价评标方法》进行，让每一位投标人感受到公平正义。

附　录

附录一

公安县施工招标有效最低价评标方法

第1条　适用范围

规模较小、采用工程量清单计价的工程建设项目。

第2条　评标原则

客观、公正、科学、择优。

第3条　评标委员会

由招标人依法组建，成员为5人以上的单数。其中招标人代表不得少于1名，多于1/3；经济类专家不得少于2人。

第4条　评审目标

评选诚实守信、报价最低且不低于成本的投标人为中标人。

第5条　评审依据

a）相关法律、法规、规范、标准；

b）项目招标文件；

c）相关工程消耗量定额；

d）相关材料近期市场价格；

e）投标人企业定额；

f）其他有关资料等。

第6条　评审准备

评标委员会在进入评审程序前，应当召开评审准备工作会议。由评标委员会主任主持，强调评标纪律，讲解评审方法和程序，了解招标项目基本情况和建设特征、施工特点，熟习有关评审依据资料等。

第7条　评审程序

a）合格性评审；

b）清单报价评审；

c）总报价盈亏分析；

d）确定中标人或中标候选人。

7.1　合格性评审

7.1.1　商务标报价修正

评标委员会对所有投标人的商务标报价按下列方式进行修正：

a）如果用数字表示的数额与用文字表示的数额不一致时，以文字数额为准；

b）当单价与工程量的乘积与合价之间不一致时，通常以标出的单价为准。评委认为有明显的小数点错误时，应当以标出的合价为准；

c）当逐个单项金额相加与其合计金额不一致时，以各单项金额为准，并修改相应合计金额。

各投标人商务标报价经修正后，得出的数值以下简称报价。

7.1.2 技术标评审

评标委员会对所有投标人技术标均应进行评审。

技术标评审采用百分制。评审内容和合格分数线由招标人根据项目特点在招标文件中确定。

评委判定技术标不合格的，应书面说明评审理由。

技术标存在《招标投标法实施条例》第四十条规定的串通投标情形的，须判定为不合格。

7.1.3 无效投标

投标人或投标文件存在下列情形之一的，作无效投标处理：

a）不按招标文件要求提交投标文件电子文档；

b）改变了招标文件中工程量清单子目的子目名称、子目特征描述、计量单位以及工程量，不按照工程量清单格式要求进行报价；

c）投标文件中没有综合单价分析表或综合单价分析表不完整；

d）降低安全文明施工费、规费、税金等不可竞争费用。改变招标文件中已明确的由招标单位自行采购的材料价格及已标明的暂列金、暂估价等；

e）措施项目清单报价与技术标中载明的相关措施明显缺乏关联；

f）同一清单子目报价异常一致或呈规律性差异的现象异常明显，2/3以上评委直观认为属于串通投标；

g）总报价高于最高投标限价；

h）清单子目报价高于相应子目最高投标限价；

i）技术标被多数评委判定为不合格；

j）拟派项目经理不能向评标委员会清楚陈述招标项目现场基本情况；

k）法律、法规、招标文件规定的投标被否决的情形。

7.1.4 合格投标人

投标没有被判定为无效的投标人，为合格投标人。

合格投标人不足3家时，由评标委员会根据合格投标人报价是否具有竞争性和接近招标人期望值，决定是继续评标，还是重新招标。

7.2 清单报价评审

7.2.1 评审范围

包括所有分部分项工程和单价措施项目清单报价、总价措施项目清单报价、其他项目清单报价等。

7.2.2 评审方法

按合格投标人总报价从低到高排序，取一般不超过7家作为评审样本（招标文件中应载明评审样本的具体数量或具体数量的确定方法）。以评审样本的清单报价为评审基数，评审第一名。

合格投标人不足7家时，按实有合格投标人作为评审样本。

经评审，第一名总报价低于成本时，应等额补选合格投标人进入评审样本范围进行第二轮评审。依此类推，直至样本中排名第一的总报价不低于成本为止。但是，合格投标人不足以补充评审样本时，或者最终评审样本不足3家时，则以实有样本进行评审。

7.2.3 分部分项工程和单价措施项目清单报价评审

7.2.3.1 严重偏离阈值

$$严重偏离阈值=(a_1+a_2+a_3+\cdots+a_n+\eta_1)/(n+1)\times k_1$$

上式中：a_1，a_2，$a_3\cdots a_n$为评审样本中各投标人关于同一清单子目的报价（该报价为不含暂估价的合价）；n为样本数量；η_1为招标人给出的该清单子目的最高投标限价（不含暂估价）；k_1为下浮经验系数，一般取70%，招标人可以根据招标项目具体情况，在招标文件中调整该系数。

7.2.3.2 严重偏离报价

低于严重偏离阈值的清单子目报价，为严重偏离报价，评标委员会应直接判定其为不合理报价。

7.2.3.3 较大偏离阈值

$$较大偏离阈值=(a_1+a_2+a_3+\cdots+a_n-a_m+\eta_1)/(n-m+1)\times k_1'$$

上式中，a_m为严重偏离报价；k_1'为下浮经验系数，一般取90%，招标人可以根据招标项目具体情况，在招标文件中调整该系数。

7.2.3.4 较大偏离报价

低于较大偏离阈值的清单子目报价，投标人不能向评标委员会提供相关证明材料予以书面澄清或者说明的，属较大偏离报价，评标委员会应判定其为不合理报价。

7.2.3.5 分部分项工程和单价措施项目清单报价亏损额

分部分项工程和单价措施项目清单报价亏损额=∑（较大偏离阈值–严重偏离报价）+∑（较大偏离阈值–较大偏离报价）

7.2.4 总价措施项目清单报价评审

只对清单子目累计总金额进行评审。投标人清单子目累计总金额低于下列偏离阈值时，除非投标人的书面澄清或说明能让评标委员会置信，应视为不合理报价。

$$偏离阈值=(b_1+b_2+b_3+\cdots+b_n+\eta_2)/(n+1)\times k_2$$

式中，b_1，b_2，$b_3\cdots b_n$为评审标本中各投标人总价措施项目清单子目累计总金额；η_2为招标人给出的总价措施项目最高投标限价；k_2为下浮经验系数，一般取70%，招标人可以根据招标项目具体情况，在招标文件中调整该系数。

总价措施项目清单报价亏损额=偏离阈值–清单子目累计总金额

7.2.5 其他项目清单报价评审

只对清单子目累计总金额进行评审。投标人清单子目累计总金额低于下列偏离阈值时，除非投标人的书面澄清或说明能让评标委员会置信，应视为不合理报价。

$$偏离阈值=(c_1+c_2+c_3+\cdots+c_n+\eta_3)/(n+1)\times k_3$$

式中，c_1，c_2，$c_3\cdots c_n$为评审标本中各投标人其他项目清单子目累计总金额；η_3为其他项目最高投标限价；k_3为下浮经验系数，一般取70%，招标人可以根据招标项目具体情况，在招标文件中调整该系数。

其他项目清单报价亏损额=偏离阈值-清单子目累计总金额

7.3 总报价盈亏分析

7.3.1 亏损总额

亏损总额=分部分项工程和单价措施项目清单报价亏损额+总价措施项目清单报价亏损额+其他项目清单报价亏损额

7.3.2 利润总额

利润总额=投标人在投标文件中所报利润总和。

7.3.3 总报价盈亏判定

若：利润总额＜亏损总额，则该投标人总报价低于成本。评审活动按7.2.2条规定，进入下一轮评审。

若：利润总额≥亏损总额，则该投标人总报价保本或盈利，评审活动按7.4条规定，确定中标人或中标候选人。

7.4 确定中标人或中标候选人

评标委员会根据招标人授权，可以直接确定中标人；也可以确定1～3名中标候选人向招标人推荐。

评标结论属于推荐中标候选人的，排名第一的投标人报价经评审不低于成本后，应将总报价排名第二、第三的投标人依次确定为中标候选人。

附录二

公安县施工招标经评审的最低投标价法补充文本

（2015年版）

根据国家发展改革委等九部委联合发布的《标准施工招标资格预审文件》、《标准施工招标文件》和有关行业标准文件（以下统称《标准文件》），结合我县施工招标评标活动实际，制定本补充文本（以下简称补充文本）。

本县范围内采用工程量清单计价的政府投资项目施工招标，应当使用《标准文件》和补充文本编制招标文件。

补充文本主要是对《标准文件》经评审的最低投标价法中的价格折算、成本评审等内容进行补充。招标人可以结合行业和项目特点，根据"公开、公平、公正"的原则，对补充文本进行修改。修改的内容和有关经验系数（附表A）请及时反馈给公安县公共资源交易监督管理局。原则上，公安县公共资源交易监督管理局对补充文本每年修订一次。

第1部分　价格折算的主要因素和评审标准

1.1　单价遗漏

参见错漏项分析和修正。

1.2　不平衡报价

参见不平衡报价分析和修正。

1.3　付款条件

按投标人承诺的对招标人更为有利的付款方式和比例调减评标价。

1.4　工期

按投标人承诺的对招标人更为有利的工期调减评标价。

1.5　质量

按投标人承诺的对招标人更为有利的质量标准调减评标价。

1.6　投标人资质

投标人主项资质不符合招标项目资格条件要求，评标价适度调增。

1.7　投标人信誉

投标人获得国家级、省级优质工程、优秀企业、"重合同守信用"奖或称号，评标价适度调减。投标人有不足以导致废标的不良行为记录，评标价调增。

1.8 项目经理部组成方案

投标人项目经理部组成在人员资格、工程业绩等方面优于招标文件要求且承诺中标后不变更的，评标价适度调减。

1.9 其他

指与项目成本有关联的因素。

第2部分 成本评审

2.1 评审程序

2.1.1 启动成本评审工作的前提条件

在满足下列两项条件的前提下，评标委员会应当启动成本评审，判别投标人的投标报价是否低于其成本：

1）投标文件已经通过《标准文件》规定的初步评审，不存在应当废标的情形；

2）投标人的投标报价低于（不含等于）成本警戒线。

成本警戒线=（标底或招标控制价或通过初步评审的投标人的报价的算术平均值-暂列金额-暂估价）$\times\beta$+暂列金额+暂估价

β为成本警戒线基准值下浮系数，由招标人根据实际情况在招标文件中明确数值或计算方式。

2.1.2 对投标价格的合理性进行评审

评标委员会结合清标成果，对各个投标价格和影响投标价格合理性的以下因素逐一进行分析，并修正其中任何可能存在的错误和不合理内容：

1）算错误分析和修正；

2）错漏项分析和修正；

3）企业管理费合理性分析和修正；

4）利润水平合理性分析和修正；

5）分部分项工程和单价措施项目清单部分价格合理性分析和修正：

6）总价措施项目和其他项目清单部分价格合理性分析和修正；

7）法定税金和规费的完整性分析和修正；

8）不平衡报价分析和修正。

2.1.3 澄清、说明或补正

评标委员会汇总对投标报价的疑问，启动“澄清、说明或补正”程序，发出问题澄清通知并附上质疑问卷，要求投标人进行澄清和说明并提交有关证明材料。

2.1.4 判断投标报价是否低于其成本

评标委员会根据投标人澄清和说明的结果，计算出对投标人投标报价进行合理化修正后所产生的最终差额，判断投标人的投标报价是否低于其成本。

2.2 评审的依据

评标委员会判断投标人的投标报价是否低于其成本，所参考的评审依据包括：

1）招标文件；

2）标底或招标控制价（如果有）；

3）施工组织设计；

4）投标人已标价的工程量清单；

5）公安县工程造价管理部门颁布的工程造价信息（如果有）；

6）公安县市场价格水平；

7）工程造价管理部门颁布的定额或投标人企业定额；

8）经审计的企业近三年财务报表；

9）投标人所附其他证明资料；

10）法律法规允许的和招标文件规定的参考依据等。

2.3 分析和修正的基本原则

评标委员会进行投标报价合理性评审时，应按下列排序的原则进行分析和修正：

1）如果评标委员会认为投标人递交的投标文件中有相同的并且投标人已经给出合适报价的子目，则按该相同子目的价格（报价）进行修正；

2）如果评标委员会认为投标人递交的投标文件中有相似的并且投标人已经给出合适价格（报价）的子目，则参考该相似子目的价格（报价）进行修正；

3）按标底（如果有）中的相应价格进行修正；

4）参考招标控制价（如果有）中的相应价格进行修正；

5）要求投标人在澄清和说明时给出相应的修正价格（报价）。此时评标委员会应对此类价格（报价）的合理性进行分析，评标委员会可以在分析的基础上要求投标人进一步澄清和说明，也可以按不利于该投标人的原则，以其他通过初步评审的投标人关于该项报价的最大值作为修正价格；

6）对超出招标范围报价的子目，则直接删除该子目的价格（报价）。

2.4 算术性错误分析和修正

评标委员会对已标价工程量清单进行逐项分析，根据《标准文件》规定的原则，对投标报价中的算术性错误进行修正，按附表B1的格式记录分析和修正的结果。

汇总修正结果，将经修正后产生的价格差额记为*A*值［此值应为代数值，修正结果表明理论上应当增加投标人的投标报价（投标总价）的修正差额记为正值，反之记为负值，下同］，同时整理需要投标人澄清和说明的事项。

2.5 错漏项分析和修正

2.5.1 错漏项分析和修正的原则

参见分析和修正的基本原则。

2.5.2 错漏项分析和修正的方法

根据错漏项分析和修正的原则，修正错报和补充漏报子目的价格；

填写附表B2，计算经修正或补充后产生的价格差额。汇总上述结果，将经修正后产生的价格差额记为*B*值，并明确需要投标人澄清和说明的事项。

2.6 企业管理费合理性分析和修正

2.6.1 企业管理费分析和修正的原则

企业管理费率明显不合理的，按其他通过初步评审的投标人（不包括投标报价低于成本警戒线的投标人）的企业管理费率平均值进行修正。如果该平均值不存在，则参考标底或招标控制价中的企业管理费率进行修正；

分部分项工程量清单和单价措施项目清单综合单价分析表中的企业管理费率与费率报价表（须提供）报出的企业管理费率不一致的，评标委员会可按不利于该投标人的原则决定是作废标处理还是进一步修正。

2.6.2　企业管理费分析和修正的方法

按附表B 3的格式进行分析和修正；

汇总分析结果，将经修正后产生的价格差额记为*C*值，同时整理需要投标人澄清和说明的事项。

2.7　利润水平合理性分析和修正

2.7.1　利润水平分析和修正的原则

利润率明显不合理的，按其他通过初步评审的投标人（不包括投标报价低于成本警戒线的投标人）的利润率平均值进行修正。如果该平均值不存在，则参考标底或招标控制价中的利润率进行修正；

分部分项工程量清单和单价措施项目清单综合单价分析表中的利润率与费率报价表（须提供）报出的利润率不一致的，评标委员会可按不利于投标人的原则决定是作废标处理还是进一步修正。

2.7.2　利润水平分析和修正的方法

按附表B 3的格式进行分析和修正；

汇总分析结果，将经修正后产生的价格差额记为*D*值，同时整理需要投标人澄清和说明的事项。

2.8　分部分项工程和单价措施项目清单部分价格合理性分析和修正

2.8.1　分部分项工程和单价措施项目清单部分价格分析和修正的原则

参见分析和修正的基本原则，并作如下补充：

单价措施项目清单报价中的资源投入数量不正确或不合理的，按照投标人递交的施工组织设计中明确的或者可以通过施工组织设计中给出的相关数据计算出来的计划投入的资源数量（如临时设施、拟派现场管理人员流量计划、施工机械设备投入计划等），修正措施项目清单报价中不合理的资源投入数量。

单价措施项目清单报价中的资源和生产要素价格不合理的，评标委员会可以参考招标控制价中的相应价格对单价措施项目的不合理报价进行修正。

不合理报价子目应当通过计算机辅助评标进行初步筛选，评标委员会对筛选结果进行分析、确定。

2.8.2　分部分项工程和单价措施项目清单部分价格分析和修正的方法

按附表B 4的格式对与市场价格水平存在明显差异的子目进行逐项分析、修正；

计算修正后的差额，汇总分析结果，将经修正后产生的价格差额记为*E*值，同时整理需要投标人澄清和说明的事项。

2.9　总价措施项目清单和其他项目清单部分价格合理性分析和修正

2.9.1　总价措施项目清单和其他项目清单部分分析和修正的原则

总价措施项目清单中的安全文明施工费、其他项目清单中的暂列金额、专业工程暂估价、计日工、总承包服务费等，不纳入分析和修正的范畴。

总价措施项目清单其他子目金额明显不合理的，按其他通过初步评审的投标人（不包括投标报价低于成本警戒线的投标人）的相应子目金额平均值进行修正。如果该平均值不存在，则参考标底或招标控制价中的相应值进行修正；

材料暂估价不合理的，可依据相关清单子目工程量、现行消耗量定额、材料暂估单价等进行修正。

2.9.2 总价措施项目清单和其他项目清单部分分析和修正

按附表B 5格式对措施项目清单和其他项目清单进行逐项分析、修正；

计算修正后的差额，汇总分析结果，将经修正后产生的价格差额记为F值，同时整理需要投标人澄清和说明的事项。

2.10 法定税金和规费的完整性分析和修正

根据投标价格分析出其中法定税金和规费的百分比，对照现行有关法律、法规规定的额度或比率，对投标报价进行分析和修正。

按附表B 3的格式进行分析和修正将经修正后产生的价格差额记为G值，整理需要投标人澄清和说明的事项。

2.11 不平衡报价分析和修正

评审各项单价的合理性以及是否存在不平衡报价的情况，对明显过高或过低的价格进行分析。

按附表B 6汇总分析结果，修正明显过高的价格产生的差额，首先用于填补修正过低的价格产生的差额，两者的余额记为H值，整理需要投标人澄清和说明的事项。

2.12 对投标报价的澄清和说明

评标委员会对上述各条的评审结果进行汇总和整理。以其各自的代数值汇总A值至H值，得出合计差额$\Delta 1$（附表B 7），并整理出需要投标人澄清和说明的全部事项。如果投标人存在需要补正的问题，评标委员会可以同时要求投标人进行补正。

评标委员会应当根据《标准文件》或招标文件的规定，对需要投标人澄清、说明和提供进一步证明的事项向投标人发出书面问题澄清通知，并附上质疑问卷，问题澄清通知和质疑问卷应当包括：质疑问题、有关澄清要求、需要书面回复的内容、回复时间（应给投标人留出足够的回复时间）、递交方式等。投标人的澄清、说明、补正和提供进一步证明应当采取书面形式。如果评标委员会对投标人提交的质疑问题的澄清和说明依然存在疑问，评标委员会可以进一步要求澄清、说明或补正，投标人应相应地进一步澄清、说明和提交相关证明材料，直至评标委员会认为全部疑问都得到澄清和说明。

根据澄清和说明结果，对于投标人已经有效澄清和说明的问题和子目应从上述A值至H值的计算中剔除或修正，按附表B 7格式修正A值至H值并计算最终差额$\Delta 2$。本款中所谓的“有效澄清”是指投标人做出的澄清和说明已经合理地解释或说明了评标委员会提出的问题并且澄清结果令评标委员会信服。

2.13 判断投标报价是否低于成本

评标委员会应按照附表B 8的格式填写评审结论记录表，以最终差额$\Delta 2$与投标人投标价格中标明的利润额（如标明的是利润率，以利润率乘以其计取基数，下同）进行比较并得出如下结论：

如果最终差额$\Delta 2$（代数值）小于或等于投标人的利润额，则表明该投标人的投标报价不低于成本。

如果最终差额$\Delta 2$是正值且大于（不含等于）投标人报价中的利润额，则评标委员会将根据招标文件和相关法律、法规、标准文件的规定认定该投标人以低于其成本报价竞标，其投标作废标处理。

附表A：经验系数明细表

经验系数明细表

投标人名称：

类别	系数名称	代号	计算方式	备注
价格折算	付款条件折价系数	α_1		
	工期折价系数	α_2		
	质量折价系数	α_3		
	资质折价系数	α_4		
	信誉折价系数	α_5		
	项目经理部组成折价系数	α_6		
	……	α_n		
成本警戒线设定	成本警戒线基准值经验下浮系数	β		
……	……			

注：价格折算系数按调增、调减区分正、负号。价格折算调增、调减累计额不宜超过投标报价的2%。招标人可委托造价咨询等中介服务机构，按照科学、公正的原则调整该比例。

附表B1：算术错误分析及修正记录表

算术错误分析及修正记录表

投标人名称：

序号	子目名称	投标价格	算术正确投标价	差额（代数值）	有关事项备注
A值（代数值）					

评标委员会成员签名：　　　　　　　　　　日期：　　年　　月　　日

附表B2：错项漏项分析及修正记录表

错项漏项分析及修正记录表

投标人名称：

编号	子目名称	投标价格	合理投标价	差额（代数值）	有关事项备注
*B*值（代数值）					

评标委员会成员签名：　　　　　　　　　　日期：　　年　　月　　日

附表B3：企业管理费利润及税金和规费完整性分析及修正记录表

企业管理费利润及税金和规费完整性分析及修正记录表

投标人名称：

项目	企业管理费		利润		税金和规费	
	投标价格	实际	投标价格	实际	投标价格	实际
比较栏						
差额	C值		D值		G值	
分析计算						
有关疑问事项备注						

评标委员会成员签名：　　　　　　　　日期：　　年　　月　　日

附表B4：分部分项工程量清单子目单价分析及修正记录表

分部分项工程量清单子目单价分析及修正记录表

投标人名称：

编号	子目名称	明显不合理的价格	修正后的价格	差额	证明情况及修正理由	有关疑问事项备注
*E*值（代数值）						

评标委员会成员签名：　　　　　　　　　　　　日期：　　　年　　　月　　　日

附表B5：措施项目和其他项目工程量清单价格分析及修正记录表

措施项目和其他项目工程量清单价格分析及修正记录表

投标人名称：

编号	子目名称	明显合理的价格	修正后的价格	差额	证明情况及修正理由	有关疑问事项备注
F值（代数值）						

评标委员会成员签名： 日期： 年 月 日

附表B6：不平衡报价分析及修正记录表

不平衡报价分析及修正记录表

投标人名称：

序号	子目名称	存在不平衡的单价	修正后的平衡单价	单价差值（代数值）	工程量	差额	有关疑问事项备注
H值（代数值）							

评标委员会成员签名：　　　　　　　　　　　　　日期：　　年　　月　　日

附表B7：投标报价之修正差额汇总表

投标报价之修正差额汇总表

投标人名称：

序号	差值代号	差额代数值		修正理由及有关事项说明
		评审后	澄清后修正	
1	*A*			
2	*B*			
3	*C*			
4	*D*			
5	*E*			
6	*F*			
7	*G*			
8	*H*			
合计		$\Delta 1$：	$\Delta 2$：	
备注	本表修正的计算应附详细分析计算表。			

评标委员会成员签名：　　　　日期：　　年　　月　　日

附表B8：成本评审结论记录表

成本评审结论记录表

投标人名称：

序号	项目名称	金额（元）	比较结果	备注
1	澄清后最终差额Δ2			
2	投标利润额			

比较后需投标人澄清和说明的主要事项概要：

投标人澄清、说明、补正和提供进一步证明的情况说明：

评审结论	□低于成本　　□不低于成本
评审意见概要	
评标委员会全体成员签名	年　月　日

参考文献

[1] 国家计委政策法规司．招标投标法释义［M］．北京：中国计划出版社，1999：82-83.

[2]《中华人民共和国招标投标法》起草小组，国家发展计划委员会政策法规司．中华人民共和国招标投标法［M］．北京：中国检察出版社，1999.

[3] 谢识予．经济博弈论［M］．复旦大学出版社，2002.

[4] M.C.詹森．企业理论——治理、剩余索取权和组织形式［M］．上海财经大学出版社有限公司，2008.

[5] 郑新立．中国投标法全书［M］．中国检察出版社，1999.

[6] 汪发元．反不正当竞争法理论与实践［M］．中国言实出版社，2005.

[7] Ronald H.Coase. The Problem of Social Cost. Journal of Law and Economics, 1960: 1-44.

[8] Williamson O. E. Transaction Cost Economics: The Governance of Contractual Relations. Journal of Law and Economics, 1979: 233-262.

[9] 国务院．关于改革建筑业和基本建设管理体制若干问题的暂行规定［S］．1984-9-18，http://www.110.com/fagui/law_3816.html.

[10] 湖北省建设厅．湖北省建设工程工程量清单招标评标办法［Z］．2004-7-9，http://www.law110.com/law/32/hubei/213075.htm.

[11] 北京市住房城乡建设委、市发展改革委．北京市建设工程施工综合定量评标办法［Z］．2016-2-26，http://gov.cbi360.net/a/20160226/367565.html.

[12] 上海市城乡建设和管理委员会．上海市房屋建筑和市政工程施工招标评标办法［Z］．2015-6-5，http://www.shjx.org.cn/article-6637.aspx.

[13] 合肥市城乡建设委员会．合肥市工程建设项目施工招标有效最低价评审办法［Z］．2010-10-27，http://www.doc88.com/p-1734777349661.html.

[14] 湖南省住房和城乡建设厅．湖南省房屋建筑和市政工程施工招标评标活动管理规定［Z］．2011-1-20，http://www.hnmxh.com/dffg/52.html.

[15] 王卓甫，丁继勇，周建春，等．基于机制设计理论的建设工程招标最优机制设计［J］．重庆大学学报（社会科学版），2013，19（5）：73-78.

[16] 曹富国．欧盟采购指令研究［J］．中国招标，1998（50）：6-11.

[17] 仲光天，郭鹏，李晓东．关于“经评审的最低投标价法”的应用思考［J］．青岛理工大学学报，2006，27（2）：56-58.

[18] 刘庭．浅谈经评审的最低投标价法［J］．科技情报开发与经济，2009 19（18）：195-196.

[19] 万怀中．中小建筑企业成本管理问题研究［J］．时代金融，2015（12）：282-283.

[20] 孙喜平．浅论企业成本战略管理［J］．商业研究，2001，（8）：47-48.

[21] 张丽萍. 浅析固定成本在成本战略管理中的价值 [J]. 财会通讯，2010 (2): 142-143.
[22] 许亚湖. 企业战略成本管理 [J]. 中南财经政法大学学报，2004 (6): 107-111.
[23] 冯毅，高尚纯. 基于EVA的企业战略成本管理研究 [J]. 财政监督，2011 (17): 15-16.
[24] 吴炯. 马克思关于市场竞争的论述 [J]. 法学杂志，1997 (1): 32-33.
[25] 钟伟. 最低价中标是貌似善举的恶行 [N]. 第一财经日报，2016-01-07.
[26] 重庆市纪委、监察局. 我们是如何查办虹桥垮塌案的 [J]. 中国监察，2001 (17): 18-20.
[27] 李厚禄. 公安县小城镇建设方略 [J]. 长江建设，2000 (5): 25-26.
[28] 胡伏元，韩永军. 工程招投标中的经济学博弈分析 [J]. 人民长江，2009 (4): 144-147.
[29] 谢思聪，高平. 工程招标中价格畸形的识别与规避 [J]. 工程管理学报，2016 (5): 23-28.
[30] 陈刚. 建设工程招标文件不公平的表现形式及对策研究 [J]. 建筑经济，2016 (10): 39-42.
[31] 姜天龙. 工程招投标中存在的主要法律问题研究 [J]. 工程管理，2016 (1): 118-119.
[32] 袁淑芬. 当前建设工程招标投标存在的问题和对策研究 [D]. 合肥工业大学，2008.
[33] 尹磊. 我国政府投资工程招标投标问题分析及对策研究 [D]. 西南财经大学，2011.
[34] 钟文勇. 湖南省建筑工程招标评标方法的分析及其应用 [D]. 湖南大学，2009.
[35] 苏普. 规范建设工程招标投标运行机制研究 [D]. 中国海洋大学，2008.
[36] 陈铖. 浅议最低价中标及如何避免或有问题 [OL]. 湖北省政府采购中心，http://www.hubeigp.gov.cn/hbscgzx/139255/139271/139511/155111/index.html.
[37] 鲁绍臣. 公平的市场竞争是马克思主义发展观的根本旨趣 [OL]. 光明网，2016-04-19.
[38] 重庆彩虹桥垮塌事件追踪："虹桥"设计者今受审 [OL]. 重庆时报http://www.zjol.com.cn/05society/system/2004/12/13/004020199.shtml.
[39] 湖北省统计局. 湖北省统计年鉴 [OL]. http://www.stats-hb.gov.cn/.
[40] 张维迎. 企业的核心竞争力 [OL]. http://blog.sina.com.cn/zhangweiyingblog.

后　　记

本书是基于湖北省公安县有效最低价评审办法实践进行的总结，是在湖北省公安县政府领导下，由湖北省公安县公共资源交易监督管理局具体完成的工程招标工作的重要成果。该成果的完成自始至终得到了湖北省公共资源交易监督管理局的支持和指导，展示了公安县公共资源交易监督管理局几届领导的智慧，凝聚了公安县公共资源交易监督管理局全体同志的心血。在成果的推广应用过程中，得到了荆州市公共资源交易监督管理局的大力支持和协助。为了使这一成果能在更大范围内发挥作用，我们撰写完成了本书。希望通过对有效最低价评标法的理论分析，对应用这一办法进行评审的典型工程进行解读，为公共资源交易监督管理机关提供一本较为权威实用的指导用书。

随着我国城镇化建设和管理工作的深化，在供给侧结构改革的大背景下，社会对公平公正的要求越来越高，国家对国有资产和资源的管理越来越严格。如何在工程建设招标工作中，创造一个公平公正、活力无限的市场竞争环境，是我们长期思考的问题。作为地方公共资源交易监督管理机构的一线工作人员，我们深深感到自己身上的责任和担子。为此，我们采取分工合作的办法，完成了本书的撰写工作。全书由隆刚博士策划，由隆刚博士负责本书的提纲撰写、分工统稿。分别由隆刚、甘逊、刘和平、周小琳、陈鹤撰写完成。具体分工为：第一章、第七章、第八章由隆刚博士完成；第二章、第三章、第四章由甘逊完成，第五章、第六章由刘和平完成，第九章、第十章由周小琳完成；典型案例剖析由陈鹤完成。需要说明的是，本书的“有效最低价法”由原公安县公共资源交易监督管理局甘逊和刘和平率先提出，具体评审办法由刘和平起草。在“有效最低价法”的成型过程中，公安县天佑建设工程项目管理有限公司提出了很多宝贵的修改建议，并在推广实施过程中给予了大力支持。在本书的撰写中，得到了长江大学管理学院汪发元教授、叶云博士的大力支持和指导。在此表示诚挚的谢意！本书在写作的过程中，参考了很多已有研究成果，在引用的每页中以脚注的方式做了说明，并在最后参考文献中统一列出。由于资料有限、理论水平不足，书中所涉内容难免会有疏漏和不足，还需要在招标工作实践中不断检验和完善，希望能够得到广大专家和读者的批评指正。

编　者

2016年11月